コンクリートの品質管理指針・同解説

Recommendations
for
Practice of Quality Control in Concrete Work

1991 制 定
2015 制 定

日本建築学会

本書のご利用にあたって
　本書は，作成時点での最新の学術的知見をもとに，技術者の判断に資する標準的な考え方や技術の可能性を示したものであり，法令等の根拠を示すものではありません．ご利用に際しては，本書が最新版であることをご確認ください．なお，本会は，本書に起因する損害に対して一切の責任を負いません．

ご案内
　本書の著作権・出版権は(一社)日本建築学会にあります．本書より著書・論文等への引用・転載にあたっては必ず本会の許諾を得てください．
Ⓡ〈学術著作権協会委託出版物〉
　本書の無断複写は，著作権法上での例外を除き禁じられています．本書を複写される場合は，学術著作権協会（03-3475-5618）の許諾を受けてください．

　　　　　　　　　　　　　　　　　　　一般社団法人　日本建築学会

改定の趣旨
－2015年2月改定版－

　コンクリートの品質管理指針は，当初，1976年に「コンクリートの調合設計・調合管理・品質検査指針案・同解説」の一部として制定された．さらに，1991年に同指針から調合管理および品質検査を独立させて新たに品質管理指針として制定され，1999年にはISO 9000シリーズの考え方が導入され最初の改定がなされた．その後，2000年の建築基準法第37条の改正や2004年の工業標準化法の改正，2005年のJISマーク表示制度の改正など各種関連法令の大改正に続いて，2007年のJIS A 5308（レディーミクストコンクリート）の改正，2009年の建築工事標準仕様書　JASS 5 鉄筋コンクリート工事の改定が行われた．これにより，コンクリートの品質とその管理方法を取り巻く環境が急速に変化し，社会資本を形成する重要材料としての信頼性および指定建築材料（建築基準法第37条による）に対する品質保証のあり方とその方法を再度検討する必要が生じてきた．

　今回の指針改定作業にあたっては，2010年に材料施工委員会の下にコンクリート施工品質管理研究小委員会を設置し，鉄筋コンクリート工事に係わるコンクリートの製造，運搬，施工および関連工事の品質管理に関する広範囲なアンケート調査および研究を実施し，指針改定（案）を作成した．その成果を受けて，引き続いて2014年にコンクリートの品質管理指針改定小委員会を設置し，2回目の改定となる「コンクリートの品質管理指針・同解説」を刊行するに至った．また，この間に2015年のJASS 5の小改定における「品質管理・検査および措置」の節の改定作業に協力した．

　今回の主要な改定点は以下に示す事項であるが，これらに関連する事項を含め，全体として章立てを含めた大幅な改定となった．

(1) コンクリートの種類および品質は，旧版ではJIS A 5308規格品および規格外品としていたが，建築基準法第37条の改正に伴い，指定建築材料としてのコンクリートはJIS A 5308適合品または国土交通大臣認定品とされたので，そのように分類した．また，JIS A 5308適合品は，JISマーク表示製品とJISマーク表示製品でないものとに分けられるので，工場の調査・選定，発注などにおける取扱いの違いについて整理した．

(2) コンクリートの圧縮強度の検査を10章にまとめて規定した．圧縮強度の検査は，JIS A 5308に規定するレディーミクストコンクリートの製品検査，JASS 5に規定する使用するコンクリートの受入検査，法令に基づく構造体コンクリートの圧縮強度の確認のための検査，およびせき板や支保工の取外しあるいは湿潤養生の打切りのための圧縮強度の確認のために行われる．このうち製品検査，受入検査および構造体コンクリートの圧縮強度検査における供試体の採取方法および養生方法を整理し，併用の場合の供試体の採取方法を記述した．

(3) 設備配管のためのスリーブをあと施工する際に鉄筋が切断されるなどの事象が問題化している状況を鑑み，コンクリート工事だけでなく，鉄筋工事，型枠工事，設備工事，仕上げ工事の進捗と品質管理との関連事項を記述した．

(4) 圧縮強度，スランプまたはスランプフロー，空気量および塩化物含有量以外の性能，例えば，乾

燥収縮率やヤング係数などが設計図書で要求された場合の工事開始前のレディーミクストコンクリート工場の選定やコンクリートの性能の確認方法について規定した．

(5) JASS 5-2009の改定に伴い，かぶり厚さの検査を充実させた．

(6) 2014年に改正されたJIS A 5308の内容を盛り込み，スラッジ水や回収骨材の扱いを記述した．

(7) 1999年の改定で使用材料の管理，製造の管理，製造設備および試験機器設備の管理方法（試験・検査方法）が本文から削除され，解説に移されたため，本文だけでは具体的な管理方法が不明になっていた．今回の改定では，レディーミクストコンクリート工場で現在実施されている管理方法を参考に上記内容を本文に戻し，1991年版と同様に，各管理項目の試験・検査方法を表形式で規定した．

2015年2月

日本建築学会

改定の趣旨
－1999年2月改定版－

　近年，建築分野においても品質保証・品質管理の国際規格であるISO 9000シリーズの認証取得に取り組む企業が増加し，建設業，プレキャストコンクリート製品メーカー，各種材料メーカーからレディーミクストコンクリートの生産者に至るまで広く関心が持たれるようになってきた．そのため，コンクリートの品質管理においてもISO 9000シリーズの理念を抜きにシステムを組み立てることはできなくなってきた．

　本会におけるコンクリートの品質管理に関する指針は，最初1976年に「コンクリートの調合設計・調合管理・品質検査指針案・同解説」が制定されたが，その後絶版となり，1991年に新たに本指針の初版である「コンクリートの品質管理指針・同解説」が制定された．しかし，ISO 9000シリーズの普及にともなって，コンクリートの品質管理指針においてもISO 9000シリーズに基づく品質保証システムの考え方を導入すべきかどうかを検討する必要が生じてきた．

　今回，指針改定作業を担当した「コンクリートの施工品質管理小委員会」は，材料施工委員会・鉄筋コンクリート工事運営委員会のもとに1996年に設置され，1997年のJASS 5の改定における「品質管理・検査」の節の改定作業を担当するとともに，コンクリート工事の施工品質管理システムとISO 9000シリーズとの整合について検討を行ってきた．

　ISO 9000シリーズの考え方の根底にあるのは，自己責任を全うするという考え方である．本指針は，元々施工者を主体に規定していたが，記述の中に行為の主体が混在して，不明確な部分が見受けられた．例えば，レディーミクストコンクリートの製品検査としての荷卸し地点における検査は生産者が行い，同じく荷卸し地点におけるレディーミクストコンクリートの受入検査は施工者が行い，構造体コンクリートの仕上がり，かぶり厚さならびに圧縮強度の検査は工事監理者が行うとし，施工者は工事監理者の検査を受けなければならないと記述してきた．今回の改定では，行為の主体はすべて施工者とし，構造体コンクリートの検査も施工者が行い，その結果について工事監理者の検証を受けるとした．もちろん，工事監理者には，その立場で構造体コンクリートの受入検査を行わねばならないが，そのことについては別途工事監理指針として作成すべきであると考えることとした．

　最近では，工事現場においてコンクリートを製造することはほとんどなくなり，レディーミクストコンクリートを購入して施工しているので，コンクリートの製造をレディーミクストコンクリートの生産者任せにする向きもあるかも知れない．しかし，施工者は，荷卸し地点におけるコンクリートの検査だけを行って，コンクリートの製造をすべてレディーミクストコンクリートの生産者任せにしてしまうのは危険であり，必要に応じてレディーミクストコンクリート工場の製造状況および品質管理状況を把握する必要があり，そのための調査ができるように，使用材料・調合・製造方法などについても解説に残すことにした．

　また，コンクリートの品質管理・検査というと荷卸し地点におけるレディーミクストコンクリー

トの受入検査と構造体コンクリートの圧縮強度の検査のことのみを考えがちであるが，構造体コンクリートの品質や性能を確保するためには施工の良し悪しが重要であり，施工品質管理という点から各工事段階における管理項目について記述した．

　コンクリートの品質管理は，所要の性能をもつコンクリート構造物を作るために不可欠なものである．本指針は，コンクリート工事において施工者が行うべき事項について記述したものであるが，設計者が設計図書を作成したり，工事監理者が品質監理を計画・実施する際の手引書としても活用でき，また，レディーミクストコンクリート生産者，コンクリート工事の専門工事業者あるいは試験・検査の実施者にとっても必要な内容となっているので，是非とも参照して，有効に活用していただくことを期待する．

　　1999年2月

日本建築学会

制定の序

　日本建築学会材料施工委員会鉄筋コンクリート工事運営委員会は，昭和61年に日本建築学会「建築工事標準仕様書　5　鉄筋コンクリート工事」（以下，JASS 5という）の大幅な改定を行った．
　この改定は，鉄筋コンクリート造の全体的な品質の向上と耐久性の向上とを主目標として行われたが，その内容を補足・充実するものとして，コンクリートの品質管理について新たに指針を作成することとなった．コンクリートの品質管理については，昭和52年に「コンクリートの調合設計・調合管理・品質検査指針（案）」が作成されているが，昭和61年のJASS 5の改定によって，コンクリートに対する要求性能・検査方法などに変更が生じたので，品質管理に関する部分については本指針で取り扱うこととした．
　本指針は，JASS 5の中からコンクリートの品質管理および試験・検査に関する部分を取りあげ，コンクリート工事を進めるに際して，主として施工者が守らなければならない事項について記したものであるが，設計者が設計図書を作成したり，工事監理者が品質管理を計画・実施する際の手引書としても活用できる．また，レデーミクストコンクリートの生産者，コンクリート工事の協力業者あるいは試験・検査の実施者にとっても必要な内容となっているので，是非とも参照していただきたい．
　最近では，工事現場においてコンクリートを製造することはほとんどなくなり，レデーミクストコンクリートを購入して施工しているので，本指針でもレデーミクストコンクリートを使用することを原則とした．しかし，このことはコンクリートの製造をレデーミクストコンクリートの生産者任せにすることを意味してはいない．荷卸し地点におけるコンクリートの検査は，フレッシュコンクリートの性状を判断するだけであり，硬化後の品質がわからないままにコンクリートを打ち込まなくてはならない．そして，いったん打ち込んでしまうとこれを取り替えることはほとんど不可能である．そこで，本指針では施工者が自分でコンクリートを作るようなつもりでレデーミクストコンクリート工場の製造状況を調査できるように，使用材料・調合・製造方法などについても本文あるいは解説で記述することにした．
　レデーミクストコンクリート工場で製造されたコンクリートの品質（ポテンシャルとしての品質）が，設計図書に要求されている品質を満足するものであっても，工事現場における施工方法が悪くては構造体としてのコンクリートの品質は満足されない．コンクリートの施工方法そのものについてはJASS 5やコンクリートポンプ工法施工指針などに述べられているので，本指針では品質管理という点から各工事段階における管理項目について記すこととした．なお，型枠工事および鉄筋工事における品質管理については，それぞれマニュアルや指針があるので，ここでは省略した．また，特殊なコンクリートの中には品質管理の手法を異にするものがあるので本指針から除外した．それらについてはそれぞれの指針を参照していただきたい．
　よいコンクリート構造物を作るためには，設計図書の内容が適正なものであることが前提である．そのため，設計者はコンクリートの特質をよく理解したうえで，環境条件・使用条件・施工条件な

どを考慮してコンクリートの品質を設定する必要がある．一方，施工者は，設計図書の記載内容を正確に把握し，所要の品質を持ったコンクリート構造物を作るように施工しなければならない．品質管理はそのために不可欠なものであり，試験・検査はこれを確認するために行われる．しかし，試験・検査はあくまでも手段であり，それ自体が目的ではない．過度な試験・検査は費用と時間の浪費を招くだけで，よい結果を招くとは限らない．

　なお，本指針は標準的な建築物を対象としているので，建築物の社会的重要度・種類・規模などに応じて適宜本指針の内容を増強あるいは削減することが望ましい．そこで，施工者は設計者や工事監理者とその方法についてよく協議し，本指針を有効に活用していただくことを期待する．

　1991年7月

日本建築学会

指針作成関係委員 (2015年2月)
－（五十音順・敬称略）－

材料施工委員会本委員会

委 員 長	本 橋 健 司					
幹　　事	輿 石 直 幸	橋 田 　 浩	早 川 光 敬	堀 　 長 生		
委　　員	（略）					

鉄筋コンクリート工事運営委員会

主　　査	早 川 光 敬			
幹　　事	一 瀬 賢 一	棚 野 博 之	野 口 貴 文	
委　　員	阿 部 道 彦	荒 井 正 直	井 上 和 政	今 本 啓 一
	岩 清 水 　 隆	内 野 井 宗 哉	大 久 保 孝 昭	太 田 俊 也
	小 野 里 憲 一	鹿 毛 忠 継	梶 田 秀 幸	兼 松 　 学
	川 西 泰 一 郎	橘 高 義 典	黒 岩 秀 介	古 賀 一 八
	小 山 智 幸	齊 藤 和 秀	白 井 　 篤	竹 内 賢 次
	檀 　 康 弘	道 正 泰 弘	中 川 　 崇	中 田 善 久
	成 川 史 春	名 和 豊 春	西 脇 智 哉	橋 田 　 浩
	畑 中 重 光	濱 　 幸 雄	桝 田 佳 寛	真 野 孝 次
	湯 浅 　 昇	依 田 和 久	渡 辺 一 弘	

コンクリートの品質管理指針改定小委員会

主　　査	棚 野 博 之			
幹　　事	濱 崎 　 仁	早 川 光 敬		
委　　員	伊 藤 　 司	今 本 啓 一	鈴 木 澄 江	瀬 古 繁 喜
	辻 　 大 二 郎	道 正 泰 弘	端 　 直 人	桝 田 佳 寛
	李 　 柱 国			

コンクリート施工品質管理研究小委員会（2010年〜2014年）

主　　査	棚 野 博 之			
幹　　事	濱 崎 　 仁	早 川 光 敬		
委　　員	今 本 啓 一	鈴 木 一 雄	鈴 木 澄 江	瀬 古 繁 喜
	辻 　 大 二 郎	道 正 泰 弘	端 　 直 人	桝 田 佳 寛
	三 井 健 郎	李 　 柱 国		

コンクリートの品質管理小委員会（1999年改定時）

主　　査　桝田佳寛
幹　　事　篠木武彦　　棚野博之
委　　員　阿部保彦　　池永博威　　井上　健　　佐藤孝一
　　　　　佐野　寛　　鈴木一雄　　春原匡利　　武田一久
　　　　　津田三知昭　中野美智子　早川光敬　　飛坂基夫
　　　　　福岡和弥　　法量良二　　本多孝武　　丸田智治
　　　　　三井健郎　　山崎庸行　　渡辺健治

コンクリート品質管理小委員会（1991年制定時）

主　　査　加賀秀治
幹　　事　桝田佳寛
委　　員　井上保夫　　池田正志　　柿崎正義　　川口　徹
　　　　　春原匡利　　戸祭邦之　　東榊俊雄　　中嶋清英
　　　　　野崎喜嗣　　福士　勲　　松藤泰典

解説執筆委員

全体の調整
　　　　棚野博之　早川光敬　濱崎　仁　桝田佳寛
1章　総　則
　　　　棚野博之　李　柱国　桝田佳寛
2章　設計図書の確認
　　　　端　直人
3章　品質管理計画書の作成
　　　　道正泰弘
4章　レディーミクストコンクリート工場の調査および選定
　　　　伊藤　司　鈴木一雄　道正泰弘
5章　レディーミクストコンクリートの発注
　　　　瀬古繁喜
6章　レディーミクストコンクリートの製造の管理
　　　　伊藤　司　鈴木一雄
7章　レディーミクストコンクリートの受入検査
　　　　今本啓一
8章　施工時の管理
　　　　瀬古繁喜　辻　大二郎　三井健郎
9章　コンクリートの仕上がりの検査
　　　　濱崎　仁
10章　コンクリートの圧縮強度の検査
　　　　今本啓一　棚野博之　桝田佳寛
付　録
　　　　鈴木澄江　鈴木一雄　棚野博之　桝田佳寛

コンクリートの品質管理指針・同解説

目　　次

	本文ページ	解説ページ

1章　総　　則
- 1.1　適 用 範 囲 …………………………………………………………………… 1 …… 29
- 1.2　用　　語 ……………………………………………………………………… 1 …… 33
- 1.3　コンクリートおよびコンクリート工事の品質保証と品質管理体系 ……… 1 …… 35
- 1.4　品質管理における施工者の役割 …………………………………………… 2 …… 45

2章　設計図書の確認
- 2.1　総　　則 ……………………………………………………………………… 3 …… 48
- 2.2　建築物に関する事項 ………………………………………………………… 3 …… 49
- 2.3　コンクリートの材料に関する事項 ………………………………………… 3 …… 53
- 2.4　コンクリートに関する事項 ………………………………………………… 4 …… 56
- 2.5　施工に関する事項 …………………………………………………………… 4 …… 62
- 2.6　試験・検査に関する事項 …………………………………………………… 4 …… 65

3章　品質管理計画書の作成
- 3.1　総　　則 ……………………………………………………………………… 5 …… 66
- 3.2　品質管理組織および品質管理責任者 ……………………………………… 5 …… 67
- 3.3　品質管理項目の確認 ………………………………………………………… 5 …… 68
- 3.4　品質管理計画書の作成 ……………………………………………………… 6 …… 69
- 3.5　品質管理計画の変更 ………………………………………………………… 7 …… 72

4章　レディーミクストコンクリート工場の調査および選定
- 4.1　総　　則 ……………………………………………………………………… 7 …… 74
- 4.2　コンクリートの材料の調査および選定 …………………………………… 7 …… 74
- 4.3　レディーミクストコンクリート工場の調査 ……………………………… 8 …… 78
- 4.4　コンクリートの性能の調査 ………………………………………………… 8 …… 83
- 4.5　レディーミクストコンクリート工場の選定 ……………………………… 9 …… 85

5章　レディーミクストコンクリートの発注
- 5.1　総　　則 ……………………………………………………………………… 9 …… 90
- 5.2　コンクリートの種類・品質の指定 ………………………………………… 9 …… 90

5.3	コンクリートの調合の確認	10	94
5.4	製造・運搬および受入れに関する協議	11	98
5.5	レディーミクストコンクリートの発注	12	99

6章　レディーミクストコンクリートの製造の管理

6.1	総　　則	12	101
6.2	コンクリートの材料の管理	12	103
6.3	コンクリートの製造の管理	14	109
6.4	製造設備および試験機器・設備の管理	15	113
6.5	運搬の管理	16	118
6.6	レディーミクストコンクリートの製品の検査	16	119
6.7	製品検査結果の保管および集計	17	120

7章　レディーミクストコンクリートの受入検査

7.1	総　　則	17	122
7.2	受入検査の計画	17	122
7.3	受入検査の準備	18	124
7.4	レディーミクストコンクリートの受入検査	18	125
7.5	コンクリートの容積の検査	19	131
7.6	データの処理および総合判断	20	131

8章　施工時の管理

8.1	総　　則	20	133
8.2	打込み前の検査	20	135
8.3	打込み中の管理	21	145
8.4	打込み後の管理	21	149

9章　コンクリートの仕上がりの検査

9.1	総　　則	22	152
9.2	仕上がり状態の検査	22	153
9.3	かぶり厚さの検査	23	156

10章　コンクリートの圧縮強度の検査

10.1	総　　則	24	162
10.2	受入れ時の検査	25	165
10.3	型枠取外し時・湿潤養生打切り時の検査	25	170

10.4 構造体コンクリート強度の検査 ……………………………………………	26 ……	171
10.5 不合格の場合の処置 ……………………………………………………………	27 ……	176
10.6 検査結果の保管と集計 …………………………………………………………	28 ……	181

付　　　録

付 1． データの整理と実例 ………………………………………………………………………	183
付 2． 工事現場におけるコンクリートの受入検査の手順 ……………………………………	196
付 3． 東京都の建築物の工事における試験および検査に関する取扱い ………………………	212
付 4． 大阪府のコンクリート工事に関する取扱い ………………………………………………	217
付 5． 試験機関 ………………………………………………………………………………………	225
付 6． JIS A 5308：2014　レディーミクストコンクリート …………………………………	232
付 7． JIS Q 1011：2014　適合性評価 − 日本工業規格への適合性の認証 　　　　　　　　　　　　　－分野別認証指針（レディミクストコンクリート） ………………	258

コンクリートの品質管理指針

コンクリートの品質管理指針

1章　総　　則

1.1　適用範囲
　a．本指針は，レディーミクストコンクリートを使用するコンクリート工事の品質管理に適用する．

　　本指針の記載事項は，レディーミクストコンクリート工場の選定および発注に関する事項を除いて，工事現場練りコンクリートを使用するコンクリート工事にも適用することができる．

　b．コンクリート工事の仕様は，当該建築物の設計図書による．設計図書に記載のない事項については JASS 5 および関連する指針による．

　c．本指針を適用してコンクリート工事の品質管理を行う場合は，当該建築物の鉄筋コンクリート工事における型枠工事，鉄筋工事および仕上げ工事ならびに設備工事の品質管理と進捗状況を考慮する．

1.2　用　　語
　本指針で使用する用語は下記によるほか，JASS 5，JIS A 0203（コンクリート用語），JIS Q 9000（品質マネジメントシステム―基本及び用語）および JIS Z 8101-2（統計―用語と記号―第2部：統計的品質管理用語）による．

品　　　　　質：コンクリートの材料，使用するコンクリートおよび構造体コンクリートのおのおのにおける性質や性能の全体．これらの品質を担保するためのコンクリート工事の質も品質に含まれる．

検査ロット：コンクリートの圧縮強度の検査において，検査の目的ごとに同一と見なされる条件で製造されたコンクリートの全体．

第三者試験機関：検査に際して当事者以外の第三者の立場で試験を行う機関で，JIS Q 17025（試験所及び校正機関の能力に関する一般要求事項）に適合する機関またはこれと同等の技術力を有すると認められる機関．

1.3　コンクリートおよびコンクリート工事の品質保証と品質管理体系
　a．コンクリート工事関係者は，コンクリートおよびコンクリート工事の品質への信頼感を与えるために品質保証を行う．

　b．コンクリートおよびコンクリート工事の品質保証を達成するために，コンクリート工事関係

者は，品質管理体系に基づいておのおのの責任と権限および相互関係を明確にして品質管理を行う．

c．コンクリート工事の品質管理におけるコンクリート工事関係者の責任と権限は，原則として下記による．

工 事 監 理 者：設計図書に定められた建築物の構造体コンクリートの品質が確保されるように，工事監理方針を定めて必要な事項を施工者に指示し，コンクリート工事の各工程において施工者が行う品質管理およびその結果を確認し，必要に応じて検査を行う．施工者から設計図書の内容に疑義が出されたり，品質管理の方法や結果の取扱い方法などについて提案があった場合はその内容を吟味し，必要に応じて協議し，その内容を確定する．また，完成した構造体コンクリートの品質について検査を行い，不具合があるときは必要な措置を施工者に指示する．

施　　工　　者：設計図書，工事監理者の指示および協議事項に基づいて施工計画書および品質管理計画書を作成し，工事を行うとともに工事の各工程において品質管理および品質管理のための試験・検査を行う．専門工事業者に工事の一部を発注したり，レディーミクストコンクリート生産者にコンクリートを発注するときには，工事の施工管理および品質管理方針ならびにコンクリートに対する要求条件を定め，必要な事項を提示して発注先の品質管理状況の確認および受入検査を行う．

専 門 工 事 業 者：施工者の作成した施工計画書および品質管理計画書に基づいて担当工事の施工要領書および品質管理要領書を作成し，担当工事および担当工事の品質管理を行い，施工者の検査を受ける．

レディーミクストコンクリート生産者：施工者の指示および施工者との協議事項に基づいて配合計画書を作成し，レディーミクストコンクリートを製造して荷卸し時に施工者の受入検査を受ける．

第三者試験機関：工事監理者と施工者の両者からの依頼に基づいて試験を行う．

d．コンクリート工事の品質管理におけるコンクリート工事関係者の相互関係は，品質管理計画書の定めるところによる．

1.4　品質管理における施工者の役割

a．品質管理にあたって，設計図書および工事監理者の指示によって示されたコンクリートの要求品質を把握する．

b．コンクリート工事全般にわたる品質管理計画書を作成して，工事監理者の承認を受ける．

c．品質管理を行うための組織を編成し，品質管理責任者を定め，工事監理者の承認を受ける．

d．工事の各工程の品質管理と品質管理のための試験・検査を行い，その結果を工事監理者に報告し，検査または承認を受ける．

e．試験・検査で不合格となった場合の処置は，あらかじめ工事監理者と協議して定めておく．

f．品質管理の結果を検討し，品質記録として整理して次の工程に反映させる．

g．品質管理記録は，必要な期間保存する．

2章　設計図書の確認

2.1　総則
a．施工者は，設計図書に示された建築物に関する事項，コンクリートの材料に関する事項，コンクリートに関する事項，施工に関する事項および試験・検査に関する事項を調べ，コンクリート工事と型枠工事および鉄筋工事ならびに仕上げ工事および設備工事との関連を考慮してコンクリート工事に対する要求条件を確認する．

b．設計図書を検討した結果，不明瞭な点および改善すべき点があれば工事監理者と事前に協議し，その内容を確定し，文書にして保存する．

2.2　建築物に関する事項
建築物に関しては，下記の事項を確認する．
　(1)　建設場所
　(2)　建設時期
　(3)　用途
　(4)　形状
　(5)　構造種別
　(6)　計画供用期間
　(7)　部材の形状・寸法
　(8)　仕上げの種類
　(9)　設備機器の設置および配管

2.3　コンクリートの材料に関する事項
コンクリートの材料に関しては，下記の事項を確認する．
　(1)　セメントの種類および品質
　(2)　粗骨材の最大寸法
　(3)　骨材の種類および品質
　(4)　骨材のアルカリシリカ反応性による区分
　(5)　練混ぜ水の種類および品質
　(6)　化学混和剤の種類と品質
　(7)　フライアッシュ，膨張材，防せい剤，高炉スラグ微粉末，シリカフューム，その他の混和材料の使用の有無および使用する場合の種類と品質

2.4 コンクリートに関する事項

コンクリートに関しては，下記の事項を確認する．

(1) コンクリートの種類および特殊なコンクリートの適用
(2) 設計基準強度・耐久設計基準強度および品質基準強度
(3) 軽量コンクリートの場合の気乾単位容積質量
(4) 調合設計の目標
 ⅰ）スランプ　ⅱ）空気量　ⅲ）単位水量の上限値
 ⅳ）単位セメント量の下限値または上限値　ⅴ）構造体強度補正値と調合管理強度
 ⅵ）調合強度を定めるための基準とする材齢　ⅶ）水セメント比の最大値
(5) コンクリートのヤング係数
(6) コンクリートの乾燥収縮率と許容ひび割れ幅
(7) コンクリートに含まれる塩化物量が塩化物イオン量として $0.30\,\mathrm{kg/m^3}$ を超える場合の鉄筋防せい上有効な対策
(8) アルカリシリカ反応に関して無害と判定される骨材を使用する場合以外のアルカリ骨材反応抑制対策の種類
(9) コンクリートの荷卸し時の温度
(10) 指定建築材料としてのコンクリートに適用する建築基準法第37条の1号，2号の区別
(11) 試し練りの有無

2.5 施工に関する事項

コンクリートの施工に関しては，下記の事項を確認する．

(1) コンクリートの打込み終了までの時間の限度
(2) コンクリートの打重ね時間間隔の限度
(3) 運搬・打込み・締固めおよび養生方法
(4) コンクリート部材の位置および断面寸法の許容差
(5) コンクリートの仕上がりの平たんさと仕上げの種類
(6) 鉄筋に対するコンクリートのかぶり厚さ
(7) 型枠の存置期間および取外し時のコンクリートの圧縮強度
(8) 設備機器・配管用スリーブおよび耐震スリットの設置位置と設置方法

2.6 試験・検査に関する事項

試験・検査に関しては，下記の事項を確認する．

(1) コンクリートの材料の試験および検査
(2) 使用するコンクリートの品質管理および検査
(3) レディーミクストコンクリートの荷卸し地点における受入れの検査
(4) 構造体コンクリートの仕上がりの検査

(5) 構造体コンクリートのかぶり厚さの検査
(6) コンクリートの圧縮強度の検査
(7) 試験・検査の項目および実施者・実施場所

3章　品質管理計画書の作成

3.1　総　　則
a. 品質管理計画は，コンクリート工事の各工程において所要の品質が確保され，最終的に目標とする品質の構造体コンクリートが得られるように立案する．
b. 品質管理計画の立案に際して，型枠工事，鉄筋工事，仕上げ工事および設備工事の施工計画・品質管理計画を考慮する．
c. 施工者は，立案した施工計画および品質管理計画に基づいて施工計画書および品質管理計画書を作成し，工事監理者の承認を受ける．また，コンクリート工事および関連する各工事の関係者に配布し，周知徹底させる．

3.2　品質管理組織および品質管理責任者
a. 品質管理組織は，工事監理者，施工者，専門工事業者，レディーミクストコンクリートの生産者および第三者試験機関に試験を依頼する場合は，その機関で構成する．
b. 施工者は，品質管理責任者を定める．品質管理責任者は，鉄筋コンクリート工事に関して十分な知識，技能および経験を有するものとし，一級建築士，1級または2級（仕上げを除く）建築施工管理技士の資格を有するものとする．
c. 施工者は，コンクリート工事の品質管理担当者を定める．コンクリート工事の品質管理担当者は，コンクリート工事に関して十分な知識，技能および経験を有するものとし，公益社団法人日本コンクリート工学会が認定したコンクリート主任技士，コンクリート技士，またはこれらと同等以上の知識と経験を有するものとする．
d. 品質管理責任者は，工事監理者，各工事の品質管理担当者，試験を依頼する場合の第三者試験機関と連絡を密にし，品質管理組織を効率的に運営する．

3.3　品質管理項目の確認
品質管理計画の立案に際して，施工計画とコンクリートの要求品質とを対比し，コンクリートの品質に係わる下記の事項を確認する．
(1) コンクリートの打込み箇所・打込み時期別のコンクリートの種類および品質
(2) 構造体強度補正値と調合管理強度
(3) 調合強度を定めるための基準とする材齢

（4）使用するコンクリートのJIS規格適合およびJISマーク表示製品の要否，または建築基準法第37条2号に基づく国土交通大臣の認定の要否

（5）レディーミクストコンクリートの運搬時間

（6）工事現場内におけるコンクリートの運搬方法および打込み・締固め方法

（7）せき板の取外し時期と取外し時のコンクリートの圧縮強度

（8）コンクリートの養生方法と養生打切り時のコンクリートの圧縮強度

（9）支柱の取外し時期と取外し時のコンクリートの圧縮強度

（10）構造体コンクリートの表面の仕上がり状態

（11）部材の断面寸法および位置の許容範囲

（12）部位ごとの打増しや割増しを考慮した最小かぶり厚さおよび設計かぶり厚さ

（13）特殊な施工法に適合させるための使用材料および調合の変更

3.4 品質管理計画書の作成

a．品質管理計画書は，品質管理計画の立案の段階，コンクリートの発注・製造の段階，コンクリートの施工の段階および構造体コンクリートの評価の段階の各段階ごとに作成する．

（1）品質管理計画の立案の段階

① コンクリートの材料の選定基準

② レディーミクストコンクリート工場の調査および選定基準

③ コンクリートの調合決定の基準

④ 試し練りを行う場合の実施要領

（2）コンクリートの発注・製造の段階

① レディーミクストコンクリートの発注

② レディーミクストコンクリートの製造管理

③ レディーミクストコンクリートの運搬

④ レディーミクストコンクリートの製品検査

（3）コンクリートの施工の段階

① 工事中のコンクリートの材料の検査

② レディーミクストコンクリートの受入検査

③ レディーミクストコンクリートの受入検査が不合格の場合の措置

④ コンクリート打込み前の鉄筋工事，型枠工事，設備工事などコンクリート工事に関わる事項の点検・管理

⑤ コンクリートの場内運搬の点検・管理

⑥ コンクリートの打込み中の点検・管理

⑦ コンクリートの打込み後の点検・管理

⑧ せき板および支保工の取外しに関わる管理

（4）構造体コンクリートの評価の段階

① 構造体コンクリートの仕上がり状態およびかぶり厚さの検査
② 構造体コンクリートの圧縮強度の検査
③ 圧縮強度以外の品質管理項目の検査
④ 試験・検査結果の保管方法
⑤ その他必要な事項

b．試験・検査に関して，試験および検査の項目，方法，実施場所および立会い者，結果の判定方法ならびに結果が不合格となった場合の処置をあらかじめ定めておく．なお，下記の項目に関する検査の結果が不合格の場合は，すみやかに工事監理者にその状況を報告し，工事監理者の承認を受けた後，あらかじめ定めておいた方法で処置を行う．
① 構造体コンクリートの仕上がり状態およびかぶり厚さ
② 構造体コンクリートの圧縮強度

c．検査に必要な試験を依頼する場合の第三者試験機関は，工事監理者の承認を受けた機関とする．

3.5 品質管理計画の変更

a．品質管理上支障がない場合は，工事監理者の承認を得て 3.4 b で定めた試験および検査の項目の省略または回数の低減をすることができる．

b．a 項の規定にかかわらず工事監理者の文書による指示がある場合は，3.4 b で定めた以外の項目についても試験および検査を行う．

4章　レディーミクストコンクリート工場の調査および選定

4.1 総　　則

a．レディーミクストコンクリート工場は，設計・施工上の要求条件を満足するコンクリートを供給できる工場でなければならない．

b．工事開始前に，工事現場周辺のレディーミクストコンクリート工場で使用しているコンクリートの材料，製造設備などを調査し，要求条件を満足する工場を選定する．

4.2 コンクリートの材料の調査および選定

a．コンクリートの材料が設計・施工上の要求品質を満足していること，JIS A 5308（レディーミクストコンクリート）の規定する品質を満足していること，およびそれらの品質が所定の試験方法によって検査されていることを確認する．

b．コンクリートの材料は，その工場での使用実績があること，および入手が継続的に可能であることを確認する．ただし，使用実績がない場合は，材料の入手が可能であり，かつその工場で使用できることを確認する．

c．使用実績の少ない材料については，必要に応じてコンクリートの試し練りを行い，使用方法および性能を確認する．

d．レディーミクストコンクリート工場で，上記の要求条件に適合する材料が得られない場合は，その工場を選定対象から除外する．

4.3 レディーミクストコンクリート工場の調査

a．レディーミクストコンクリート工場の調査では，下記の項目を調査する．
 (1) JIS マーク表示認証の識別および認証の範囲
 (2) 工場の規模，製造設備，製造能力および運搬能力
 (3) 使用材料の種類・品質および貯蔵能力
 (4) 配合設計の基となる資料
 (5) 品質管理・検査に関する社内規格
 (6) 常駐する技術者の人数，技術レベルおよび資格
 (7) 保有する試験機器および試験施設
 (8) 工事現場までの経路および運搬時間
 (9) 当該コンクリートが指定建築材料として建築基準法第37条2号に該当する場合は，国土交通大臣認定の有無
 (10) その他必要な事項

b．a．(2)のレディーミクストコンクリート工場の製造設備については，下記の項目を JIS A 5308 および JIS Q 1011（適合性評価—日本工業規格への適合性の認証—分野別認証指針（レディーミクストコンクリート））の規定に基づいて調査する．
 (1) コンクリートの材料の貯蔵設備および運搬設備
 (2) 回収骨材を使用する場合は，回収骨材の洗浄設備および運搬設備
 (3) バッチングプラントの貯蔵ビンおよび材料計量装置，ならびに印字記録装置
 (4) 練混ぜおよび積込み設備
 (5) コンクリートの運搬車および洗車設備
 (6) 試験・検査設備

c．調査は，生産者からの提出書類によって行うとともに，必要に応じて現地調査を行って確認する．

d．製造管理の調査方法は，6章による．

4.4 コンクリートの性能の調査

a．設計図書で，圧縮強度，スランプまたはスランプフロー，空気量および塩化物イオン量以外にコンクリートの性能が要求されている場合は，レディーミクストコンクリート工場における当該配合のコンクリートについて，その性能に関するデータの有無を調査する．

b．当該配合のコンクリートにその性能に関するデータがある場合は，設計図書の要求性能を満

足していることを調査する．
  c．当該配合のコンクリートにその性能に関するデータがない場合は，類似の配合のコンクリートからその性能を類推できるかどうかを検討し，設計図書の要求性能を満足していることを確認する．
  d．当該配合のコンクリートについて，設計図書に示された性能を満足しているかどうか不明な場合は，工事開始前に試し練りを行って要求性能を満足していることを確認する．その際，信頼できる早期試験方法によってもよい．

4.5 レディーミクストコンクリート工場の選定
  a．レディーミクストコンクリート工場は，4.2～4.4節の調査に基づき，下記（1）～（5）の条件を満足するものの中から選定する．
  （1）購入しようとするコンクリートについて，JISマーク表示認証を受けている工場であること．
  （2）JISマーク表示認証を受けていない場合は，所要の品質のコンクリートが製造できると認められる工場であること．
  （3）要求されている数量を供給できる製造能力を有する工場であること．
  （4）工場には，公益社団法人日本コンクリート工学会が認定したコンクリート主任技士，コンクリート技士の資格を登録しているものが常駐していること．
  （5）コンクリートを所定の時間内に打ち込めるように運搬できる距離にあること．
  b．複数のレディーミクストコンクリート工場を使用する場合は，同一打込み工区に2以上の工場のコンクリートが打ち込まれないようにし，施工計画との関連を考慮して決定する．
  c．レディーミクストコンクリート工場は，全国生コンクリート品質管理監査会議から「適マーク」の使用を承認された工場であることが望ましい．

5章　レディーミクストコンクリートの発注

5.1 総　則
  a．レディーミクストコンクリートは，設計・施工上の要求条件を満足するものを発注しなければならない．
  b．レディーミクストコンクリートの発注に際しては，発注条件を明確にして生産者と協議し，必要事項を指定する．
  c．発注するコンクリートの品質は，レディーミクストコンクリートの荷卸し地点の品質とする．

5.2 コンクリートの種類・品質の指定
  a．コンクリートの種類は，JIS A 5308（レディーミクストコンクリート）に規定するコンクリー

ト，または建築基準法第37条2号に基づく国土交通大臣の認定を受けたコンクリートとする．

b．JIS A 5308 に規定するコンクリートを発注する場合，コンクリートの強度は呼び強度で指定する．呼び強度の強度値は，調合管理強度以上とする．

c．建築基準法第37条2号に基づく国土交通大臣の認定を受けたコンクリートを発注する場合，コンクリートの強度は圧縮強度の基準値，または圧縮強度の基準値に構造体強度補正値を加えた強度[注]で指定する．圧縮強度の基準値を指定する場合は設計基準強度以上とし，圧縮強度の基準値に構造体強度補正値を加えた強度を指定する場合は，調合管理強度以上とする．

　[注] 国土交通大臣の認定を受けたコンクリートでは，圧縮強度の基準値に構造体強度補正値を加えた強度は，指定強度，管理強度などと呼ばれている．

d．呼び強度の強度値または圧縮強度の基準値に構造体強度補正値を加えた強度を保証する材齢は，調合強度を定めるための基準とする材齢とし，28日を標準とする．ただし，中庸熱ポルトランドセメント，低熱ポルトランドセメント，混合セメントのB種およびC種などのセメントを使用するコンクリートでは，28日を超え91日以内の材齢とすることができる．

e．JIS A 5308 に規定するコンクリートを発注する場合は，コンクリートの種類，粗骨材の最大寸法，スランプまたはスランプフローおよび呼び強度の組合せを表5.1の○印の中から指定するほか，JIS A 5308 に規定している事項について，生産者と協議の上で指定する．

表5.1　レディーミクストコンクリートの種類（JIS A 5308-2014）[1]

コンクリートの種類	粗骨材の最大寸法（mm）	スランプまたはスランプフロー[(1)]（cm）	呼び強度												
			18	21	24	27	30	33	36	40	42	45	50	55	60	曲げ4.5
普通コンクリート	20, 25	8, 10, 12, 15, 18	○	○	○	○	○	○	○	○	○	○	—	—	—	—
	20, 25	21	—	○	○	○	○	○	○	○	○	○	—	—	—	—
	40	5, 8, 10, 12, 15	○	○	○	○	○	○	○	○	—	—	—	—	—	—
軽量コンクリート	15	8, 10, 12, 15, 18, 21	○	○	○	○	○	○	○	○	—	—	—	—	—	—
舗装コンクリート	20, 25, 40	2.5, 6.5	—	—	—	—	—	—	—	—	—	—	—	—	—	○
高強度コンクリート	20, 25	10, 15, 18	—	—	—	—	—	—	—	—	—	—	○	—	—	—
		50, 60	—	—	—	—	—	—	—	—	—	—	○	○	○	—

［注］(1) 荷卸し地点の値であり，50 cm および 60 cm はスランプフローの値である．

f．建築基準法第37条2号に基づく国土交通大臣の認定を受けたコンクリートを発注する場合は，セメントの種類，圧縮強度の基準値に構造体強度補正値を加えた強度，スランプまたはスランプフロー，空気量の組合せ，その他必要な事項を指定する．

g．上記a〜fのほかに，施工者は生産者にコンクリートの施工方法を伝え，調合設計に反映させる．

5.3　コンクリートの調合の確認

a．コンクリートの調合の確認は，下記（1）〜（3）による．

(1) JIS マーク表示製品の場合は，レディーミクストコンクリートの配合計画書の内容を検討し，要求条件に適合していることを確認する．

(2) JIS A 5308 の規格に適合しているが，JIS マーク表示製品でないものは，レディーミクストコンクリートの配合計画書および配合設計の基礎となる資料の内容を検討し，要求条件および JIS A 5308 の規定に適合していることを確認する．

(3) 建築基準法第 37 条 2 号に基づく国土交通大臣の認定を受けたコンクリートの場合は，調合計画書および調合設計の基礎となる資料の内容を検討し，要求条件に適合していることを確認する．

b．上記 (2) および (3) の場合は，配合・調合設計について生産者と協議し，試し練りを行って調合を定める．ただし，多くの製造実績がある調合の場合は，試し練りを行わなくてもよい．

c．コンクリート中の塩化物量およびアルカリ量については，生産者から計算値の報告を求めて確認する．

d．コンクリートの諸条件が変わったときは，そのつど調合の検討を行う．

e．決定した調合は工事監理者に報告し，承認を受ける．

5.4 製造・運搬および受入れに関する協議

a．コンクリートの製造および運搬については，コンクリートの施工計画に基づいてレディーミクストコンクリートの生産者と協議し，下記の事項を定める．

(1) コンクリートの種類，呼び強度，スランプまたはスランプフロー，粗骨材の最大寸法の組合せ別の打込み量

(2) コンクリートの打込み場所，打込み時期および打込み速度

(3) コンクリートの運搬時間の限度

(4) 練混ぜ水としてスラッジ水が使用されている場合は，レディーミクストコンクリート工場のスラッジの濃度の管理記録を確認する．スラッジの濃度の管理が十分でないと考えられる場合には，生産者と協議してスラッジ水は使用しない．

(5) JASS 5 に規定する計画供用期間の級が長期または超長期のコンクリート，高流動コンクリートおよび高強度コンクリートの場合には，生産者と協議して回収水を使用しない．

(6) 骨材として回収骨材が使用されている場合は，レディーミクストコンクリート工場の回収骨材の管理記録を確認する．回収骨材の管理が十分でないと考えられる場合には，生産者と協議して回収骨材は使用しない．

(7) JASS 5 に規定する計画供用期間の級が長期または超長期のコンクリート，高流動コンクリートおよび高強度コンクリートの場合には，生産者と協議して回収骨材を使用しない．

(8) その他必要な事項

b．コンクリートの受入れについては，コンクリートの品質管理計画に基づいてレディーミクストコンクリートの生産者と協議し，下記の事項を定める．

(1) コンクリートの受入検査の項目，時期・回数，方法および結果の判定方法

(2) コンクリートの圧縮強度の検査ロットの大きさ，供試体の採取方法
(3) コンクリートの塩化物量の検査場所および検査機器
(4) 指定事項のうち JIS A 5308 に規定していない検査の種類および方法

5.5 レディーミクストコンクリートの発注

a．レディーミクストコンクリートは，5.1～5.4 節に基づいて発注する．

b．複数のレディーミクストコンクリート工場にコンクリートを発注する場合は，その使い分けを明確に定める．

c．レディーミクストコンクリートの購入の契約にあたっては，発注書を作成する．

6章　レディーミクストコンクリートの製造の管理

6.1 総　　則

a．レディーミクストコンクリートの生産者は，荷卸し地点におけるコンクリートの品質を保証するために，コンクリートの材料，配合，材料の計量・練混ぜ・積込み・運搬などの製造工程，製品および設備について，十分な品質管理を行わなければならない．

b．施工者は，レディーミクストコンクリートの生産者に製造工程，製品および設備についての品質管理の結果の提示を求め，所定の品質のコンクリートが製造されていることを確認する．また，必要に応じて立入検査を行う．

6.2 コンクリートの材料の管理

a．コンクリートの材料の受入れおよび品質管理のための試験・検査は，表 6.1 を標準とする．

表 6.1　使用材料の試験・検査

材料	管理項目	品質特性	試験・検査方法	試験・検査頻度	備　考
セメント	種類	種類，製造業者および出荷場所	社内規定との照合	入荷のつど	納入伝票
	品質	JIS に規定する品質項目	JIS R 5201, 5202, 5203, 5204	1 回以上/月	製造会社の試験成績書で確認
		圧縮強さ	JIS R 5201	1 回以上/6 か月	―
骨材	種類	種類，納入業者または製造（生産）業者	社内規定との照合	入荷のつど	納入伝票で確認
	外観	―	目視	入荷のつど	異物混入の有無等を確認

	項目		試験・検査方法	試験・検査頻度	備考
	JISマークの確認	—	目視	入荷のつど	JISマーク表示製品の骨材は，下記管理項目を成績書で確認 JISマーク表示製品以外の骨材は，下記管理項目の品質特性を確認
	密度	絶乾密度 表乾密度	JIS A 1109, 1110, 1134, 1135	1回以上/月	人工軽量骨材およびスラグ骨材は絶乾密度に限定
	吸水率	吸水率	JIS A 1109, 1110, 1134, 1135	1回以上/月	—
	粒度	粒度	JIS A 5308 附属書A（規定）	1回以上/月	—
		隣接するふるいに留まる量	JIS A 5005	1回以上/月	砕砂に適用
	粗粒率	粗粒率	JIS A 1102	1回以上/月	—
	粒形判定実積率	実積率	JIS A 1104	1回以上/月	砕石2005および砕砂に適用
	有害物	有機不純物	JIS A 1105	1回以上/月	天然骨材の砂および人工軽量骨材に適用
		粘土塊量	JIS A 1137	1回以上/月	天然骨材および人工軽量骨材に適用
		微粒分量	JIS A 1103	1回以上/月（微粒分の多い砂：1回以上/週）	人工軽量粗骨材は適用外
	単位容積質量	単位容積質量	JIS A 1104	1回以上/月	スラグ骨材に適用
	アルカリ骨材反応	アルカリシリカ反応	JIS A 1145, 1146, 5021	1回以上/6か月	高炉スラグおよび再生骨材Hは適用外
	細骨材塩化物量	NaCl含有量	JIS A 5002	1回以上/12か月（塩化物量の多い砂：1回以上/週）	天然骨材・砂，銅スラグ，人工軽量骨材に適用
	すりへり減量	すりへり減量	JIS A 1121	1回以上/月	砕石に適用
	安定性	安定性	JIS A 1122	1回以上/月	砕石，砕砂および天然骨材に適用
	浮粒率	軽量粗骨材の浮粒率	JIS A 1143	1回以上/月	人工軽量骨材に適用
水	水質	JIS A 5308 附属書C（規定）に規定する品質	JIS A 5308 附属書C（規定）	1回以上/12か月	上水道水は適用外
混和材料	フライアッシュ	JIS A 6201 に規定する品質	JIS A 6201 に規定する方法	1回以上/月	試験成績表により確認
	膨張材	JIS A 6202 に規定する品質	JIS A 6202 に規定する方法	1回以上/月	試験成績表により確認

化学混和剤	JIS A 6204 に規定する品質	JIS A 6204 に規定する方法	1回以上/6か月	試験成績表により確認
防せい剤	JIS A 6205 に規定する品質	JIS A 6205 に規定する方法	1回以上/3か月	試験成績表により確認
高炉スラグ微粉末	JIS A 6206 に規定する品質	JIS A 6206 に規定する方法	1回以上/月	試験成績表により確認
シリカフューム	JIS A 6207 に規定する品質	JIS A 6207 に規定する方法	1回以上/月	試験成績表により確認
上記以外の混和材料	銘柄（種類を含む）	目視	入荷のつど	納入伝票
	品質	試験成績表により確認	1回以上/月	塩化物イオン量および全アルカリ量は必ず確認

b．施工者は，コンクリートの工事開始前および工事中適宜，コンクリートの材料の受入検査の結果の提示を求め，所定の品質の材料であることを確認する．

6.3 コンクリートの製造の管理

a．コンクリートの製造時の品質管理は，表6.2を標準とする．

表6.2 製造工程における製造時の品質管理試験

工程	管理項目	品質特性	試験・検査方法	試験・検査頻度	備考
調合	細骨材の粗粒率	粒度 粗粒率	JIS A 5308 附属書A JIS A 1102 または合理的な試験方法	1回以上/日 1回以上/日	—
	粗骨材の粗粒率または実積率	粒度 粗粒率または実積率	JIS A 5308 附属書A JIS A 1102, 1104, 5002	1回以上/週 1回以上/週	—
	回収細骨材および回収粗骨材の置換率	A方法（5％以下） B方法（20％以下）	回収骨材/骨材	1回/管理期間 全バッチ	使用している場合
	スラッジ固形分率およびスラッジ水の濃度	バッチ濃度 連続濃度	JIS A 1806 自動濃度計	1回以上/日・濃度調整つど 使用のつど	使用している場合
	細骨材の表面水率（人工軽量骨材は含水率）	表面水率（人工軽量骨材は含水率）	JIS A 1111, 1125, 1802 または連続測定が可能な簡易試験方法	1回以上/午前・午後（人工軽量骨材：1回以上/使用日，高強度コンクリート：始業前，1回以上/午前・午後）	—
	粗骨材の表面水率（人工軽量骨材は含水率）	表面水率（人工軽量骨材は含水率）	JIS A 1803	必要のつど（人工軽量骨材・再生粗骨材：1回以上/使用日）	—
	単位水量（高強度コンクリートの場合）	単位水量	動荷重（計量値）と骨材の実測表面水率，合理的な試験方法	1回以上/日	
材料計量	計量精度（動荷重）	計量値の許容差	目視 JIS A 5308	全バッチ 1回以上/月	任意の連続した5バッチ以上
	計量値および単位量の記録	計量値および単位量	JIS A 5308	1回以上/日	—

練混ぜ	均一性（外観観察，異物混入）	均一性	目視	全バッチ	—
	スランプ	スランプ	目視 JIS A 1101	全バッチ 1回以上/午前・午後	—
	スランプフロー	スランプフロー	JIS A 1150	1回以上/午前・午後	—
	空気量	空気量	JIS A 1116, 1118, 1128	1回以上/午前・午後	—
	強度	圧縮強度	JIS A 1108，1132 および JIS A 5308 附属書 E（規定）	1回以上/日	—
	コンクリート温度	コンクリート温度	JIS A 1156	1回以上/日	—
	塩化物含有量	コンクリートの塩化物量	JIS A 1144 精度が確認された塩分含有量測定器	1回以上/日[(1)] 1回以上/週[(2)] 1回以上/月[(3)]	
	容積	— 単位容積質量	目視 JIS A 1116, 1118, 1128	全バッチ 1回以上/月	—
	単位容積質量	単位容積質量	JIS A 1116	1回以上/日	軽量コンクリート

[注] (1) 海砂・塩化物量の多い砂・海砂利
(2) 注1以外の骨材＋JIS A 6204 Ⅲ種
(3) 注1以外の骨材＋注2以外の混和剤

b．材料計量値は，バッチごとに記録する．この場合，計量値が自動的に印字される自動印字記録が望ましい．

c．施工者は工事中適宜，配合，材料の計量，練混ぜ，積込みおよび運搬の各工程において，レディーミクストコンクリートの生産者が所定の品質管理を実施していることを確認する．また，必要に応じて，計量記録の提示を求める．

d．試験結果が管理基準値に不適合の場合は，原因を調査し，必要な処置を行う．

6.4 製造設備および試験機器・設備の管理

a．製造設備の管理は，表6.3を標準とする．

表6.3　主な設備管理試験

設　備	管理項目	試験方法	試験回数	備　考
材料計量装置	計量装置精度	静荷重試験	1回以上/6か月	同時に配合設定装置，表面水補正装置，容量変換装置も併せてチェックする
ミキサ	練混ぜ性能	JIS A 1119	1回以上/12か月	—
運搬車	アジテータの性能	JIS A 5308 8.1.4	1回以上/3年	—

b．試験設備・機器類の管理は，次の項目について行う．
(1) 骨材試験用器具
(2) コンクリートの試験用器具・機械
　① 試し練り試験器具
　② 供試体用型枠

③　恒温養生水槽

　　　④　圧縮強度試験機

　　　⑤　スランプ測定器具

　　　⑥　スランプフロー測定器具（高強度コンクリートの場合）

　　　⑦　空気量測定器具

　　　⑧　塩化物含有量測定器具または装置

　　　⑨　容積測定装置・器具

　　　⑩　ミキサの練混ぜ性能試験用器具

　（3）スラッジ水の濃度測定器具または装置

c．コンクリートの圧縮試験機は，精度の検査を1回以上／12か月の頻度で行わなければならない．

d．点検，校正を行う機器については，点検項目，点検周期，点検方法，判定基準，点検後の処置を定めて，精度の維持を図らならければならない．

e．施工者は，必要に応じて，製造設備および試験設備・機器類の管理が適切に実施されていることを確認する．

6.5　運搬の管理

a．施工者は，施工計画に基づいてレディーミクストコンクリートの生産者と協議し，コンクリートの受入計画を定める．

b．レディーミクストコンクリートの生産者は，施工者の受入計画に基づいて配車計画を立て，運搬の管理を行う．

c．コンクリートの運搬時間は，JIS A 5308の規定に基づく練混ぜの開始から指定された場所までの運搬に要する時間のほかに，到着後に荷卸しを開始するまでの待ち時間，荷卸しに要する時間，場内運搬に要する時間，打込み・締固めに要する時間などを考慮した打込み終了までの時間の限度の規定も満足するよう，レディーミクストコンクリートの生産者と協議して定める．

　運搬時間の限度がJIS A 5308の規定と相違する場合には，レディーミクストコンクリートの配合計画書の備考欄に変更した時間の限度を記載する．

d．コンクリートの積込み前にドラム内の残水を排出する．また，荷卸し前および荷卸し中のコンクリートへ加水してはならない．

6.6　レディーミクストコンクリートの製品の検査

a．レディーミクストコンクリートの製品検査は，荷卸し地点で行う．

b．製品の検査は，表6.4を標準とする．

表6.4 荷卸し地点における製品の品質管理試験

工程	管理項目	品質特性	試験方法	試験回数	備考
製品検査	製品の品質	スランプまたはスランプフロー	JIS A 1101, 1150	必要に応じ適宜	—
		空気量	JIS A 1116, 1118, 1128	必要に応じ適宜	—
		強度	JIS A 1106, 1108, 1132, 5308 附属書 E（規定）	1回/150 m^3, 高強度コンクリート1回/100 m^3 を標準	—
		塩化物含有量（Cl$^-$ として）	JIS A 1144 精度が確認された塩分含有量測定器	適宜	工場出荷時でも可

6.7 製品検査結果の保管および集計

a．レディーミクストコンクリートの生産者は，試験および検査の結果を所定の期間保存する．

b．製品検査の結果は，コンクリートの種類別に集計・整理し，コンクリートの製造管理に反映させる．

7章 レディーミクストコンクリートの受入検査

7.1 総則

a．レディーミクストコンクリートの受入検査は，納入されたレディーミクストコンクリートの種類，品質および容積が発注した条件に適合しているかどうかを確認するために行う．

b．受入検査のためのコンクリートの圧縮強度の検査は，10章による．

7.2 受入検査の計画

a．施工者は，レディーミクストコンクリートの受入検査の実施計画を作成する．

b．受入検査は，原則として荷卸し地点において行う．受入検査のための試験を第三者試験機関に依頼する場合は，施工者は必要な事項を定めて指示する．

c．受入検査のためのフレッシュコンクリートの試験を，生産者の製品検査のための試験によって行う場合は，施工者は試験に立ち会う．

d．試験および検査は，フレッシュコンクリートの試験方法について十分な知識および経験を有するものが行う．

e．受入検査は，5.2節において生産者に指定した項目について，コンクリートの調合別に行う．

f．e項に示した項目以外の検査項目について検査する場合は，あらかじめ生産者と協議して試験方法，回数および合否の判定方法を定めておく．

g．受入検査において不合格となった場合の措置については，事前に生産者と協議して定めておく．

7.3 受入検査の準備

a．試験・検査用機器は，受入検査に支障をきたさないように必要量確保し，規定の試験精度が得られるよう整備し，整備記録を保管しておく．

b．試験場所は，コンクリートの荷卸し地点の近くの平たんな場所で，試験や工事に支障がなく，給排水，照明などの設備があり，原則として，直射日光が当たらないような場所とする．

c．採取した試料の保管場所は，工事の障害にならず，かつ，振動のおそれや直射日光の当たらないような場所とする．

d．工事現場内に試験・検査に必要な試験室および養生設備を設ける．工事現場内で試験できない場合は，あらかじめ試験が可能な試験機関を選定しておく．

7.4 レディーミクストコンクリートの受入検査

a．レディーミクストコンクリートの受入検査は，納入書による検査およびフレッシュコンクリートの検査とし，コンクリートの荷卸し地点で行う．ただし，塩化物量については，生産者との協議によって工場出荷時に行うことができる．

b．納入書による検査は，表7.1による．発注時の指定事項に適合しない場合は，返却する．

表7.1 書類による検査の項目・方法・時期・回数

項　目	試験・検査方法	時期・回数
施工者名・納入場所	納入書による確認	受入れ時，運搬車ごと
コンクリートの種類		
呼び強度		
指定スランプ		
粗骨材の最大寸法		
セメントの種類		
運搬時間		
納入容積		
配合の単位量[1]	コンクリートの配合計画書および納入書による確認	

［注］（1）標準配合または修正配合の単位量の場合，配合計画書の単位量と照合し，一致するものとする．計量記録から算出した単位量の場合，計量設定値の単位量との差が，計量値の許容差を満足するものとする．

c．フレッシュコンクリートの検査は，下記の①～⑤による．
　①　コンクリートの荷卸しに先立って，運搬車のドラムを高速回転させ，再び低速に戻してからコンクリートを排出する．

② 試料の採取は，JIS A 1115（フレッシュコンクリートの試料採取方法）による．
③ 採取した試料は，均一にかくはんして，すみやかに試験に供する．
④ フレッシュコンクリートの検査における項目，方法，時期・回数および判定基準は表7.2のほか，構造体コンクリートの試験時，コンクリート打込み開始時，昼休み後の打込み再開時および運搬車の待ち時間が長くなった時などにも適宜行う．
⑤ 単位水量は，製造管理記録によって確認する．また，単位水量を試験によって確認する場合は，検査方法および検査基準をあらかじめ定めておく．

表7.2 フレッシュコンクリートによる検査の項目，方法，時期・回数および判定基準

項目	試験・検査方法	時期・回数	判定基準
スランプ	JIS A 1101	1車目，受入検査および構造体コンクリート用供試体の採取時，その他適宜	スランプの許容差は，発注時に指定したスランプが2.5 cmの場合は±1 cm，5 cm，6.5 cmおよび21 cmの場合は±1.5 cm，8 cm以上18 cm以下の場合は±2.5 cm以下であること．ただし，21 cmの場合，呼び強度27以上で高性能AE減水剤を使用する場合は±2 cm以下であること．
スランプフロー	JIS A 1150		スランプフローの許容差は，発注時に指定したスランプフローが50 cmの場合は±7.5 cm，60 cmの場合は±10 cm以内であること．
空気量	JIS A 1116 JIS A 1118 JIS A 1128		空気量の許容差は，±1.5 %以内であること．
コンクリート温度	JIS A 1156		発注時の指定事項に適合すること
軽量コンクリートの単位容積質量	JIS A 1116		コンクリートの単位容積質量の実測値と調合計画に基づくの単位容積の計算値との差が±3.5 %以内であること．
塩化物量	JIS A 1144 JASS 5 T-502：2009	海砂など塩化物を含むおそれのある骨材を用いる場合，打込み当初および150 m³に1回以上，その他の骨材を用いる場合は1日に1回以上	塩化物イオン（Cl⁻）量として0.30 kg/m³以下であること．ただし発注時に購入者が承認した場合は0.60 kg/m³以下とすることができる．

7.5 コンクリートの容積の検査

a．コンクリートの容積の検査は，必要に応じて行う．
b．検査の方法は，あらかじめ生産者と協議して定める．通常の場合は，下記の①または②による．ここで，コンクリートの単位容積質量の試験は，JIS A 1116による．
　① 運搬車の全材料計量値／単位容積質量
　② （積載時の運搬車の全質量－空の時の運搬車の質量）／単位容積質量
c．コンクリートの容積の検査は，規定量以上である場合に合格とする．

7.6 データの処理および総合判断

a．施工者は，所定の期間，試験および検査の結果を保存する．

b．大規模工事の場合，受入検査の結果をコンクリートの種類別に集計・整理し，コンクリートの品質管理に反映させる．

8章　施工時の管理

8.1 総則

a．施工者は，設計図書，工事監理者の指示および関連する規定に基づいて施工時の点検を行い，所要の品質の構造体コンクリートが得られるように管理する．

b．品質管理は，コンクリートの打込み前，打込み中および打込み後の工事の工程に応じて行う．

c．施工時の管理のための組織をつくり，役割を定める．施工時の管理のための組織・役割は，下記(1)，(2)の条件を満足するものとする．

(1) コンクリート工事が計画どおり遂行できるような組織になっていること．

(2) 組織の配員，担当者の役割と責任，情報伝達の経路と方法が明確になっていること．

8.2 打込み前の管理

a．打込み計画の確認と準備にあたり，施工計画書に基づいて，下記の(1)，(2)，(3)を管理する．

(1) 打込み区画，打込み順序および単位打込み量が施工計画書どおり守れるように準備されていること．

(2) 打込みを行うための各種作業人員が，施工計画書どおり適当に配置されていること．

(3) 打込み・締固め機器の種類と台数が施工計画書どおり準備され，適当な配置にあること．

b．鉄筋工事においては，下記(1)，(2)を管理する．また，鉄筋組立て後，コンクリート打込み前に工事監理者の配筋検査を受ける．

(1) 鉄筋が所定の位置に正しく配筋され，コンクリートの打込み完了まで移動しないように堅固に保持されていること．

(2) コンクリート打込み完了後に最小かぶり厚さが確保されるように，サポートおよびスペーサが適切な数量，箇所に取り付けられていること．

c．型枠工事においては，下記(1)〜(4)を管理する．また，コンクリート打込み前にせき板と最外側鉄筋とのあきについて工事監理者の検査を受ける．

(1) 型枠の位置および垂直性・水平性が確保されていること．

(2) 部材の寸法と厚さが確保されていること．

(3) 打継ぎの配置，形状および材料などが施工計画書どおりになっていること．

(4) 構造スリットの寸法・形状・位置・固定方法が施工計画書どおりになっていること．
d．設備工事においては，下記(1), (2)を管理する．また，コンクリート打込み前にスリーブ，埋込み金物等について工事監理者の検査を受ける．
(1) 埋込みボックス，スリーブ，埋込み金物等が所定の位置に配置されていること．
(2) 必要な補強筋が施されていること．
e．コンクリートの場内運搬の準備にあたっては，下記(1), (2)を管理する．
(1) コンクリートポンプ，輸送管またはその他の運搬機器が整備されており，施工計画書どおりに準備され，適当な配置にあること．
(2) 先送りモルタルおよび圧送が中断して品質が低下したコンクリートの処理方法が定められ，処理するための器具・容器などが準備されていること．

8.3 打込み中の管理

a．コンクリートの打込み中，下記(1)～(5)を確認する．
(1) 打込み直前のコンクリートの品質や打込み状況（打込み能率）に異常がなく，作業の進捗が施工計画書どおりであること．
(2) 打込み区画，打込み順序および打込み速度が施工計画書どおりであること．
(3) 打重ね時間間隔の限度が施工計画書どおりであること．
(4) 高いところからコンクリートを直接落下させていないこと．
(5) 打込み中の降雨または降雪に対して適切な対策が実施されていること．
b．コンクリートの締固め作業が適切に行われていることを，下記(1), (2), (3)に基づいて確認する．
(1) コンクリートに棒形振動機をかける時間は，セメントペーストが薄く浮き上がる程度の時間であること．
(2) コンクリートを打ち重ねる場合，先に打ち込まれているコンクリート表面より約10 cm下まで振動機を挿入していること．
(3) 外部（型枠）振動機をかける時間は1か所あたり約15秒前後であり，振動機をかける位置は，打ち込まれたコンクリートの表面から下に約30 cm以内であること．
c．コンクリート表面仕上げにおいては，下記(1), (2)を確認する．
(1) 所定の仕上がり寸法が得られるようにならされていること．
(2) 施工上不具合な現象は，コンクリートの凝結前に処理されていること．

8.4 打込み後の管理

a．コンクリートの打込み後，下記(1)～(4)を確認する．
(1) コンクリート表面の湿潤養生の方法および期間が計画どおり実施されていること．
(2) コンクリートの急激な乾燥または温度変化を防止する適切な対策が実施されていること．
(3) 所定の養生期間中，コンクリート部材に有害な振動や衝撃を与えないよう，適切な対策が

実施されていること．
(4) 所定の養生期間中，コンクリートスラブの上に重量物の積載を防止する適切な対策が実施されていること．

b．型枠の取外しにおいては，下記 (1)〜(5) を確認する．
(1) せき板および支保工の取外しが仕様書および品質管理計画書に定められた存置期間以降であること．
(2) 型枠の取外し時期をコンクリートの圧縮強度を確認して決定する場合は，現場水中養生した供試体の圧縮強度が，所定の値を満足することを確認すること．圧縮強度試験は，JASS 5 T-603（構造体コンクリートの強度推定のための圧縮強度試験方法）によって行う．
(3) 型枠の取外し作業にあたっては，安全対策，作業区域，解体方法，材料の最終の集積場所などを定め，構造体コンクリートに損傷を与えないように行うこと．
(4) 型枠の取外し後，a項に基づいて適切な養生が実施されていること．
(5) 型枠の取外し後，有害な欠陥の有無が調査され，適切な措置が施されていること．

9章　コンクリートの仕上がりの検査

9.1　総　　則

a．構造体コンクリートの仕上がりの検査は，所定の施工管理がなされ，所要の仕上がり品質を確保していることを確認するために行う．
b．構造体コンクリートの仕上がりの検査は，仕上がり状態およびかぶり厚さについて行う．
c．施工者は，構造体コンクリートの仕上がりの確認方法を定め，工事監理者の承認を得る．
d．検査の結果，不適合となった部分の措置は，工事監理者の指示に従う．また，その状況および処置方法を記録し，再発防止に努める．

9.2　仕上がり状態の検査

a．仕上がり状態の検査項目は，部材の位置・断面寸法，表面の仕上がり状態，仕上がりの平たんさおよび打込み不具合とする．
b．コンクリート部材の位置および断面寸法の試験の方法は，事前に工事監理者と協議して定めた方法による．また判定基準は，表9.1に示す許容差の標準値を参考にして工事監理者と協議して定める．

表9.1 JASS 5におけるコンクリート部材の位置および断面寸法の許容差の標準値

項　目		許容差（mm）
位　置	設計図に示された位置に対する各部材の位置	±20
構造体および部材の断面寸法	柱・梁・壁の断面寸法	－5，＋20
	床スラブ・屋根スラブの厚さ	
	基礎の断面寸法	－10，＋50

c．コンクリートの表面の仕上がり状態（表面性状，床のひび割れ，壁のひび割れ，たわみ，コールドジョイント，豆板，砂すじなど）の試験方法は，事前に工事監理者と協議して定めておく．

d．コンクリートの仕上がりの平たんさの試験方法は，事前に工事監理者と協議して定めておく．また，判定基準は，表9.2に示す標準値を参考にして工事監理者と協議して定める．

表9.2 JASS 5におけるコンクリートの仕上がりの平たんさの標準値

コンクリートの内外装仕上げ	平たんさ（凹凸の差）（mm）
仕上げ厚さが7mm以上の場合または仕上げの影響をあまり受けない場合	1mにつき10以下
仕上げ厚さが7mm未満の場合その他かなり良好な平たんさが必要な場合	3mにつき10以下
コンクリートが見え掛りとなる場合，または仕上げ厚さがきわめて薄い場合，その他良好な表面状態が必要な場合	3mにつき7以下

9.3 かぶり厚さの検査

a．かぶり厚さの検査は，次の方法により実施する．
（1）コンクリートの打込み後，床面および水平・垂直打継ぎ面での鉄筋位置を確認する．
（2）せき板取外し後，コンクリート表面のかぶり厚さ不足の兆候の有無を確認する．
（3）かぶり厚さ不足が懸念される場合は，かぶり厚さの非破壊検査を行う．非破壊検査が不合格の場合は，破壊検査によってかぶり厚さを確認する．

b．非破壊検査の方法，合否判定基準，破壊検査による確認方法および不合格時の措置は，c～iを参考に事前に工事監理者と協議して定めておく．

c．非破壊検査は，JASS 5 T-608（電磁誘導法によるコンクリート中の鉄筋位置の測定方法）または同等の精度で検査を行える方法によって行う．

d．検査箇所は，同一打込み日，同一打込み工区の柱，梁，壁，床または屋根スラブから，設計図および施工図を基にかぶり厚さ不足が懸念される部材をおのおの10％選択し，測定可能な面についておのおの10本以上の鉄筋のかぶり厚さを測定する．なお，測定結果に疑義がある場合は，ドリルによる穿孔などの破壊検査によって確認する．

e．測定結果に対する合否判定基準は，表9.3による．

表 9.3 JASS 5 におけるかぶり厚さの判定基準

項　目	判　定　基　準
測定値と最小かぶり厚さとの関係	$X \geq C_{min} - 10\,\mathrm{mm}$
最小かぶり厚さに対する不良率	$P(x < C_{min}) \leq 0.15$
測定結果の平均値の範囲	$C_{min} \leq X \leq C_d + 20\,\mathrm{mm}$

ただし，x　　：個々の測定値（mm）
　　　　X　　：測定値の平均値（mm）
　　　　C_{min}：最小かぶり厚さ（mm）
　　　　C_d　：設計かぶり厚さ（mm）
　　　　$P(x < C_{min})$：測定値が C_{min} を下回る確率

f．測定値と最小かぶり厚さの関係または最小かぶり厚さに対する不良率が不合格となった場合，不合格になった部材と同一打込み日，同一打込み工区の同一種類の部材からさらに 20 % を選択してかぶり厚さを測定し，先に測定した結果と合わせて最小かぶり厚さに対する不良率を求め，不良率が 15 % 以下であれば合格とする．

g．f 項の非破壊検査で不良率が 15 % を超える場合は同一種類の部材の全数検査を行い，不良率が 15 % 以下であれば合格とする．

h．g 項の検査で不良率が不合格となった場合は，耐久性，耐火性および構造性能を検証し，必要な補修を行う．

i．e 項の検査で測定結果の平均値の範囲が不合格になった場合は，不合格となった部材の鉄筋が部材断面の中心部に偏って配置されていないことを確かめ，鉄筋が部材断面の中心部に偏って配置されているおそれのある場合は，構造性能を検証し，必要な措置を講じる．

10 章　コンクリートの圧縮強度の検査

10.1　総　　則

a．コンクリートの圧縮強度は，レディーミクストコンクリートの受入れ時，型枠取外し時，湿潤養生の打切り時および構造体コンクリート強度の確認時に検査する．

b．コンクリートの圧縮強度の検査のための試験は，JIS A 1108（コンクリートの圧縮強度試験方法）による．ただし，供試体の寸法は $\phi 100 \times 200\,\mathrm{mm}$ を標準とする．また，供試体の養生方法は，10.2 節以降による．

c．供試体は，原則として，工事現場の荷卸し地点で採取する．

d．受入検査は，レディーミクストコンクリートが発注した条件に適合していることを確認するために行う．

e．型枠取外し時および湿潤養生の打切り時の検査は，構造体コンクリートが所要の強度に達し

ていることを確認するために行う.
f. 構造体コンクリート強度の検査は,構造体に打ち込まれたコンクリートの圧縮強度が設計基準強度および耐久設計基準強度を確保していることを確認するために行う.試験は,第三者試験機関で行う.
g. 構造体コンクリートの圧縮強度の検査用の供試体の養生方法を標準養生とする場合は,受入検査用の供試体と併用することができる.併用する場合は,品質管理計画書に明記し,工事監理者の承認を得る.

10.2 受入れ時の検査

a. 1回の圧縮強度試験は,打込み工区ごと,打込み日ごとに行う.ただし,1日の打込み量が $150 \, m^3$ を超える場合は,$150 \, m^3$ 以下にほぼ均等に分割した単位ごとに行う.
b. 1検査ロットは,3回の試験で構成する.
c. 採取した試料について,スランプ,空気量,コンクリート温度を測定する.
d. 圧縮強度試験の方法は,下記①〜⑥による.
  ① 供試体作製のための試料は,7.4節で採取した試料と同一の試料とする.
  ② 1回の試験のために同一試料から採取した3個の供試体を用いて行う.
  ③ 供試体の作製は,JIS A 1132(コンクリートの強度試験用供試体の作り方)による.
  ④ 供試体の養生方法は,標準養生とする.
  ⑤ 圧縮強度試験の材齢は,調合強度を定めるための基準とする材齢とする.
  ⑥ 圧縮強度試験は,JIS A 1108(コンクリートの圧縮強度試験方法)による.
e. 圧縮強度の判定は,3回の試験結果が下記①および②を満足する場合に合格とする.
  ① 1回の試験結果は,購入者が指定した呼び強度の強度値の85%以上であること.
  ② 3回の試験結果の平均値は,購入者が指定した呼び強度の強度値以上であること.
f. 検査の計画段階で,早期材齢で圧縮強度試験を行うことを定めた場合は,28日の場合と同様に圧縮強度の検査を行う.

10.3 型枠取外し時・湿潤養生打切り時の検査

a. スラブ下および梁下を除く型枠取外し時・湿潤養生打切り時の検査ロットは,構造体コンクリート強度の検査ロットと同一とし,1検査ロットについて1回の試験を行う.
b. 圧縮強度試験の方法は,JASS 5 T-603(構造体コンクリートの強度推定のための圧縮強度試験方法)による.
c. スラブ下および梁下を除く型枠は,計画供用期間の級が短期および標準の場合は $5 \, N/mm^2$ 以上,長期および超長期の場合は $10 \, N/mm^2$ 以上の場合に取り外すことができる.
d. 湿潤養生は,計画供用期間の級が短期および標準の場合は $10 \, N/mm^2$ 以上,長期および超長期の場合は $15 \, N/mm^2$ 以上の場合に打ち切ることができる.ただし,所定の圧縮強度が得られるまで湿潤養生をしない場合は,それぞれ $10 \, N/mm^2$ 以上,$15 \, N/mm^2$ 以上となるまで型

枠を存置するものとする．

10.4 構造体コンクリート強度の検査

a．構造体コンクリート強度の検査は，以下のA法（構造体コンクリート強度の検査と受入検査を併用しない場合）およびB法（構造体コンクリート強度の検査と受入検査を併用する場合）のいずれかによる．

b．A法（構造体コンクリート強度の検査と受入検査を併用しない場合）による構造体コンクリート強度の検査は，以下による．

(1) 1検査ロットは，1回の試験で構成する．

(2) 1回の圧縮強度試験は，打込み工区ごと，打込み日ごとに行う．ただし，1日の打込み量が $150\,\text{m}^3$ を超える場合は，$150\,\text{m}^3$ 以下にほぼ均等に分割した単位ごとに行う．また，高強度コンクリートの場合は，打込み量 $100\,\text{m}^3$ を超える場合は，$100\,\text{m}^3$ 以下にほぼ均等に分割した単位ごとに構成する．

(3) 圧縮強度試験の方法は，下記①～④による．
   ① 1回の試験における供試体は，適当な間隔をおいた任意の3台の運搬車から1個ずつ採取した合計3個の供試体を用いる．
   ② 供試体の作製は，JIS A 1132（コンクリートの強度試験用供試体の作り方）による．
   ③ 供試体の養生方法は，標準養生または試験材齢が28日の場合は現場水中養生，28日を超え91日以内の場合は現場封かん養生とする．
   ④ 圧縮強度試験は，JIS A 1108（コンクリートの圧縮強度試験方法）による．

(4) 構造体コンクリート強度の検査における圧縮強度の判定は，1回の試験ごとに表10.1により行う．

表10.1　A法における構造体コンクリート強度の判定基準

供試体の養生方法	試験材齢[1]	判定基準
標準養生	調合強度を定めるための基準とする材齢	$X \geq F_q + {}_mS_n$
現場水中養生	28日	平均気温が20℃以上の場合：$X \geq F_q + {}_mS_n$ 平均気温が20℃未満の場合：$X \geq F_q + 3$
現場封かん養生	28日を超え91日以内	$X \geq F_q + 3$

X：1回の試験における3個の供試体の試験結果の平均値（N/mm²）
F_q：コンクリートの品質基準強度（N/mm²）
${}_mS_n$：標準養生した供試体の材齢 m 日における圧縮強度と構造体コンクリートの材齢 n 日における圧縮強度の差による構造体強度補正値（N/mm²）

c．B法（構造体コンクリート強度の検査と受入検査を併用する場合）による構造体コンクリート強度の検査は，以下による．

(1) 1回の試験は，1検査ロットをほぼ均等に3分割して行う．
(2) 1検査ロットは，打込み工区ごと，打込み日ごとに構成する．ただし，1日の打込み量が450 m³を超える場合は，450 m³以下にほぼ均等に分割した単位ごとに構成する．また，高強度コンクリートの場合は，1日の打込み量 300 m³を超える場合は，300 m³以下にほぼ均等に分割した単位ごとに構成する．
(3) 採取した試料について，スランプまたはスランプフロー，空気量，コンクリート温度を測定する．
(4) 圧縮強度試験の方法は，下記①～⑥による．
　① 供試体作製のための試料は，7.4節で採取した試料と同一の試料とする．
　② 1回の試験のための供試体は，同一試料から3個採取する．ただし，1日の打込み量が150 m³以下の場合は，1個とすることができる．
　③ 供試体の作製は，JIS A 1132（コンクリートの強度試験用供試体の作り方）による．
　④ 供試体の養生方法は，標準養生とする．
　⑤ 圧縮強度試験の材齢は，調合強度を定めるための基準とする材齢とする．
　⑥ 圧縮強度試験は，JIS A 1108（コンクリートの圧縮強度試験方法）による．
(5) 構造体コンクリート強度検査における圧縮強度の判定は，表10.2により行う．

表10.2　B法における構造体コンクリート強度の判定基準

養生方法	試験材齢	判定基準	
		1台の運搬車から3個ずつ採取した場合	1台の運搬車から1個ずつ採取した場合
標準養生	調合強度を定めるための基準とする材齢（28日）	① 1回の試験結果は，調合管理強度の85％以上であること． ② 3回の試験結果の平均値は，調合管理強度以上であること．	3回の試験結果の平均値は，調合管理強度以上であること．

(6) 構造体コンクリート強度の検査が合格の場合は，受入検査も合格とする．
d．1日の打込み量の目安が15 m³以下の場合は，上記の方法によらないことができる．

10.5　不合格の場合の処置

a．受入検査におけるコンクリート強度の試験結果が不合格の場合は，構造体コンクリート強度の結果と併せて総合的に判断する．早期材齢強度から28日強度を推定し，不合格が予想される場合は，コンクリートの調合を調整するなどの処置を行う．

b．型枠の取外し時および湿潤養生打切り時のコンクリート強度の試験結果が不合格の場合は，型枠またはせき板の脱型の時期および湿潤養生打切りの時期を工事監理者と協議して決める．

c．構造体コンクリート強度の試験結果が表 10.1 または 10.2 を満足しない場合は，品質管理責任者は下記①〜③に関する計画書を作成し，工事監理者の承認を受ける．
① 原因推定のための調査
② 構造体コンクリートが保有する圧縮強度を推定するための調査
③ 再発防止対策
上記①，②の調査の結果の判定および今後の処置については，工事監理者と協議して決める．

10.6 検査結果の保管と集計

コンクリートの圧縮強度の検査結果の保管と集計は，7.6 節による．

コンクリートの品質管理指針

解　　説

コンクリートの品質管理指針・同解説

1章　総　　　則

1.1　適　用　範　囲

> a．本指針は，レディーミクストコンクリートを使用するコンクリート工事の品質管理に適用する．
>   　本指針の記載事項は，レディーミクストコンクリート工場の選定および発注に関する事項を除いて，工事現場練りコンクリートを使用するコンクリート工事にも適用することができる．
> b．コンクリート工事の仕様は，当該建築物の設計図書による．設計図書に記載のない事項については JASS 5 および関連する指針による．
> c．本指針を適用してコンクリート工事の品質管理を行う場合は，当該建築物の鉄筋コンクリート工事における型枠工事，鉄筋工事および仕上げ工事ならびに設備工事の品質管理と進捗状況を考慮する．

　a．本指針は，日本建築学会（以下，本会という）「建築工事標準仕様書・同解説　JASS 5　鉄筋コンクリート工事」[1]（以下，JASS 5 という）に基づく鉄筋コンクリート工事のコンクリート工事全般にわたる品質管理を行なう際に必要な諸事項を述べたものであり，施工者がコンクリート工事の品質管理を計画し，実行するための手引書となることを目的としている．また，本指針は，設計者がコンクリート工事の仕様書を作成する際や，工事監理者が工事監理を実施する際，レディーミクストコンクリート製造者がコンクリートの製造の品質管理を行う際の手引書ともなる．

　要求品質を満たしたコンクリート構造物をつくるためには，まず設計図書の内容が適正なものであることが前提であり，建物の環境条件や使用条件だけでなく，施工条件も考慮した細部に至るまで十分に検討されたものとなっていなければならない．また，そのためには，設計者や工事監理者自身がコンクリートに対する基本的な知識を持っていることが必要である．

　一方，施工者は設計図書の記載内容をよく把握し，所要の品質が確保されるように施工の各段階において品質管理を適切に実施しなければならない．試験・検査はその結果を確認するために行うものであり，後の工程に支障がないように工事の各時点で行う必要がある．

　コンクリートの品質はフレッシュコンクリートの品質によって大きく左右される．それだけに品質管理能力を十分に有したレディーミクストコンクリート生産者を選定することが重要となる．現在は，全国ほとんどの場所で JIS マーク表示製品の認証を受けたレディーミクストコンクリート生産者が存在している．一般的には，JIS マーク表示製品の認証を受けた者の中から選定すれば問題がないと考えられるが，品質管理能力にかなりのバラツキがあるのも現実である．実績データの確認やレディーミクストコンクリート工場に対する調査などによって，所要の品質が確保できるかどうかの評価を行い，選定することが必要である．

　コンクリートの品質管理は，レディーミクストコンクリートの受入検査だけではなく，施工者としてはコンクリートの所要の品質が確保されていることを確認して発注者に引き渡すまで延々と品

質管理がなされていくとの認識が必要である．レディーミクストコンクリートについても，発注者からの支給品でない限り，生産者任せにならないよう，製造が安定した状態で行われているかのチェックを含め施工者としての品質管理が行われなければならない．

近年は，工事現場でコンクリートを製造することがほとんどなくなったので，本指針では，レディーミクストコンクリートを使用することを前提に記述している．現在では，コンクリートの品質管理といえばレディーミクストコンクリートの受入検査と構造体コンクリート強度の検査だけを考えることが多いが，レディーミクストコンクリートの製品検査や受入検査，構造体コンクリート強度の検査の頻度は，製造が安定した状態で行われているということを前提として定められているので，そのためのチェックをおろそかにせず，また，コンクリートの製造をレディーミクストコンクリートの生産者に一任することのないように十分な管理を行わなければならない．その意味において，本指針は現場練りコンクリートにも適用することができる．

なお，今回の改定にあたっては，2000年に改正された建築基準法第37条（指定建築材料）および関連JIS規格であるJIS A 5308（レディーミクストコンクリート）の2014年改正内容に基づいて，本指針で適用するコンクリートの種類および品質の考え方を取り入れることとした．また，2011年度に行ったアンケート調査を含め，かねてより要望の高かった受入検査時の圧縮強度試験で構造体コンクリート強度の試験を兼ねる場合の供試体試料の採取方法の規定を新たに盛り込んだ．

2000年の建築基準法の改正に伴い，建築物の主要構造部等に使用する建築材料の品質は建築基準法第37条[1]に該当するものと定められ，コンクリートもこの指定建築材料の1つとして定められている．具体的には，以下の3種類のコンクリートがある．

① JISマーク表示製品（JIS Q 1001（適合性評価―日本工業規格への適合性の認証― 一般認証指針）およびJIS Q 1011（適合性評価―日本工業規格への適合性の認証― 分野別認証指針（レディーミクストコンクリート））に基づいてJIS A 5308への適合を性能評価機関から認証されたコンクリート）

② JISマーク表示製品でないもの（JIS A 5308の品質基準に適合するが，性能評価機関からの認証を受けていないコンクリート）

③ 国土交通大臣の認定を受けたもの（建築基準法第37条2号に基づき，指定性能評価機関から認証され，国土交通大臣が認定したコンクリート）

［注］(1) 建築基準法 第三十七条（建築材料の品質） 建築物の基礎，主要構造部その他安全上，防火上又は衛生上重要である政令で定める部分に使用する木材，鋼材，コンクリートその他の建築材料として国土交通大臣が定めるもの（指定建築材料という）は，次の各号の一に該当するものでなければならない．
　　一　その品質が，指定建築材料ごとに国土交通大臣の指定する日本工業規格又は日本農林規格に適合するもの．
　　二　前号に掲げるもののほか，指定建築材料ごとに国土交通大臣が定める安全上，防火上又は衛生上必要な品質に関する技術的基準に適合するものであることについて国土交通大臣の認定を受けたもの．

一般的には，JIS品と呼ばれるJISマーク表示製品を使用する場合が大多数であるが，離島や僻

地の生コン工場で作られるコンクリートや,使用実績がほとんどないコンクリートなどはJISマーク表示製品でない場合もある.また,特殊な材料や製造・管理方法で作られたコンクリート,例えば,呼び強度60を超えるような高強度コンクリートや再生骨材を用いたコンクリートなどが国土交通大臣の認定を受けたものに該当する.上記①のJISマーク表示製品や②のJISマーク表示製品でないものは,品質基準の面ではJIS A 5308に適合するものと言えるが,両者には管理方法や製造実績などの面から建築材料としての信頼性に違いがあるため,2章の設計図書の確認段階から6章の製造管理までの各段階で,品質管理の確認事項や方法の違いを記述した.また,国土交通大臣の認定を受けたものの場合は,品質基準がJIS A 5308と異なる事項もあるため,管理方法もJIS Q 1001およびJIS Q 1011と異なる場合がある.また,工場調査時に製造実績が極めて少ない場合もあり,前者2種類のコンクリートと異なる品質管理が必要な場合があり,これについても2章の設計図書の確認段階から6章の製造管理までの各段階で,品質管理の確認事項や方法の違いを記述した.

　従来から"製品検査"で"受入検査"を兼ねること,および"構造体コンクリート強度の材齢28日の検査"で"受入れ時の圧縮強度検査"を兼ねることの可能性について議論されてきた.製品検査は,6.6節にも記すように,製造者が製造した製品の強度,スランプ等の品質を保証することを目的とするもので,強度の検査では,同じ呼び強度(水セメント比と強度の関係が同一)でスランプやスランプフローが異なり,他の施工現場に納入された製品であっても同じ検査ロットの対象となる.一方,受入検査は,納入された製品が施工者の指定した製品であるか否かを判定することを目的とするもので,施工者が指定した呼び強度・スランプまたはスランプフロー・粗骨材の最大寸法で,同じ施工現場に納入された製品が検査ロットの対象となる.このため,1日の打込み量が少ない施工現場では,製品検査と受入検査の検査ロットの対象が異なる場合があり,トレーサビリティーの観点からこれらの検査の併用については今回も検討から除外した.

　JASS 5の2009年版[1](以下,特に年号を明記する場合を除いて2009年版のJASS 5を,JASS 5という)では,構造体コンクリート強度は,標準養生した供試体[2]を基に合理的な方法で推定した強度,または現場水中養生または現場封かん養生した供試体の圧縮強度で表すとされ,調合強度を定めるための基準とする材齢が28日の場合には,養生方法は標準養生で,供試体の圧縮強度が調合管理強度以上であるとしている.一方,レディーミクストコンクリートの受入れ時の圧縮強度は,材齢28日まで標準養生した供試体[3]の圧縮強度を基準に調合管理強度(JASS 5の6.3dで,呼び強度は調合管理強度以上と規定)以上[4]と定めており,"構造体コンクリート強度の材齢28日の管理基準"と"受入れ時の圧縮強度の管理基準"とは検査ロットに違いがある.

[注]　(2) 適当な間隔をおいた3台の運搬車から1個づつ採取した合計3個の供試体
　　　(3) 1回の試験は,任意の1運搬車から採取した3個の供試体
　　　(4) 1回の試験結果が呼び強度の強度値の85%以上,かつ3回の平均値が呼び強度の強度値以上

　本改定の審議では,従来からの検査方法(A法)を残すとともに,両検査を併用する場合の検査方法(B法)を提案した.また,両検査の併用に伴い,1991年版および1999年版におけるコンクリートの品質管理指針の8章(レディーミクストコンクリートの受入検査)およびJASS 5の11.5(レディーミクストコンクリートの受入れ時の検査)に記述されていた受入れ時の圧縮強度の

検査を，構造体コンクリート強度の検査，型枠等取外し時，湿潤養生の打切り時の検査と合わせて10章（コンクリートの圧縮強度の検査）に移動して取りまとめた．

b．コンクリート工事の仕様は，当該建築工事のために作成される設計図書中の仕様書に明記される．仕様書には，ある範囲の建築工事に共通な仕様を示す共通仕様書と，当該建築工事のみに適用する特記仕様書とがある．その工事で共通仕様書に示されていない事項，または示されていてもその仕様によらない事項については，特記仕様書を準備しておく必要がある．本会の定めた標準仕様書（JASS）は，共通仕様書の標準版という位置付けである．

設計図書に記載がない場合についての取扱いについて，民間（旧四会）連合協定工事請負契約約款では次のように定めている．

解説表 1.1.1　民間（旧四会）連合協定工事請負契約約款より抜粋

第16条　設計，施工条件の疑義，相違など
(1) 受注者は，次の各号の一にあたることを発見したときは，ただちに書面をもって監理者に通知する．
　a　図面・仕様書の表示が明確でないこと，または図面と仕様書に矛盾・誤謬または脱漏があること．
＜b，cは略＞
(2) 受注者は，図面・仕様書または監理者の指示によって施工することが適当でないと認められたときは，ただちに書面をもって監理者に通知する．

したがって，一義的には工事監理者に通知し，指示を受けることになるが，本指針では，JASS 5および関連する指針類に従うこととした．この場合，関係するJISその他の規準・規格類も仕様書の一部となる．工事監理者は，当該工事にこれらの規準・規格類を適用する場合には，何年版を適用するかを明確にしなければならない．

本指針ではコンクリートの運搬や打込みについてはコンクリートポンプ工法を主体としているので，その他の工法を採用するときにはそれに応じた管理が必要となる．型枠工事，鉄筋工事および仕上げ工事については別に仕様書や指針が作成されているので，それらによることとし，本指針では点検および管理の要点のみを記載した．また，各種の特殊コンクリートについては関連指針を参照されたい．

c．コンクリートの打設を行う前に鉄筋の加工，組立て，検査等の鉄筋工事に続いて，型枠の加工，組立て，検査等の型枠工事が行われる．コンクリート工事では，それら各工事の進捗状況に応じてコンクリート打込み作業の日時や工務者の配置を決めたり，打込み後の養生の準備およびレディーミクストコンクリート生産者への連絡等の作業は，コンクリート工事を円滑に行い，かつ品質を確保する上で重要である．また，水道や電気，空調等の配管設備，設備機器類の固定用アンカーや貫通孔等の位置，寸法およびその精度などは，工事の進行とともに変更される場合も多く，配管設備や設備機器の収まりを考慮して配筋状態が当初の配筋図と異なってしまう場合もある．このような場合，型枠加工の変更やコンクリート打込み方法の変更，仕上材料や工法の変更が生じる場合がある．

鉄筋コンクリート工事においては，コンクリート工事，鉄筋工事，型枠工事，仕上げ工事，設備工事が相互に関連し，同時並行で行われたりする場合もある．コンクリート工事をはじめ各工事の

1章 総　　則　 -33-

品質管理を行う上で，その他の工事の進捗状況や品質管理状況を常に把握し，場合によっては工事開始前の当初計画からの変更，修正も考慮しながら適切な品質管理を行わなければならない．

1.2 用　　語

> 本指針で使用する用語は下記によるほか，JASS 5，JIS A 0203（コンクリート用語），JIS Q 9000（品質マネジメントシステム―基本及び用語）および JIS Z 8101-2（統計―用語と記号―第 2 部：統計的品質管理用語）による．
> 品　　　　質：コンクリートの材料，使用するコンクリートおよび構造体コンクリートのおのおのにおける性質や性能の全体．これらの品質を担保するためのコンクリート工事の質も品質に含まれる．
> 検 査 ロ ッ ト：コンクリートの圧縮強度の検査において，検査の目的ごとに同一と見なされる条件で製造されたコンクリートの全体．
> 第三者試験機関：検査に際して当事者以外の第三者の立場で試験を行う機関で，JIS Q 17025（試験所及び校正機関の能力に関する一般要求事項）に適合する機関またはこれと同等の技術力を有すると認められる機関．

コンクリートの材料，コンクリートおよびコンクリート工事に関連する用語は，JASS 5，JIS A 0203（コンクリート用語），JIS Q 9000（品質マネジメントシステム―基本及び用語）および JIS Z 8101-2（統計―用語と記号―第 2 部：統計的品質管理用語）に定められており，基本的には JASS 5 および JIS に定められた用語によるが，JASS 5 および JIS に規定されていない用語，またはそれらに規定されている用語であっても，本指針で用いる意味がそれらの定義と異なる用語は本項においてその意味を規定した．

発注者またはその代理人は，建築物やその部分に用いる材料，部材，製品等がその使用目的を満たしているかどうかを検査または検証により評価するが，その評価の対象となる固有の性質や性能の全体を「品質」という．また，それらの品質を担保するために計画段階（設計図書の確認，品質管理計画の立案など），製造段階（レディーミクストコンクリート工場の調査・選定，レディーミクストコンクリートの発注・製造・運搬など），現場施工段階等で行われるコンクリート工事に係わる活動も「品質」に含まれる．

その他，建築物の設計において，目標としてねらった品質を「設計品質」といい，設計品質をねらって施工した結果，得られた実際の品質を「施工品質」という．

設計者は，建築主の要望（明示のニーズおよび暗黙のニーズ），法令や行政の要求，環境対策などの社会的要求事項を満たしながら独自の設計コンセプトをもって建築物を設計し，その成果である建築物の設計品質を，設計図書に表現する．建築士法では，設計図書は「建築物の建築工事実施のために必要な図面（原寸図等を除く）および仕様書」と定義され，一般的には，設計説明書，質疑応答書を含むとされている．さらに，工事実施段階でこれらを補うものとして工事監理者の指示がある．

品質管理や品質保証という言葉は，さまざまな場面で使用され，場面ごとに多少ニュアンスが違う使われ方をすることがある．現在の国際的な定義（ISO 8402）および国内での定義（JIS Z 8101

解説表 1.2.1　品質管理・品質保証の定義

	ISO 8402	JIS Z 8101：1981
品質管理	品質要求事項を満たすために用いられる実施技法および活動（operational techniques and activities）	買い手の要求に合った品質の品物またはサービスを経済的に作り出すための手段の体系
品質保証	ある"もの"が品質要求事項を満たすことについての十分な信頼感を供するために，品質システムの中で実施され，必要に応じて実施される，すべての計画的かつ体系的な活動	消費者の要求する品質が満たされていることを保証するために生産者が行う体系的な活動
総合的品質管理	TQM：顧客の満足を通じての長期な成功，ならびに組織の構成員および社会の利益を目的とする，品質を中核とした，組織の構成員すべての参画を基礎とする組織の経営の方法	TQC：品質管理を効果的に実施するためには，市場の調査，研究・開発，製品の企画，設計，生産準備，購買・外注，製造，検査，販売およびアフターサービスならびに財務，人事，教育など企業活動全般にわたり，経営者を始め管理者，監督員，作業者など企業の全員参加と協力が必要である．このようにして実施される品質管理

：1981）を解説表 1.2.1 に示す．

　ISO と JIS では多少の違いがあるが，1999 年版以降，本指針では「品質要求事項を満たす」ための活動が品質管理であり，「信頼感を与える」ための活動が品質保証であるとしている．品質保証は品質管理を包含しており，品質管理なくして品質保証はない．さらに，品質管理と品質保証を効果的に行おうとすれば総合的品質管理（TQM と称する）がよいとの認識が高い．

　建築工事においても，買い手の要求を他の諸々の要求とともに把握する時点から建築物が完成し，全ての要求事項に合致していることが確認されるまでのすべての期間にわたって品質管理が行われなければならない．建築物をつくり上げるためには大別して設計段階の品質管理と施工段階の品質管理が行われることになり両者とも重要であるが，本指針では後者を重点に記述している．

　ロットとは，材料，部品，製品等の単位量をある目的をもって集めた集合体をいう．一般に製品の生産，出荷，納入等の際にひとまとまりの単位として用いられる．1999 年版までは，ロットを評価するためにサンプリングによる品質の推定や合否判定が行われ，検査によってそのロット全体の合否を判定する場合の当該ロットを検査ロットとしていたが，本指針では，コンクリートの製品検査，荷卸し時の検査，型枠やせき板等の取外し時期の確認のための検査，構造体コンクリート強度の検査などコンクリートの圧縮強度の検査において，各検査の目的ごとに同一と見なされる条件で製造されたコンクリートのロット全体を，新たに検査ロットと規定した．

　第三者試験機関とは，工事監理者や施工者，レディーミクストコンクリート生産者が試験を依頼する JIS Q 17025（試験所及び校正機関の能力に関する一般要求事項）に適合する機関またはこれと同等の技術力を有すると認められる機関をいう．重要な試験や公正さを必要とする試験については，これらの信頼のおける試験機関に依頼することが求められる．信頼のおける試験機関とは，教

育・訓練された能力のある試験員が，管理された状態にある試験装置・設備を使用して試験できる機関のことである．個々の第三者試験機関を認定する制度としては，公益財団法人日本適合性認定協会によるJAB認定や独立行政法人製品評価技術基盤機構によるJNLA登録などがある．付5に全国のこれらの機関から認定または登録を受けた第三者試験機関とその受託可能な試験項目を掲げているので参考にするとよい．

また，東京都や大阪府等の行政機関が建築基準法上の運用として，試験機関に関する取扱いを定めている〔付3，付4参照〕．

なお，主体を工事監理者とした場合の「承認」，「指示」については，JASS 5で解説表1.2.2に示すように定義・解説されている．

解説表1.2.2　JASS 5における工事監理者の承認・指示

用　語	定　義	解　説
工事監理者の承認	工事の実施にあたり，施工者がその責任において立案した事項について，工事監理者がその実施を了承すること．	工事を進める場合に，施工者が自らの責任において必要な事項を立案し実施を求めてきた場合に，工事監理者が了承することをいう．この場合の了承は，工事の実施の適否および方法に対する工事監理者の観念の通知であり，意思表示ではないので，工事実施の結果についての責任は，あくまで施工者にある．
工事監理者の指示	工事の実施にあたり，工事監理者がその責任において実施すべき事項を定め，施工者に実施を求めること．	工事の実施にあたり，工事監理者がその責任において必要な事項を施工者に示し，施工者に実施を求めることをいう．この場合の指示は，工事監理者の意思表示であり，指示どおりに実施されることによって発生する結果の責任は，工事監理者にある．

1.3　コンクリートおよびコンクリート工事の品質保証と品質管理体系

a．コンクリート工事関係者は，コンクリートおよびコンクリート工事の品質への信頼感を与えるために品質保証を行う．
b．コンクリートおよびコンクリート工事の品質保証を達成するために，コンクリート工事関係者は，品質管理体系に基づいておのおのの責任と権限および相互関係を明確にして品質管理を行う．
c．コンクリート工事の品質管理におけるコンクリート工事関係者の責任と権限は，原則として下記による．
　工事監理者：設計図書に定められた建築物の構造体コンクリートの品質が確保されるように，工事監理方針を定めて必要な事項を施工者に指示し，コンクリート工事の各工程において施工者が行う品質管理およびその結果を確認し，必要に応じて検査を行う．施工者から設計図書の内容に疑義が出されたり，品質管理の方法や結果の取扱い方法などについて提案があった場合はその内容を吟味し，必要に応じて協議し，その内容を確定する．また，完成した構造体コンクリートの品質について検査を行い，不具合があるときは必要な措置を施工者に指示する．
　施　工　者：設計図書，工事監理者の指示および協議事項に基づいて施工計画書および品質管理計画書を作成し，工事を行うとともに工事の各工程において品質管理および品質管理のための試験・検査を行う．専門工事業者に工事の一部を発注したり，レディーミクストコンクリート生産者にコンクリートを発注するときには，工事の施工管理

      および品質管理方針ならびにコンクリートに対する要求条件を定め，必要な事項を
      提示して発注先の品質管理状況の確認および受入検査を行う．
 専門工事業者：施工者の作成した施工計画書および品質管理計画書に基づいて担当工事の施工要領
      書および品質管理要領書を作成し，担当工事および担当工事の品質管理を行い，施
      工者の検査を受ける．
 レディーミクス：施工者の指示および施工者との協議事項に基づいて配合計画書を作成し，レディー
 トコンクリート ミクストコンクリートを製造して荷卸し時に施工者の受入検査を受ける．
 生産者
 第三者試験機関：工事監理者と施工者の両者からの依頼に基づいて試験を行う．
d．コンクリート工事の品質管理におけるコンクリート工事関係者の相互関係は，品質管理計画書の定
 めるところによる．

 a．コンクリートは，建築物の主要構造部を構成する極めて重要な材料であり，コンクリートおよびコンクリート工事の品質が建築物の品質を決定づけるといっても過言ではない．

 それだけに，コンクリート生産・工事関係者は一致協力してコンクリートに対する要求事項を満たし，かつ，顧客や社会に品質への十分な信頼感や安心感を与えることが必要である．このための活動が品質管理である．品質管理によって品質を保証する．

 コンクリート工事における品質保証および品質管理は，コンクリートの認証や認定有無による品質保証体系に基づいて実施される．解説図1.3.1にJIS A 5308適合認証製品の場合の品質保証体系を示す．JIS A 5308適合認証は，JISマーク表示認証と呼び，経済産業大臣に登録した認証機関（登録認証機関と呼ぶ）が行い，認証された製品は一般にJISマーク表示製品と呼ばれている．登録認証機関は，申請者の品質管理体制を含めJIS Q 1001およびJIS Q 1011に基づいて審査し，対象となるレディーミクストコンクリートがJIS A 5308に規定された事項のすべてを満たしている場合にJIS A 5308適合製品として認証している．

 一方，建築基準法第37条2号に基づく国土交通大臣認定は，申請者が国土交通省が指定した指定性能評価機関に当該製品に対する性能評価の申請を行い，同機関から交付された性能評価書を国土交通省に提出し，認定審査を経て国土交通大臣より認定を受けることになる．1.1節でも記したように，国土交通大臣の認定品を使う場合の品質保証体系は，JISマーク表示製品と品質基準等が異なる場合もあるため，管理方法等については，大臣認定書等を熟知して行わなければならない．

 図1.3.1に示す活動一つ一つが適正に行われることによって，コンクリートに対する品質要求事項が確保され，それらの活動に関わる文書や記録が客観的証拠として作成され，必要に応じて顧客や社会に公開することによって信頼感や安心感を与えることができる．本指針では，解説図1.3.1の施工者の欄に示す事項について主に記述している．

 b．品質保証を達成するために品質管理が行われねばならないことは言うまでもない．コンクリートおよびコンクリート工事の品質管理を工事全体の中にどのように位置づけ，実施していくかが要点となる．施工者は，建築工事を円滑に進め，かつ，品質を確保するために施工管理を行う．施工管理とは，工程の管理，安全・衛生管理，コスト管理，品質管理等で構成されるが，各部分が相互に関係するため，事前に総合的な検討を十分に行って施工計画を立てることが必要である．施工者が策定する施工計画に主要工事の専門工事業者およびレディーミクストコンクリート生産者が

1章 総則

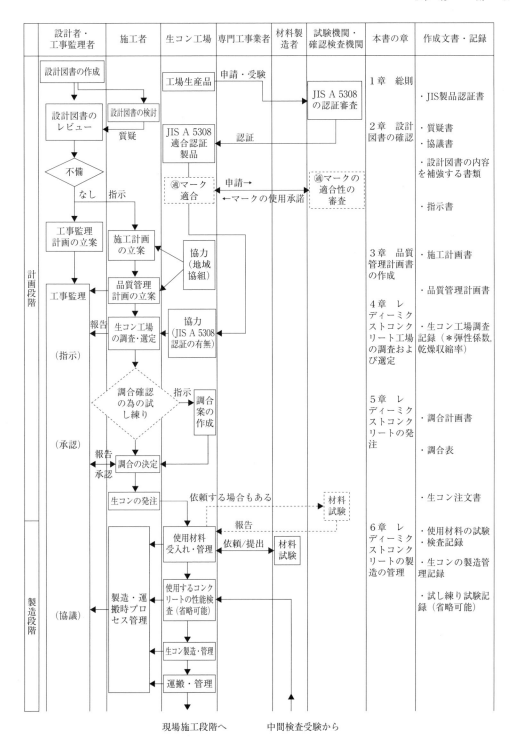

(1) 計画と製造段階

解説図 1.3.1 JIS A 5308 の製品認証を取得したレディーミクストコンクリートを使用する場合の品質保証体系図

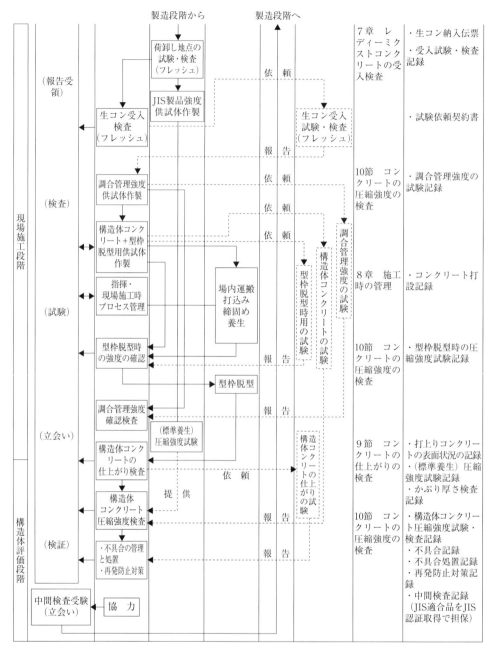

(2) 現場施工と構造体評価段階

解説図 1.3.1 JIS A 5308 の製品認証を取得したレディーミクストコンクリートを使用する場合の品質保証体系図（つづき）

参画し，協議・提案の機会が確保されることにより計画がより合理性をもつものとなることが期待できる．また，工事監理者は，設計品質の確保の観点から施工計画の策定に関与する．これらの行為を通して，各工事担当者の役割分担，責任，権限および相互関係を明確にしなければならない．

　こうして策定された施工計画に基づいて，施工の品質に直接かかわる部分について品質管理計画

を策定する．この策定にあたっては，施工計画の策定と同様に関連する専門工事業者およびレディーミクストコンクリート生産者の参画と工事監理者の関与が計画の合理性の確保と各工事担当者の品質管理における役割分担，責任，権限および相互関係の明確化に役立つ．

品質管理の実施にあたっては，あらかじめ品質管理組織を明確にしておかなければならない．プロジェクトの内容や規模によって種々の組織が考えられるが，いずれの場合でも，品質管理責任者を中心として全員参加で品質管理を行わなければならない．それだけに品質管理組織に組み込まれたおのおのの役割分担，責任，権限および相互関係が明確になっていなければならない．品質管理はプロセス管理と検査・試験に大別されるが，おのおのについて，いつ，誰が，どのような方法で行い，どのような判定をし，どのような記録を作成するか，判定の結果によって次工程へ進んでもよいと許可する者は誰かを明確にしておかねばならない．さらに，おのおのが共有しなければならない情報の流れとその情報管理について，あらかじめ手順を明確に定めておくことが重要である．

c．工事監理者 工事監理者は，工事着手前に設計者が作成した設計図書を検討し，工事を進めるにあたって工事費の見積および施工に関して必要な事項が正しく記載されているか否かを検討する．これは，設計図書を見直すということであり，問題点があれば設計者と協議して現場説明書等により補強しておく必要がある．

次に，当該建築物の施工にあたって，どのような工事監理業務を行うかについては工事監理計画を立案し，発注者および施工者に明示する．

工事監理計画に基づいて，施工者が作成する施工図等のチェックを行い，また，施工者が工事の各工程において行う品質管理およびその結果について検証を行う．さらに打ち込まれた構造体コンクリートの品質を検証し，何らかの不具合がある場合は手直し等を指示し，補修などの必要な措置について施工者が立案したものを検討して承認する．解説図1.3.2にこれらの工事監理業務の実態フローを示す．

また，特定行政庁または確認検査機関の求めに応じ，中間検査の申請および受検を工事監理者の責任と権限で行わなければならない．

施工者 建物を作り上げ，発注者に引き渡すのは施工者である．発注者の代理人である工事監理者との連携を密にしながら，専門工事業者およびレディーミクストコンクリート生産者等を指揮し，発注者が満足する建物を作り上げるのが施工者の責務である．建築工事の品質管理は，施工者が発注者との請負契約に基づき，設計図書に示された要求品質を実現するための施工管理（安全衛生管理，工程管理，コスト管理，品質管理等の総称）の一環として行い，結果として顧客満足度の高い（コストと品質および工期とのバランスのとれた）建物を提供することを狙いとしている．

建設業法では，建築工事の施工の水準を確保するため，指定建設業である建築工事業の場合は，営業所ごとに建築士等の国家資格者を有する専任の技術者を置かねばならないとし，工事を下請けに出す場合には，工事現場に国家資格者等の「監理技術者」を置かなければならない（第26条）としている．監理技術者は，一級建築士または1級建築施工管理技士の資格を有し，監理技術者資格者証の交付を受けている者であって，国土交通大臣の登録を受けた講習を受講したもののうちから選任されなければならない．また，専門工事業者（下請けの建設業者）は，工事現場ごとに，建

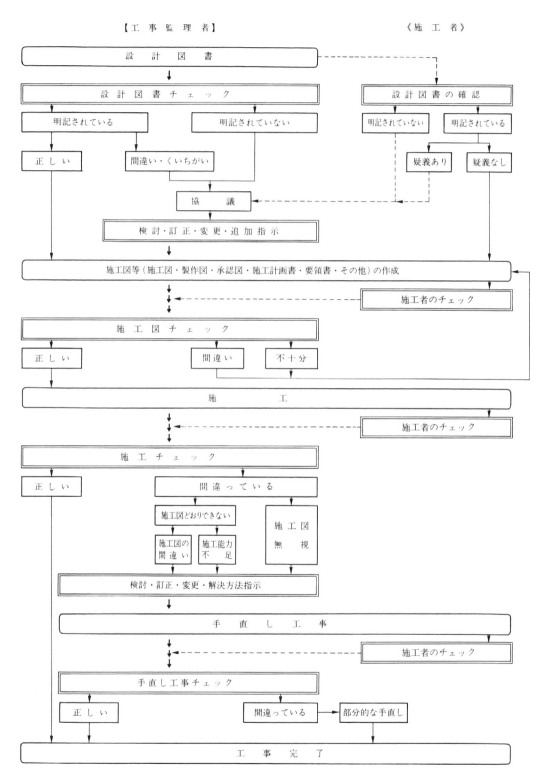

解説図 1.3.2 工事監理の実態フロー

［注］ 旧建設省住宅局建築指導課監修「建築の工事監理」（（社）日本建築士事務所協会連合会発行）を基に作成

設工事の種類に応じた学歴，実務経験等を有するか，または建築士等の国家資格を有する「主任技術者」を配置しなければならないとしている〔解説図1.3.3参照〕．

工事現場ごとに配置された監理技術者は，自らまたは代理人的立場の者を品質管理責任者として，施工者にコンクリート工事を含む工事全般にわたって工事監理計画を考慮した品質管理計画を策定させる．また，施工者構成員の役割分担等を明確にして専門工事業者の主任技術者を指導・監督しながら品質管理を実施させる．その結果を工事監理者に報告する．

また，施工者は，下請負契約時点には専門工事業者に対する品質およびその管理（専門工事会社が行う検査・試験を含む）を含めた要求事項を明確に提示し，施工者が行う品質管理の中で，要求品質の達成度および専門工事業者の管理状況を検証する．

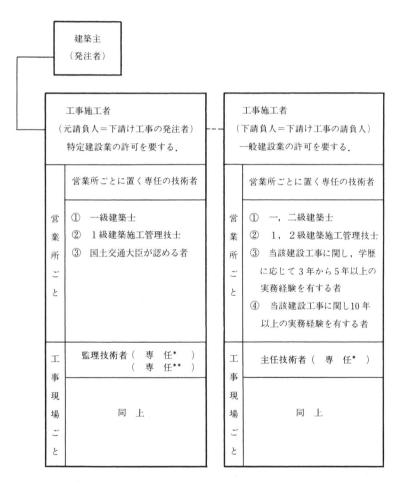

[注] ＊建築工事1件の請負工事金額が3 000万円以上の場合．
＊＊公共工事の場合は監理技術者資格者証の交付を受けている者のうちから選任しなければならない．

解説図1.3.3 建築工事（指定建設業）に必要な選任の技術者

専門工事業者 専門工事業者は，施工者が作成した施工計画書または品質管理計画書に基づき，主任技術者を中心として作業員全員の役割分担を定めて，施工者の要求事項を満足するよう担当範囲の品質管理を行う．その結果を施工者の要求に応じて報告する．

レディーミクストコンクリート生産者 レディーミクストコンクリート生産者は，施工者の要求事項およびJISマーク表示認証や国土交通大臣の認定要件を満足するよう，工場長以下，工場全員の役割分担等を明確にしてレディーミクストコンクリートの製造および運搬に関する品質管理（製造・運搬設備および試験・測定装置の管理を含む）を行う．その結果を施工者の要求に応じて報告する．

レディーミクストコンクリート生産者（工場）の品質管理については，全国生コンクリート品質管理監査会議が定めた全国統一品質管理監査基準に基づき，各都道府県の生コンクリート品質管理監査会議がレディーミクストコンクリート工場の品質管理の仕組みおよび適合性を審査する制度がある．審査に合格した工場には識別標識である「㊜マーク」が発行されている〔4.5節参照〕．

また，レディーミクストコンクリート生産者が行う品質管理と施工者が行う品質管理のインターフェース（例えば，フレッシュコンクリートの荷卸し地点での試験・検査）が重要であるが，不明確になりやすい．その部分について効果的かつ合理的に行うにはどのようにしたらよいか，あらかじめ双方で協議しておかねばならない．

なお，レディーミクストコンクリートの売買契約にあたっては，施工者とレディーミクストコンクリート生産者の間に商社や生コン協同組合などが介在する場合が多い．商社や生コン協同組合が品質管理上どのような役割を果たすのか，また，レディーミクストコンクリート生産者との関係で責任，権限および相互関係がどのようになっているかを明確にさせ，契約先から施工者に報告させておくことが必要である．

第三者試験機関 コンクリート工事における試験では，一定の技術を有した試験員が適切な試験装置を用いて，決められた手順で行う必要があるため，施工者または工事監理者が行う検査に必要な試験は，適当な試験機関に委託されることが多い．施工者または工事監理者は，試験を委託する場合，公平・透明・信頼性の視点から評価し，試験機関を選定しなければならない．試験は，所要の品質が確保されているかどうかの判定を行うために必要なデータを得る非常に重要な行為であり，データは信頼性の高いものでなければならない．試験機関は，公平，透明で，かつ信頼性の高い試験を行い，その結果を施工者または工事監理者に提出しなければならない．

また，コンクリートに使用される材料，例えば，セメント，骨材および混和材料などを製造する材料製造者は，生産管理と品質管理を的確に行い，規格や基準，仕様を満足するものを製造しなければならない．また，JIS等によって定められた標準試験方法によって製造した材料の成分と品質などを検査し，試験結果報告書を作成する．コンクリート生産者の依頼に応じて試験結果報告書を提出する．

d．品質保証を効率的・効果的に進めていくためには，要求事項が何を重要と考えられて設計図書の中に設定されたのかが明示されていなければならない．同時に，重要とされた設計目標を実現するために施工段階で行う品質管理の手法と固有技術との因果関係が適切につながっていなければ

ならない．さらに，各段階において選定された品質管理項目が妥当であるかを確認する仕組み，または結果が記録として残るような仕組みが必要である．このように，発注者の当初の要求を最終的に建築物として完成するためには，企画・設計から施工に至る建築生産プロセスを1つのプロジェクトとして捉え，プロジェクト全体を通した「品質管理・品質保証」のための品質計画を立案し，それらに基づいてマネジメントしていくことが重要となってくる．

　コンクリート工事の工程は，墨出し作業，型枠工事，鉄筋工事，コンクリートの製造・場外運搬，現場内運搬・打込み・締固め作業および養生・脱型作業などからなる．それぞれの作業は，専門化・分業化が進んでいるため，その内容を担当工事者しか理解していない場合，担当工事者間での打合せ不足による手違いで手戻りが生じ，工程および品質に支障をきたすことが起こりやすい．全体の計画を関係者全員が理解し，また，次工程を担当する者との情報交換を意識的に行うことにより，工事関係者およびそれを支えるスタッフを含む全員が，情報を共有化し，一致協力した品質管理が行えることになる．具体的な進め方はプロジェクトごとに定め，品質管理計画書に盛り込むことになる．

　工事監理者，施工者，専門工事業者，レディーミクストコンクリート生産者および試験機関の相互関係については工事請負契約約款，売買契約約款等が基本となるが，各担当者間に食い違いが生じないように，工事の特性を考慮して立案する工事監理計画書または品質管理計画書の中で，次の事項を明らかにしなければならない．

・工事全体の組織および各担当者の役割分担
・品質管理のスケジュール
・追加・変更図書，指示事項等の伝達方法
・協議，報告の方法
・文書・記録の承認・検証手順および管理方法
・試験・検査立会いの範囲および方法
・その他

　上記のほか，建築主事，特定行政庁等の行政機関は，品質管理の当事者ではないが，建築基準法等関連法令に基づき構造体が法令に定められた基準を満たしていることを確認するため，必要に応じて解説図1.3.4に示すように，工事関係者に施工計画報告書等の書類の提出を求める場合がある．

　旧建設省では，コンクリート工事の適正化を図るため，この施工計画報告書および施工結果報告書の標準的な様式を行政機関に対して通知している（昭和61年住指発第142号「コンクリートの耐久性確保に係る措置について」）．これらの様式は，行政上の対応として定められたものであるが，コンクリート工事に関する品質管理・検査の最小限の項目を盛り込んでいる．一般の工事においては共通する項目も多いと思われるので，施工者が作成する施工計画書の参考にするとよい〔付3，付4参照〕．

　建築工事の品質管理に関係する行政機関への提出書類を解説表1.3.1に示す．

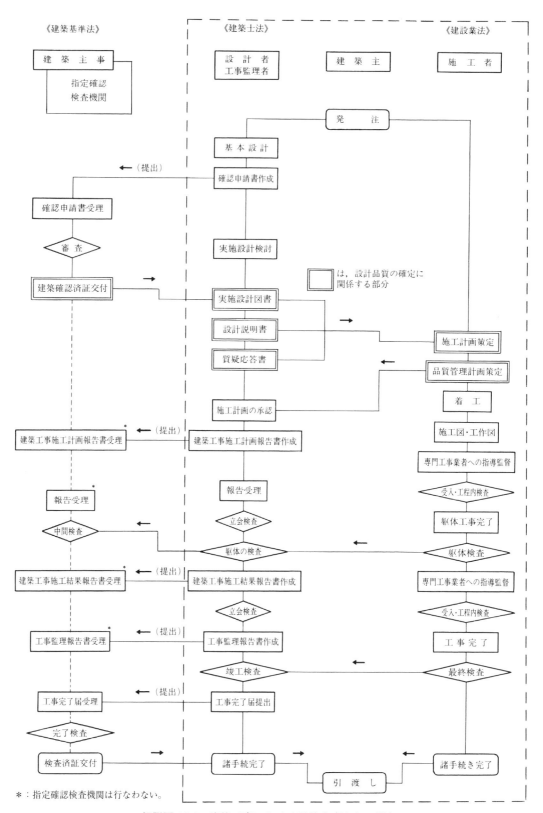

解説図 1.3.4 建築工事における建築主事などの関与

解説表 1.3.1 行政機関への提出書類（例）

関係法令	提出書類等	提出時期	提出先	備考
建築基準法・同施行規則	確認申請書	着工前	建築主事をおく都道府県，区市等の行政庁の建築担当課	
	建築工事届	着工前		上記と同時に届出
	工事監理者選任届	着工の3日前		
	工事施工者選任届	着工の3日前		
	建築基準法第12条第5項に基づく各種報告	随時		建築主事が必要に応じて求める
	施工計画報告書	着工前		行政庁によって取扱いが異なる
	施工結果報告書	躯体工事完了後		
	工事監理報告書	工事完了後		
	工事完了届	工事完了後		

1.4 品質管理における施工者の役割

> a．品質管理にあたって，設計図書および工事監理者の指示によって示されたコンクリートの要求品質を把握する．
> b．コンクリート工事全般にわたる品質管理計画書を作成して，工事監理者の承認を受ける．
> c．品質管理を行うための組織を編成し，品質管理責任者を定め，工事監理者の承認を受ける．
> d．工事の各工程の品質管理と品質管理のための試験・検査を行い，その結果を工事監理者に報告し，検査または承認を受ける．
> e．試験・検査で不合格となった場合の処置は，あらかじめ工事監理者と協議して定めておく．
> f．品質管理の結果を検討し，品質記録として整理して次の工程に反映させる．
> g．品質管理記録は，必要な期間保存する．

a．施工者は，品質管理の実施に際して，まずコンクリートおよびコンクリート構造物に要求されている品質（設計品質）を十分に把握しなければならない．そのためには設計図書の記載事項（特に特記事項）やこれを補完する現場説明書，質疑応答書，協議事項等を理解し不明な点については工事監理者と協議して必要な指示を文書にて受けておかねばならない．また，品質や工期に大きく影響すると予想される不明点については，工事請負契約締結以前に質疑を行い，回答を得ておくことが重要である．

b．工事の開始に先立って，施工者は，発注者との請負契約に基づき，設計図書に示された要求品質を実現するために施工計画を立案する．品質管理責任者は，施工計画に基づき品質管理計画を立案して工事監理者の承認を受ける．品質管理計画の内容は，施工品質目標，品質管理組織，プロセス管理および検査項目，管理・検査の責任者および担当者，管理・検査の方法，判定基準，記録シート，工事監理者の検証項目，次工程へ進むことを許可する責任者，不具合が生じた場合の対処方法，文書および記録の管理方法などである．

c．施工者は，品質管理責任者を定め，工事開始前に工事監理者に報告し，承認を受ける．通常の工事の場合，品質管理責任者は一級建築士，1級または2級（建築または躯体）建築施工管理技

士の資格を有するか，またはこれらと同等以上の技術と経験を有する者から選任する．

　　d．施工者は，コンクリート工事の工程に沿って，品質管理計画書に従ってプロセス管理および試験・検査を行う．"品質はプロセスでつくりこめ"と言われるように，まずプロセス管理を確実に実施することが品質管理の上で重要である．その結果は，適宜，試験・検査によって確認し，最終的にコンクリート構造物の品質が確保されているかどうかの判断を行っていくことになる．試験・検査の方法および判定基準は，品質管理が適正に，かつ合理的に行われるよう，品質管理計画書に定めておく．

　コンクリート構造物の品質に大きく影響するレディーミクストコンクリートの製造管理については，本来は生産者の自己責任で管理を行い，要求に合致した製品を提供すべきである．しかし，施工者も必要に応じて，生産者に品質管理実施状況を報告させて確認したり，工場の実地調査を行うことが必要である．

　品質管理の結果のうち，品質管理計画書で工事監理者に提出すると定められた項目については，すみやかに提出しなければならない．

　　e．品質管理の結果，不合格等の不具合が生じた場合の処置は，あらかじめ品質管理計画書に明記し，工事監理者の承認を得ておく．このうち，構造体コンクリートの検査その他の重要事項および品質管理計画書に明記されていない事項について不具合が生じた場合は，すみやかに工事監理者に報告して協議する．

　　f．品質管理の結果は，品質管理記録として品質管理担当者がまとめて次工程へ活かすとともに，品質管理責任者に提出する．品質管理責任者は施工品質目標との対比を行い，必要であれば次のアクションをとる．品質管理記録は統計的手法を活用してまとめておくと，次工程または次プロジェクトの品質管理計画に有用な資料となる．また，品質管理記録は，要求品質どおりの建物ができていることの客観的な証拠となる．なお，不具合発生時，リニューアル時および大地震などの災害発生時等に建物を構成している材料や部位およびそれらの品質を追跡する（トレーサビリティ）にも，品質管理記録は有用な資料となる．

　　g．品質管理記録は建物竣工まですべて保管し，竣工後については品質記録が保管されていない場合のリスクと保管のための経費等のバランスを考慮して施工者が判断し，保管の要否および保管する場合の期間，場所（施工者の支店，本社または第三者の保管機関など）および方法（紙原本または電子データ化したもの）を定める．竣工後の保管期間については，次に示す期間を参考にして品質管理記録ごとに定めるとよい．

　　　・2年：一般の場合の瑕疵担保期間（住宅を除く）
　　　・10年：住宅の場合および故意または重大な過失による瑕疵担保期間
　　　・20年：不法行為責任の免責期間
　　　・建物解体までの期間
　　　・永久保管

　品質管理記録は，読みやすく，劣化または損傷を防ぎ，紛失を防ぎ，また容易に検索できるよう管理することが大切である．作成すべき品質管理記録をあらかじめ決定してリスト化し，それに応

じたファイルを準備する．品質管理記録が作成された後，すみやかに準備したファイルに綴じ込むようにするとよい．

国土交通省からの通知では，「電子計算機その他の機器を用いて明確に紙面に表現されることを条件として，電子計算機に備えられたファイルまたは磁気ディスク等による記録をもって代えることができる．」となっており，紙原本を残すことについては明記されておらず，紙原本の廃棄については管理者の判断に委ねられていると解釈できる．しかし紙原本を廃棄する場合は，電子化文書だけでは紛争時に法的証拠能力が担保されない場合もあるため，法的証拠能力強化の措置をとることも検討する必要がある．

電子化文書を長期保存する場合には，再現可能であるか定期的に記憶媒体のチェックを行うことも重要である．現在，一般に普及している電子ファイルの記録形式として TIFF と PDF がある．電子ファイルとして保存を行う場合は，その利用方法に応じた適切な記録形式を検討して定める．また，長期保存するためのメディア（媒体）として磁気テープ，磁気ディスク，ディスクサブシステム（RAID 装置），光ディスクおよびマイクロフィルムなどがある．ただし，CD や DVD などの光ディスク類は一時保存媒体として手軽に利用できるが，長期保存媒体として利用するにはあまり適しているとはいえない．また，媒体は再生装置を利用することが前提であり，媒体が存続しても再生装置の陳腐化により，再生環境が失われる可能性もあるため，保存期間，保存環境，再生時使用環境，再生装置および容量を考慮して，適切な媒体を決めることが重要である．

品質管理に関する文書についても同様に扱うことが望ましい．品質文書および品質記録の管理手順を決めておくとよい．

参 考 文 献
1) 日本建築学会：建築工事標準仕様書・同解説　JASS 5　鉄筋コンクリート工事，2009

2章　設計図書の確認

2.1　総　　則

> a．施工者は，設計図書に示された建築物に関する事項，コンクリートの材料に関する事項，コンクリートに関する事項，施工に関する事項および試験・検査に関する事項を調べ，コンクリート工事と型枠工事および鉄筋工事ならびに仕上げ工事および設備工事との関連を考慮してコンクリート工事に対する要求条件を確認する．
> b．設計図書を検討した結果，不明瞭な点および改善すべき点があれば工事監理者と事前に協議し，その内容を確定し，文書にして保存する．

　a．コンクリート工事における品質管理を実際に進める場合には，使用するコンクリートおよび構造体コンクリートに対して要求されている品質が，品質管理の対象となる建物ごとに具体的に確定される必要がある．

　コンクリート工事における品質管理は，品質管理の手法に従えば，まず要求条件を設計品質として定め，これを施工段階において施工品質として実現することになる．その際，施工者は，設計者の意図する設計品質を確認して把握しなければ，それを施工品質として実現することは不可能である．

　本会の「建築工事標準仕様書・同解説　JASS 5　鉄筋コンクリート工事」[1]では，構造体およびコンクリート部材に要求される性能として，(1) 構造安全性，(2) 耐久性，(3) 耐火性，(4) 使用性，(5) 部材の位置・断面寸法の精度および仕上がり状態，の5項目を挙げている．また，コンクリートに対する設計品質として，使用するコンクリートが所要のワーカビリティー・強度・ヤング係数・乾燥収縮率・耐久性を有し，構造体コンクリートが所要の強度・ヤング係数・乾燥収縮率・気乾単位容積質量・耐久性・耐火性を有し，有害な打込み欠陥部のないものと規定している．設計図や特記仕様書などの設計図書は，これらの要求性能を達成するための設計品質が具体化して示されたものと考えられる．設計品質を実現するためには，設計図書に示された建築物に関する事項，コンクリートの材料に関する事項，コンクリートに関する事項，施工に関する事項および試験・検査に関する事項を調べ，その内容を把握することが必要である．その際，設計品質を実現するためには，設計図書に具体的に示すことができる顕在的な要求品質（例えば，使用材料の種類・品質に関する事項，調合に関する事項，圧縮強度など）だけでなく，設計図書に具体的に示しにくい潜在的な要求品質（例えば，構造体コンクリートの品質を満足するための打込み，締固め，養生方法や打込み欠陥の評価および処置方法など）についても配慮することが重要である．また，コンクリート工事だけでなく，関連する工事に関しても内容を確認しておくべきである．型枠工事や鉄筋工事は部材の位置・断面寸法やかぶり厚さに直接的に関係し，型枠を存置している面はコンクリートの湿潤養生として機能する．また，躯体工事とは関連が薄いと考えられがちな仕上げ工事や設備工事

についても，コンクリートへの埋込み金物，目地，貫通孔，躯体の増打ちや補強などに関連してくる．

b．コンクリートに対する要求品質は，本来，すべて設計図書に示されるべきである．しかし，当初からすべて設計図書に示すことはきわめて困難である．また，設計図書の中で使用するコンクリートの単位水量とスランプとが指定されていて両方を同時に満足する調合が得られない場合や，指示されたかぶり厚さを確保しようとすると断面リストどおりの配筋ができない場合などの矛盾もありうる．このような場合には，契約後の施工段階において工事監理者と施工者の間で協議し，設計図書に示された要求品質の調整をしなければならない．

設計者は，発注者の要望事項を設計与条件として技術的転換を行い，設計図書を作成するのであるが，上に述べたように建築工事における要求品質はそれだけでなく，契約後の施工段階において工事監理者と施工者の間で協議して決定された事項も要求品質となる．したがって，設計者が要求品質を保証し，施工者が施工品質を保証するという図式が基本であるが，コンクリート工事における要求品質の確定にあたっては，設計図書に基づいて，潜在的な要求も考慮し，工事関係者間の協議により確定するのが望ましく，協議・決定した内容は，質疑応答書，指示書，連絡書，定例打合せ議事録などで明文化し，設計図書の一部として保存しておかなければならない．

2.2 建築物に関する事項

> 建築物に関しては，下記の事項を確認する．
> (1) 建設場所
> (2) 建設時期
> (3) 用途
> (4) 形状
> (5) 構造種別
> (6) 計画供用期間
> (7) 部材の形状・寸法
> (8) 仕上げの種類
> (9) 設備機器の設置および配管

コンクリート工事における品質管理を行うには，まず設計図書に基づいて建設場所，建設時期，用途，形状，構造種別，計画供用期間，部材の形状・寸法などの建築物に関する事項の確認を行い，コンクリートに対する要求品質を確定するための判断資料とすることが大切である．コンクリート工事の品質管理に関わる情報の多くは，設計図書の中では，意匠・構造および設備関係の設計図ならびにコンクリート工事関連仕様書に示されているが，現場説明書や質疑応答書などにも，コンクリート工事における品質管理に影響を及ぼす情報が示されている場合もある．

(1) 建 設 場 所

建築物の建設場所によって要求されるコンクリートの品質が異なる．例えば建設場所が海岸地域である場合は，JASS 5 の 25 節「海水の作用を受けるコンクリート」を，また寒冷地域である場合は，JASS 5 の 26 節「凍結融解作用を受けるコンクリート」の規定を参考にして，要求品質が適切かどうかを検討しなければならない．建設場所が海岸地域の場合は，海からの飛来塩分の浸透によ

るコンクリート中の鉄筋の発せい（錆）が考えられ，また，寒冷地域では，コンクリート中の水分の凍結融解の繰返し作用による凍害が考えられるからである．

　また，良質の骨材が得られずコンクリートの単位水量を少なくすることが困難な地域や，アルカリシリカ反応に関して無害と判定される骨材の入手が困難で，何らかの抑制対策を必要とする地域もある．さらに，都市部においては交通事情により所定の時間でレディーミクストコンクリートを運搬するのが困難な場合もある．建築物の建設場所の確認に際しては，これらのことを考慮してコンクリートの要求品質を確定する．

(2) 建　設　時　期

　建設時期は，逆算してコンクリートの打込み時期，期間を定めるために必要になる．

　コンクリート打込み時や養生期間中の温度は，その強度発現に大きく影響する．打込み時や養生期間中の温度が低い場合にはコンクリートの強度発現は遅くなり，高い場合には若材齢での強度発現は良好だが長期的な強度増進が阻害されることがある．そのため，所定の材齢で所要の構造体コンクリート強度を得るためには，あらかじめ強度発現性状を考慮して，強度の不足を補っておく必要がある．また，養生初期にコンクリートが凍結すると硬化不良を起こし，強度の増進が極めて小さくなる．また，夏季の直射日光や寒冷期の低湿度環境でコンクリート表面から水分の急激な蒸発を受けた場合には，セメントの水和が阻害されたり，大きな初期乾燥ひび割れが生じたりする．したがって，コンクリートの打込みおよび養生の時期に対応して，適切な強度補正値を加えたり，寒中コンクリート工事や暑中コンクリート工事の適用を考慮する必要がある．

(3) 用　　　途

　高熱または極低温の作用を受ける用途の建築物またはその部分，化学薬品や腐食性物質の作用を受ける用途の建築物またはその部分，放射線の遮蔽性能が要求される建築物またはその部分，または水密性が要求される建築物またはその部分などに対しては，それらに対応できるようなコンクリートの品質とするとともに，必要に応じてコンクリートを保護するなどの配慮が必要である．

(4) 形　　　状

　鉄筋コンクリート造建築物は，コンクリートの材料特性に基づく乾燥収縮ひび割れの発生を避けることは極めて困難であるが，本会「鉄筋コンクリート造建築物の収縮ひび割れ制御設計・施工指針（案）・同解説」[2]では，鉄筋コンクリート造建築物に有害なひび割れが発生しないように，収縮ひび割れを制御するための設計や施工の方法について述べているので参考にするとよい．

　乾燥収縮ひび割れはコンクリートの品質だけでなく，建築物の形状およびその拘束度に大きく左右されるので，形状によっては，設計上，伸縮目地やひび割れ誘発目地などを設けることが多い．

(5) 構　造　種　別

　コンクリートは，鉄筋コンクリート造および鉄骨鉄筋コンクリート造だけでなく，ほとんどすべての構造種別において，何らかの形で使用される．鉄骨造においては，デッキプレートを用いたフラットデッキスラブや，鉄筋トラスがデッキプレートと一体となったものも使用されている．また，構造種別を問わず，プレキャスト鉄筋コンクリート半製品と現場打ちコンクリートからなるプレキャスト複合コンクリートによる梁や床版が使用される場合にはJASS 5の20節「プレキャスト

複合コンクリート」の規定を参考にする．

　JASS 5においては，使用するコンクリートおよび構造体コンクリートの品質に関して，構造種別による差は特に設けていない．しかし，鉄骨鉄筋コンクリート造では鉄筋コンクリート造に比べて型枠・支保工での種々の工夫が容易である反面，鉄骨柱梁仕口部や鉄骨梁フランジの下端ではコンクリートの打込み・締固めが困難である．また，鉄骨造でデッキプレートを使用する床コンクリートの打込みでは，締固めは容易である反面，打込み中にスラブの配筋を乱しやすい．さらに，プレキャストコンクリートを型枠の兼用として構造体の一部として利用するハーフプレキャストコンクリートでは，プレキャストコンクリート側のコンクリートの打上がり状況を目視で確認できない．構造種別の違いに対してはこれらのことを考慮してコンクリートの要求品質を確定しなければならない．

(6) 計画供用期間

　建築物の計画時または設計時に，建築主または設計者は，計画供用期間を設定することが原則である．JASS 5では，計画供用期間中のコンクリート品質を確保するという考えに立ち，建築物の計画供用期間が短期の場合と長期の場合とでは，コンクリートの品質に差を設けて経済的に品質を確保することを目指した標準を示している．計画供用期間の級として4水準を設けて，コンクリートの耐久性に直結する中性化や塩害抑制などの観点から，圧縮強度に加え，乾燥収縮率や型枠存置期間などの要求品質に関して標準値を示している．

(7) 部材の形状・寸法

　コンクリート部材の形状・寸法は，構造性能の面だけではなく，コンクリートが部材の隅々まで無理なく充填されるよう定められていなければならない．解説図 2.2.1 に示すような打込み・締固めが困難と予想される箇所，例えば，鉄骨梁のフランジの下端，鉄骨梁下の壁，鉄筋が密集している部分，開口部まわり，埋込みボックスまわり，ひさし，パラペット，勾配のある箇所，断面形状の複雑な箇所などは，事前に詳細な施工図などによる検討を行って，コンクリートの要求品質を確定しなければならない．また，部材断面が大きく，水和熱によるコンクリートの温度上昇が大きくなる部分に対してはJASS 5の21節「マスコンクリート」の規定や本会「マスコンクリートの温度ひび割れ制御設計・施工指針（案）・同解説」[3]を参考にしてコンクリートの要求品質を確定しなければならない．

(8) 仕上げの種類

　コンクリートは，構造躯体として構造安全性や耐久性を確保するという役割のほか，仕上材の下地としての役割も併せ持っている．仕上げの種類に応じて，コンクリート躯体表面の面精度（平たんさ）の要求レベルが異なるため，各コンクリート面の仕上げ種類を確認しておく必要がある．

　また，コンクリート打放し仕上げや，杉板本実型枠によるコンクリート素地仕上げなど，コンクリート面がほぼそのまま仕上げ面となる例もあり，そうした場合にはコンクリートに「美観」といった要求品質項目が加わる．

(9) 設備機器の設置および配管

　構造躯体に影響する設備機器，ダクト，配管などの有無や経路について確認する．特に，構造躯

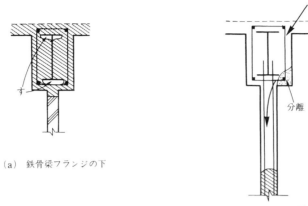

(a) 鉄骨梁フランジの下

(b) 鉄骨梁下の壁

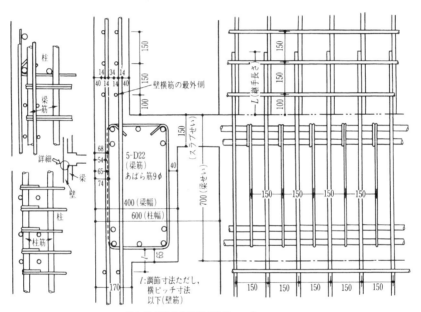

壁と梁の納まり図例(単位:mm)

(c) 鉄筋が密集している部分

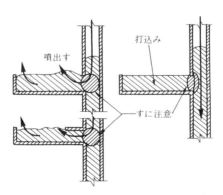

(d) ひさしなどのはね出し部分

解説図 2.2.1 打込み・締固めが困難な箇所の例

体を貫通するダクト開口やスリーブ，躯体に打ち込む金物類の寸法・位置については，施工図上に落とし込み，配筋やその他の開口などとの納まりを確認する必要がある．こうした設備工事に関するものは，工事を着工してからも仕様や設置場所が確定していない場合があり，設計者と早めに協議をして，コンクリート工事計画策定前までには確定したものを受領しておく．

2.3 コンクリートの材料に関する事項

> コンクリートの材料に関しては，下記の事項を確認する．
> (1) セメントの種類および品質
> (2) 粗骨材の最大寸法
> (3) 骨材の種類および品質
> (4) 骨材のアルカリシリカ反応性による区分
> (5) 練混ぜ水の種類および品質
> (6) 化学混和剤の種類と品質
> (7) フライアッシュ，膨張材，防せい剤，高炉スラグ微粉末，シリカフューム，その他の混和材料の使用の有無および使用する場合の種類と品質

(1)～(7) のコンクリートに使用する材料のうち，セメントの種類や混和材料の使用の有無などについては，設計図書に明記されている場合もあるが，その他の多くの項目については，設計図書には具体的内容は記さず，JIS A 5308（レディーミクストコンクリート）および関連するJIS規格や，JASS 5を参照して準拠している場合が多い．

(1) セメントは，その種類によって解説表 2.3.1 に示すようにそれぞれ特性があり，使用箇所・施工時期・施工方法によって使い分ける必要がある．

一般の構造体コンクリートには普通ポルトランドセメントが多く用いられるが，マスコンクリートでは中庸熱ポルトランドセメント，低熱ポルトランドセメントなどの低発熱型セメントや，高炉セメントB種，フライアッシュセメントB種などの混合セメントが用いられる．また，工期が短い場合や冬期に施工する場合で早期に強度が必要なときには早強ポルトランドセメントが用いられることがある．これ以外のセメントが指定されることは一般的には少ないが，特殊なセメントやセメントの銘柄が指定された場合にはその理由についても確認することが重要である．

(2) 粗骨材の最大寸法は，一般的に砕石が20 mm，川砂利が25 mmであるが，基礎部分のコンクリートでは40 mm，充填用コンクリートでは10 mmや15 mmの豆砂利が指定される場合もある．

(3) 骨材の種類および品質においては，川砂利や砕石のような種類の指定や"海砂は不可"というような指定があるかどうかを確認する．また，最近では産地が指定されたり，石灰石砕石というように岩種が指定されることも多くなっているが，それらを指定されても入手が困難，もしくは安定的に供給体制を確立できない場合や，所定の品質のものが得られない場合もある．そのような場合には，工事監理者と協議して，所要の品質を得られる骨材に変更する．

(4) 骨材のアルカリシリカ反応性による区分は，アルカリシリカ反応性試験の結果が無害と判定されたものを「A」とし，アルカリ反応性試験の結果が無害と判定されないもの，または，この試験を行っていないものを「B」としている．アルカリシリカ反応性による区分の指定がある場合に

解説表 2.3.1　各種セメントの特徴

種　類		特　性
ポルトランドセメント	普通ポルトランドセメント	一般的なセメント
	早強ポルトランドセメント	a．普通セメントの7日強度を3日で発揮する b．低温でも強度を発揮する
	超早強ポルトランドセメント	a．早強セメントの3日強度を1日で発揮する b．低温でも強度を発揮する
	中庸熱ポルトランドセメント	a．水和熱が低く，発熱速度も遅い b．乾燥収縮量が小さい
	低熱ポルトランドセメント	a．初期強度は小さいが長期強度は大きい b．中庸熱セメントよりもさらに水和熱が低く，発熱速度も遅い c．乾燥収縮量が小さい
	耐硫酸塩ポルトランドセメント	硫酸塩を含む海水・土壌・地下水・下水などに対する抵抗性が大きい
高炉セメントB種		a．初期強度はやや小さいが長期強度は大きい b．水和発熱速度が若干遅い c．化学抵抗性が大きい
フライアッシュセメントB種		a．ワーカビリティーが極めて良好 b．長期強度が大きい c．乾燥収縮量が小さい d．水和熱が低く，発熱速度も遅い
普通エコセメント		a．普通セメントと類似の性質 b．塩化物イオン量が多い

Bが指定されることは一般的には考えられないが，Bの骨材しか入手できない場合は，2.4 (8) 項のアルカリシリカ反応抑制対策を確認する必要がある．

(5) 練混ぜ水は，上水道水，上水道水以外の水および回収水に区分され，上水道水以外の水には地下水，工業用水，河川水などがあり，回収水には上澄水，スラッジ水がある．また，その品質についてはJIS A 5308 附属書Cに規定されている．なお，同JISの2009年の改正において，呼び強度36以下のコンクリートに使用する水の区分に関しては協議事項から外されたため，一般には，購入者は練混ぜ水の区分を指定できないこととなっている．しかし，JASS 5では，回収水を使用したコンクリートの長期の耐久性に関して十分な調査データが得られていないことから，計画供用期間の級が長期，超長期の場合や，高流動コンクリートおよび高強度コンクリートの場合は回収水を用いないこととしているので，このような場合には製造者に回収水を使用しないように指示する．

(6) 現在では，ほぼ全てのコンクリートにAE減水剤または高性能AE減水剤などの化学混和剤が用いられている．コンクリート用化学混和剤は，JIS A 6204（コンクリート用化学混和剤）に種類および品質が規定されており，その種類としてはAE剤，高性能減水剤，硬化促進剤，減水剤，AE減水剤，高性能AE減水剤および流動化剤があり，減水剤およびAE減水剤には標準形，遅延形，

促進形が，高性能 AE 減水剤および流動化剤には標準形，遅延形の区別がある．

混和剤に関する指定としては，使用する混和剤の種類または銘柄が指定されることがある．なお，良質な骨材が供給され AE 減水剤のみで単位水量の規定を満足するコンクリートが製造できる工場で，高性能 AE 減水剤の使用が設計図書に指定されている場合，AE 減水剤を使用するために工事監理者と協議して変更するのがよい．

(7) フライアッシュは，ワーカビリティーを改善して単位水量を少なくすることができ，十分な湿潤養生を行えばポゾラン反応によって長期にわたって強度が増進し，水密性が向上して化学的な作用や海水に対する抵抗性も大きくなると言われている．また，セメントの一部と置換して用いた場合は水和熱の発生が緩和されるので，マスコンクリートに多く用いられている．

膨張材は，水和反応によってエトリンガイトまたは水酸化カルシウムの結晶を生成してコンクリートを膨張させるもので，コンクリートの乾燥収縮を低減してひび割れを減少させたり，多量に混入してコンクリートに生じる膨張力を鉄筋などで拘束してケミカルプレストレスを導入するために用いられる．

防せい剤は，鉄筋がコンクリート中に含まれる塩化物によって腐食することを抑制するために用いられる混和剤である．旧建設省指導課長通達「コンクリート耐久性確保に係わる措置について」（建設省住指発第 142 号，1986 年 6 月 2 日）の中の「コンクリート中に含まれる塩化物総量の規制について」において，コンクリート中の塩化物が塩化物イオン量で $0.30\,\mathrm{kg/m^3}$ を超える場合は防せい剤を使用することが義務づけられているが，それ以外にも，海岸近くに建つ構造物で飛来塩分によってコンクリート中に有害量の塩化物イオンが蓄積されるおそれがある場合にも，塩害を防止するため，あらかじめコンクリート中に防せい剤を配合して用いることがある．

高炉スラグ微粉末は，その粉末度によって 3000，4000，6000，8000 の 4 種類がある．高炉スラグ微粉末 4000 はセメントの一部を高い置換率で置換した場合，水和熱の発生が緩和されるのでマスコンクリートに多く用いられる．高炉スラグ微粉末 6000 および 8000 は，高強度コンクリートや高流動コンクリートに用いられる．また，硫酸塩や海水に対する耐久性が改善されることから，海洋構造物等に多く用いられる．

シリカフュームは，ほぼ球形で，平均粒径 $0.1\,\mu\mathrm{m}$，比表面積が $200\,000\,\mathrm{cm^2/g}$ 程度の超微粒子で，コンクリートに混和することで，流動性が改善される上に，ブリーディングや材料分離が少なくなる．特に $100\,\mathrm{N/mm^2}$ を超えるような超高強度領域のコンクリートを製造する場合には，シリカフュームを用いると流動性が改善され，かつ強度が増加することから使用されることが多い．

その他，JIS 規格が未整備な混和材料として，コンクリート用躯体防水剤や収縮低減剤といったものがある．品質に関しては，コンクリート用躯体防水剤では，透水性は JIS A 1404（建築用セメント防水剤の試験方法）による透水試験や，アウトプット法およびインプット法などの試験方法で各メーカーにおいて評価され，長さ変化率は JIS A 1129（モルタルおよびコンクリートの長さ変化測定方法）で評価されているものが多く，性能比較の目安になる．収縮低減剤では，JASS 5 M-402（コンクリート用収縮低減剤の性能判定基準）附属書 1（コンクリート用収縮低減剤の品質基準（案））として品質項目や数値が規定されており，参考になる．このようなコンクリートの性能

を向上させることを目的とした混和材料を使用する場合でも，コンクリートの品質に悪い影響を与えたり，鋼材への腐食などがないことを確認して使用する．

なお，このような JIS に規定されていない混和材料を用いたコンクリートが，建築基準法第 37 条の 1 号および関連告示に規定されている JIS A 5308 に適合するものかどうかを判断できない場合には，使用に先立って建築主事等へ確認することが重要である．

コンクリートの材料の選定については，4.2 節による．

2.4 コンクリートに関する事項

> コンクリートに関しては，下記の事項を確認する．
> (1) コンクリートの種類および特殊なコンクリートの適用
> (2) 設計基準強度・耐久設計基準強度および品質基準強度
> (3) 軽量コンクリートの場合の気乾単位容積質量
> (4) 調合設計の目標
>   ⅰ) スランプ　ⅱ) 空気量　ⅲ) 単位水量の上限値　ⅳ) 単位セメント量の下限値または上限値
>   ⅴ) 構造体強度補正値と調合管理強度　ⅵ) 調合強度を定めるための基準とする材齢
>   ⅶ) 水セメント比の最大値
> (5) コンクリートのヤング係数
> (6) コンクリートの乾燥収縮率と許容ひび割れ幅
> (7) コンクリートに含まれる塩化物量が塩化物イオン量として 0.30 kg/m^3 を超える場合の鉄筋防せい上有効な対策
> (8) アルカリシリカ反応に関して無害と判定される骨材を使用する場合以外のアルカリ骨材反応抑制対策の種類
> (9) コンクリートの荷卸し時の温度
> (10) 指定建築材料としてのコンクリートに適用する建築基準法第 37 条の 1 号，2 号の区別
> (11) 試し練りの有無

(1) JIS A 5308 には，コンクリートの種類として，普通コンクリート，軽量コンクリート，舗装コンクリートおよび高強度コンクリートがあり，建築物には通常普通コンクリート，軽量コンクリートおよび高強度コンクリートが用いられ，コンクリートの種類の指定は必ず行われる．

また，JASS 5 では打込み時期の温度条件に応じた 12 節「寒中コンクリート工事」，13 節「暑中コンクリート工事」の規定，そして 14 節以降には，軽量コンクリート，流動化コンクリート，高流動コンクリート，高強度コンクリート，鋼管充填コンクリート，プレストレストコンクリート，プレキャスト複合コンクリート，マスコンクリート，遮蔽用コンクリート，水密コンクリート，水中コンクリート，海水の作用を受けるコンクリート，凍結融解作用を受けるコンクリート，エコセメントを使用するコンクリート，再生骨材コンクリート，住宅基礎用コンクリートおよび無筋コンクリートの特殊なコンクリートの規定がある．設計図書には，寒中・暑中コンクリート工事の適用や，これらの特殊なコンクリートの適用が指定されることがある．

(2) JASS 5 では，構造設計で確保すべき所要の強度は「設計基準強度」として普通コンクリートの場合，標準で 18，21，24，27，30，33 および 36 N/mm^2 とされている．一方，耐久性上必要な性能は「耐久設計基準強度」として同様に圧縮強度で表され，構造体の計画供用期間を 4 つの級

(短期,標準,長期,超長期)に区分し,各級に応じて示されている(解説表2.4.1).その両方の強度の大きい方の値を「品質基準強度」として,これを満足することで,構造安全性と耐久性の両方を一元化して管理している.

解説表 2.4.1 コンクリートの耐久設計基準強度[1]

計画供用期間の級	耐久設計基準強度 (N/mm^2)
短　　期	18
標　　準	24
長　　期	30
超長期	36[(1)]

[注](1) 計画供用期間の級が超長期で,かぶり厚さを 10 mm 増やした場合は,30 N/mm^2 とすることができる.

なお,「品質基準強度」の定義は,JASS 5 の 2009 年の改定において変更されている.以前は,「設計基準強度に 3 N/mm^2 を加えた値と耐久設計基準強度に 3 N/mm^2 を加えた値のうち,いずれか大きい方の値」と定義されており,注意が必要である.

また,設計図書の中には「公共建築工事標準仕様書(建築工事編)」[4]のように「耐久設計基準強度」の考え方を含まず,「設計基準強度」のみを示して構造安全性を担保し,構造体の耐久性については,水セメント比,単位水量,かぶり厚さなど別の品質項目で担保する考え方を取っているものもある.

(3) 軽量コンクリートの気乾単位容積質量は,その範囲によって軽量コンクリート 1 種(気乾単位容積質量 1.8〜2.1 t/m^3)または 2 種(気乾単位容積質量 1.4〜1.8 t/m^3)に分けられ,それによって使用材料が異なっている.JASS 5 の解説表 14.2 に骨材の絶乾密度とコンクリートの気乾単位容積質量の推定値との関係(例)が示されているので,指定された値が実現可能かどうかの参考にするとよい.

(4) 調合設計の目標については,指定された値が JASS 5 の標準値から大きく外れていないかどうかを確認する.

JASS 5 では,スランプの標準値は調合管理強度が 33 N/mm^2 以上の場合は 21 cm 以下,33 N/mm^2 未満の場合は 18 cm 以下と規定され,特殊コンクリートにおいては個別に標準値が規定されている.スランプはコンクリートの充填性能に直結するため,充填可能な範囲でできるだけ小さな値を施工性の面から定めるのが原則である.過密配筋部位にも関わらず小さいスランプが指定されたり,大断面部材やスラブといった充填しやすい部位に大きなスランプが指定されている設計図書も散見されるため,このような場合には施工者側から工事監理者に積極的に設計スランプの変更を提案すべきである.

空気量の標準値は一般に 4.5 % であるが,軽量コンクリートでは 5.0 %,凍害のおそれのない場合には,高強度コンクリートや高流動コンクリートにおいて 3.0 % 以下の値を採用される場合もある.

また,高強度コンクリートなどの国土交通大臣の認定を受けたコンクリートにおいては,認定を取得しているスランプや空気量の範囲が個々に異なるため,設計で指定された組合せによる調合が

供給できるかどうかの調査が必要になる．

　構造体強度補正値 $_mS_n$ は，JASS 5 の 2009 年の改定において採用されたもので，従来から用いられてきた予想平均気温による補正値 T と，1997 年版 JASS 5 において導入された構造体コンクリート強度と供試体強度との差である補正値 ΔF の両方を含んだものである．設計基準強度 36 N/mm² 以下の通常コンクリートの，調合強度を定めるための基準とする材齢 $m = 28$ 日，構造体コンクリートの強度管理材齢 $n = 91$ 日における $_mS_n$ は，JASS 5 に示されている標準値を採用するのが一般的である．しかし，高強度コンクリートの場合や，マスコンクリートにおいて低発熱型セメントを使用して調合強度を定めるための基準とする材齢（m 日）を 28 日よりも長く設定した場合では，$_mS_n$ の標準的な数値が示されておらず，実験データや信頼できる資料などに基づき個別に設定する必要がある．なお，構造体強度補正値 $_{28}S_{91}$ を採用する一般的な場合には，構造体コンクリートの強度管理材齢（n 日）は 91 日であるため，補正値 T と ΔF による従来の場合のように，強度管理材齢を延長することによるマスコンクリート対策は行えない．

　水セメント比の最大値は通常の場合 65 ％であるが，軽量コンクリートでは 55 ％（設計基準強度 27 N/mm² を超える場合は 50 ％），水密コンクリートでは 50 ％，水中コンクリートでは場所打ち杭は 60 ％，地中壁は 55 ％，海水の作用を受けるコンクリートでは塩害環境の区分に応じて 55～45 ％，再生骨材コンクリートでは 60 ％以下と JASS 5 で規定されている．

　スランプ，空気量，かぶり厚さに応じた水セメント比，単位水量，セメントの種類については，「住宅の品質確保の促進等に関する法律」の劣化対策等級に関する条文中で指定されているため，本法律が適用される場合には，仕様書においてこれらを満足するように指定されているかどうかの確認も必要である．

　また，単位水量や水セメント比に対して上限値や下限値として設計図書に示されている目標値は，調合計画段階である配合計画書に記載される数値に対して適用するものである．

　(5) ヤング係数が指定されている場合，その検証方法について協議・合意しておく必要がある．生コンクリート工場で参考となるデータを保有していない場合には，試し練りによる確認が必要になる場合がある．

　(6) JASS 5 では，コンクリートの乾燥収縮率は特記によるものとし，計画供用期間の級が長期および超長期のコンクリートで 8×10^{-4} 以下と規定されている．乾燥収縮率の上限値が特記されている場合には，その検証方法について工事監理者と協議しておく必要がある．生コン工場で参考となるデータを保有していない場合は，JIS A 1129（モルタル及びコンクリートの長さ変化測定方法）による試験等が新たに必要になる．なお，乾燥収縮率について，全国生コンクリート工業組合連合会で 2008 年から 2012 年にかけて実施した調査[5]によれば，その値は平均 671×10^{-6}，標準偏差が 132×10^{-6} と大きなばらつきがあるため，指定された値を満足するために，使用材料の変更や膨張材，収縮低減剤の使用などといった，特別な対策が必要な場合も考えられる．

　(7) コンクリートに含まれる塩化物イオン量の上限値は通常の場合 0.30 kg/m³ 以下であるが，これを超える場合の措置については，旧建設省住宅局建築指導課長通達「コンクリートの耐久性確保に係る措置について」（建設省住指発 142 号，1986 年 6 月 2 日）では，以下のように定めている．

（ⅰ）塩化物量が塩素イオンとして 0.30 kg/m^3 を超え 0.60 kg/m^3 以下の場合

　イ）水セメント比を 55 % 以下にする．

　ロ）AE 減水剤を使用してスランプを 18 cm 以下にする．

　ハ）防せい剤を使用する．

　ニ）床の下端の鉄筋のかぶり厚さを 3 cm 以上とする．

（ⅱ）塩化物量が 0.60 kg/m^3 を超える場合

　　　有効な防せい処理が施された鉄筋を使用するなどの防せい対策を講じる．

（8）2002 年国土交通省通達「アルカリ骨材反応抑制対策」では，コンクリートのアルカリ骨材反応抑制対策として以下の 3 つの対策のうち，いずれか 1 つについて確認をとらなければならないと規定している．

（ⅰ）コンクリート 1 m^3 中に含まれるアルカリ量を 3.0 kg/m^3 以下とする．

（ⅱ）抑制効果のある混合セメント（高炉セメント B 種または C 種，フライアッシュセメント B 種または C 種等）を使用する．

（ⅲ）安全と認められる骨材を使用する．

（9）コンクリートの荷卸し時の温度は，JASS 5 では通常の場合は規定されていないが，暑中コンクリート工事では原則として 35 ℃ 以下，マスコンクリートでは特記のない場合は 35 ℃ 以下，水密コンクリートは原則として 30 ℃ 以下，寒中コンクリート工事では原則として 10～20 ℃ と規定されている．コンクリートの打込み時の温度があまり高いと，長期強度の増進や耐久性の観点から望ましくない．また，低い場合は初期強度発現が遅くなる．

（10）建築基準法第 37 条における 1 号「JIS 規格に適合するもの」には，JIS Q 1001（適合性評価—日本工業規格への適合性の認証—一般認証指針）および JIS Q 1011（適合性評価—日本工業規格への適合性の認証—分野別認証指針（レディーミクストコンクリート））に基づいて認証された「JIS マーク表示製品」と「JIS マーク表示製品でないもの」が含まれる．JIS マーク表示製品は，レディーミクストコンクリート工場において標準化された管理のもとで製造される製品であり，日常的に安定した品質のものが製造される．一方，JIS マークは表示されないが JIS 規格に適合する JIS マーク表示製品でないものは，レディーミクストコンクリート工場で標準化されていない使用材料や製造手順などを含んで製造されるものであり，施工者は標準化されていない部分（材料や製造手順など）を重点的に工場調査や試し練りによって品質を確認すべき製品である．また，同法第 37 条 2 号「国土交通大臣の認定を受けたもの」は，実験検証データを基に製造プロセスも含めて審査・認定を受けているコンクリートであり，安定的に製品の品質が確保されると考えられる．こうした大臣認定の取得は都市部の生コン工場では進んでいるが，2 号に該当する製品を供給可能な生コン工場がない地域もある．

　設計図書において，使用部位やコンクリート強度に応じて，こうしたコンクリートの区別が指定されているかどうかを確認する．また，設計図書の中には，建築基準法第 37 条 1 号，2 号の区別ではなく，1 号のうちの JIS マーク表示製品のみに限定して指定している例もある．生コン工場では，標準化して製造している製品は JIS マーク表示製品として出荷できるが，設計仕様どおりのコ

ンクリートをJISマーク表示製品として出荷できない場合もあるので，設計図書でJISマーク表示製品の指定がある場合には，仕様どおりの製品が供給可能かどうかを早期に確認すべきである．2号に相当するコンクリートが指定されている場合においても同様に，仕様どおりの製品が供給可能かどうかを早期に確認すべきである．

JISマーク表示製品でないもののJIS規格への適合性，すなわち建築基準法第37条1号に該当するか否かについては，建築主事により判断されるのが原則である．建築主事がJIS規格への適合を認める際には，客観的な材料の受入検査記録など，JIS規格への適合を十分に説明する資料が求められる場合がある．なお，JIS規格への適合については，JIS規格のうち，材料の特性値，製造管理方法等コンクリートとしての品質について判断されるものであり，建築材料としての性能を損なわない範囲において，形状などの規格上の項目を省略したり，分類上定められた数値を補完したりすることができる場合もある．

また，コンクリートに対して，解説表2.4.2に示す混和材料を施工性の改善等の目的で添加して用いることがある．このうち，JIS A 5308の7.4「混和材料」に規定されたそれぞれのJIS規格に適合することを求められているフライアッシュ，膨張材，化学混和剤，防せい剤，高炉スラグ微粉末およびシリカフュームは，それぞれ同JIS規格中で要求される品質を満足しなければ建築基準法第37条1号のコンクリートとして扱えないが，それ以外の混和材料については，コンクリートおよび鋼材に有害な影響のない性質のものであれば，購入者と協議の上で混入して用いることができる場合もある〔国土交通省住宅局建築指導課他「2007年版　第2版　建築物の構造関係技術基準解説書」[6]参照〕．

(11) 試し練りには，試験室の小型ミキサで行う場合と実際の製造に使用する大型ミキサ（実機）で行う場合の2通りがある．

JISマーク表示製品を用いる場合には，一般には試し練りを行わなくてもよい．しかし，JISマーク表示製品でないものや大臣認定品で製造実績が少ないものなど，コンクリートで品質確認が必要な場合には試し練りを行う．また，練り上がりからの経過時間によるフレッシュコンクリートの性状変化を把握したい場合や，混和材料を人力でミキサに投入する場合など，製造手順を再現して確認したい場合には，実機での試し練りを行うことがある．

解説表 2.4.2　混和材料の種類および規格等 [6]

分　類	JIS 規格	名　称	概　要	備　考
JIS A 5308 に含まれるもの（7.4「混和材料」に規定）	JIS A 6201	コンクリート用フライアッシュ	フライアッシュ I〜IV 種	①コンクリートおよび鋼材に有害な影響をおよぼすものであってはならない． ②混和材料の種類および使用量について，購入者は生産者と協議の上，必要に応じて指定することができる．
	JIS A 6202	コンクリート用膨張材	コンクリートまたはモルタルを膨張させる混和材料	
	JIS A 6204	コンクリート用化学混和剤	主としてその界面活性作用によってコンクリートの諸性質を改善するために用いる混和剤（AE 剤，減水剤，AE 減水剤，高性能 AE 減水剤，硬化促進剤，流動化剤）	
	JIS A 6205	鉄筋コンクリート用防せい剤	コンクリート中の鉄筋が使用材料中に含まれる塩化物によって腐食することを抑制するために用いる混和剤	
	JIS A 6206	コンクリート用高炉スラグ微粉末	高炉スラグ微粉末 3000, 4000, 6000, 8000	
	JIS A 6207	コンクリート用シリカフューム	コンクリートの性能および品質の向上効果を有する混和材料	
JIS A 5308 に含まれないもの（実績のある一例）	—	躯体防水剤	コンクリートの性能および品質向上効果を有する混和材料 JIS 規格はないため，ベースコンクリートの性状および物性に悪影響がないことを確認して使用する．	1960 年代より使用
	—	収縮低減剤		1980 年代より使用
	—	水中不分離剤	水中コンクリートに使用するもので，コンクリートに粘性を与え，水中での材料分離を防ぐ混和剤	1980 年代より使用

2.5 施工に関する事項

> コンクリートの施工に関しては，下記の事項を確認する．
> (1) コンクリートの打込み終了までの時間の限度
> (2) コンクリートの打重ね時間間隔の限度
> (3) 運搬・打込み・締固めおよび養生方法
> (4) コンクリート部材の位置および断面寸法の許容差
> (5) コンクリートの仕上がりの平たんさと仕上げの種類
> (6) 鉄筋に対するコンクリートのかぶり厚さ
> (7) 型枠の存置期間および取外し時のコンクリートの圧縮強度
> (8) 設備機器・配管用スリーブおよび耐震スリットの設置位置と設置方法

　施工に関する事項は，設計図書に具体的に記載されることは少なく，コンクリートの要求品質を満足するための監理方針として，工事監理者よりJASS 5に準拠して指定される場合が多い．また，設備機器・配管用スリーブなどの位置や寸法は，意匠図，構造図とすり合わせた上で，施工図やスリーブ図として確定されていることが前提となるが，構造上の制約事項や施工の手順について，よく確認しておくことが重要である．

　(1) JASS 5では，運搬の定義を「フレッシュコンクリートを製造地点から打込み地点まで運ぶこと」とし，練混ぜから打込み終了までの時間の限度を，外気温が25℃未満のときは120分，25℃以上のときは90分としている．一方，JIS A 5308では，コンクリートの練混ぜを開始してから，運搬車が荷卸し地点に到着するまでの時間の限度を1.5時間以内としており，両者では規定している範囲が少し異なる．

　設計図書に「コンクリートの練混ぜから打込み終了までの時間の限度」と「練混ぜから荷卸し地点に到着するまでの時間の限度」のいずれかが指定されているかを確認する．打込み終了までの時間の限度が指定されている場合には，時間の限度内に打込みが終了できるように，コンクリートの生産者と協議して荷卸し地点到着までの時間の限度を定めなければならない．また，この限度が守られるようなレディーミクストコンクリート工場を選定しなければならない．

　(2) コンクリートの打重ね時間間隔の限度とは，打込みを継続しているときに，先に打ち込んだコンクリートの上に後からコンクリートを打ち重ねる場合の時間間隔の限度のことであるが，JASS 5の解説では通常の場合，外気温が25℃未満の場合は150分，25℃以上の場合は120分を目安としている．

　(3) 運搬，打込み，締固めおよび養生
　① 高温時の影響や時間の経過によってスランプの低下が生じたり，硬練りのコンクリートなどでコンクリートポンプによる圧送や打込みが難しくなるようなときに，加水してスランプを回復することはコンクリートの調合を変えることになり，強度，耐久性などコンクリートの品質低下につながる．そのため，1986年のJASS 5改定以来，いかなる場合もコンクリートに加水してはならないとしている．一方，このようなスランプが低下したコンクリートの救済措置として，1997年版の改定から，工事監理者の承認のもと，流動化剤を添加してスランプを回復させて打ち込んでもよいこととしている．

コンクリートの場内運搬方法としては，コンクリートポンプ，バケットおよびシュートを用いる方法などがある．現在，最も一般的に使用されるコンクリートポンプによる圧送は，コンクリートの品質や施工効率を左右する重要な作業であり，これに従事する者にはコンクリートの品質や施工について一定の知識と経験を有していることが望まれる．JASS 5 では労働安全衛生法の特別教育を受け，かつ，厚生労働省で定める「コンクリート圧送施工技能士」の資格を有しているものと定めている．また，ポンプの機種は十分な圧送能力を有するもので，輸送管の径は粗骨材の最大寸法に対して 4 倍以上のものを使用することを推奨している．

② 内部振動機を使用する場合は，JIS A 8610（建設用機械及び装置—コンクリート内部振動機）に定められているものを使用する．締固めに際しては，1）垂直に約 60 cm 間隔以下で挿入，2）振動機を鉄筋や型枠などになるべく接触させない，3）加振時間は 1 か所 5～15 秒とするのが一般的である．

型枠振動機を使用する場合は，型枠に変形が生じないように"ばた角"や"丸パイプ"に治具で取り付ける．締固めに際しては，1）ねじのゆるみやせき板のふくらみを生じさせない，2）取付け間隔は壁の場合 2～3 m/台，3）部材の厚さ・形状・型枠の剛性・打込み方法を考慮し適切な加振時間を設定する．

③ JASS 5 では，打込み後のコンクリートは透水性の小さいせき板や養生マット，水密シートによって被覆するか，散水・噴霧や膜養生剤を塗布するなどにより湿潤養生を行わなければならないが，その養生期間は解説表 2.5.1 に示すように，構造物の計画供用期間の級に応じて定められている．ただし，早強，普通および中庸熱ポルトランドセメントを用いる厚さ 18 cm 以上のコンクリート部材においてはコンクリートの圧縮強度が，計画供用期間の級が短期および標準の場合は 10 N/mm^2 以上，長期および超長期の場合は 15 N/mm^2 以上あることが確認できれば，その後の湿潤養生を打ち切ることができるとしている．

解説表 2.5.1 湿潤養生の期間[1]

セメントの種類	計画供用期間の級 短期および標準	長期および超長期
早強ポルトランドセメント	3 日以上	5 日以上
普通ポルトランドセメント	5 日以上	7 日以上
中庸熱および低熱ポルトランドセメント 高炉セメント B 種，フライアッシュセメント B 種	7 日以上	10 日以上

(4)(5) コンクリート部材の位置および断面寸法の許容差およびコンクリートの仕上がりの平たんさについては特記事項として指定される．その内容は一般には JASS 5 に準じたものと考えられるが，特に床スラブの表面仕上げについては勾配や仕上材との関係があるので，十分なチェックが必要である．

(6) 鉄筋に対するコンクリートのかぶり厚さには，いくつかの用語があり混乱を招きやすい．JASS 5 では数値の小さいものから，「法令上のかぶり厚さ」，「最小かぶり厚さ」，「設計かぶり厚さ」

として区別して記述している.

- ・法令上のかぶり厚さ　建築基準法施行令第79条で定められている数値で，これを下回った箇所は法令違反になる可能性がある.
- ・最小かぶり厚さ　法令上のかぶり厚さを基本として，部位や計画供用期間の級に応じて数値を割増ししている．設計図書に記載された最小かぶり厚さの数値は，施工において確保しなくてはならない値である．
- ・設計かぶり厚さ　最小かぶり厚さが確保されるように，施工精度や部材の納まりなどを考慮して，設計者が設定するかぶり厚さである．鉄筋や型枠の加工・組立てでは通常，この数値を目標に施工を行う．

　設計図書に示される「かぶり厚さ」の数値が，上記のうち何を示しているのかについては，設計者，工事監理者および施工者の間でよく協議・合意しておくことが重要である．また，JASS 5では最小かぶり厚さに対し，設計かぶり厚さは標準として10 mmを加えた値としているが，この割増しにより，配筋時のばらつきをすべて吸収できる値とは考えていない．したがって，配筋が錯綜している箇所や，かぶり不足が生じやすい箇所については，さらに余裕を持った設計かぶり厚さとするのが望ましい．

　また，鉄筋に対するコンクリートのかぶり厚さについての指示で，図面で特記される場合は，記述されていない部分のかぶり厚さの確認が必要である．鉄筋の組立てに際して，軸方向鉄筋を基準にすることもあるが，その場合は，せん断補強筋のかぶり厚さが確保されていることを確認しなければならない．

　(7) 型枠の存置期間および取外し時のコンクリートの圧縮強度についての指示は，施工計画や工期と密接な関係があり，その内容を確認することは重要である．型枠の存置期間は旧建設省告示第110号「型わく及び支柱の取り外しに関する基準」1971年）に定められているが，JASS 5では，セメント種類，平均気温に応じて，これと同等かさらに長い存置期間を標準として示している〔JASS 5　9.10項参照〕．せき板は，計画供用期間の級が短期および標準の場合はコンクリートの圧縮強度が5 N/mm^{2}以上，長期および超長期の場合は10 N/mm^{2}以上に達したことが確認されたとき，あるいは存置期間の平均気温が10℃より高い場合は所定の日数以上経過したとき取り外すことができることとなっている．コンクリートの圧縮強度が5または10 N/mm^{2}に達する材齢は，通常，せき板の最小存置期間として定められた日数よりも短いので，圧縮強度を確認する方法による方が早期に取り外すことができる．しかし，その場合は型枠取外し後にコンクリートの湿潤養生が必要になる場合があり，型枠の存置期間については，よく検討しなければならない．

　(8) 設備機器は大型のものになると，躯体に打ち込むアンカー筋が必要になったり，構造躯体の配筋の変更や躯体の増打ちが必要になることがある．また，配管用スリーブやダクトなどの躯体貫通孔は，貫通可能な範囲，大きさの限度，貫通孔同士の最小間隔の制約や，開口補強の方法についてよく確認する．これらの設備機器類の設置位置や方法は配筋・型枠工事の施工手順やコンクートの打込みにも影響する．また，耐震スリットは，スリット材の種類や固定方法，それに伴う打込み方法などが関連してくる．

2.6 試験・検査に関する事項

> 試験・検査に関しては，下記の事項を確認する．
> (1) コンクリートの材料の試験および検査
> (2) 使用するコンクリートの品質管理および検査
> (3) レディーミクストコンクリートの荷卸し地点における受入れの検査
> (4) 構造体コンクリートの仕上がりの検査
> (5) 構造体コンクリートのかぶり厚さの検査
> (6) コンクリートの圧縮強度の検査
> (7) 試験・検査の項目および実施者・実施場所

　コンクリートの材料および使用するコンクリートの品質管理および検査，レディーミクストコンクリートの荷卸し地点における受入れの検査，構造体コンクリートの仕上がりの検査，構造体コンクリートのかぶり厚さの検査およびコンクリートの圧縮強度の検査については，本指針の4章，7章，9章および10章に標準的な方法および判定基準を示した．また試験・検査の項目，実施者・実施場所については，試験・検査の項目ごとに，実施済みの試験データの提示でよいのか，自主検査で行うのか，第三者試験機関に依頼して行う必要があるかを確認する．

参 考 文 献

1) 日本建築学会：建築工事標準仕様書・同解説　JASS 5　鉄筋コンクリート工事，2009
2) 日本建築学会：鉄筋コンクリート造建築物の収縮ひび割れ制御設計・施工指針（案）・同解説，2006
3) 日本建築学会：マスコンクリートの温度ひび割れ制御設計・施工指針（案）・同解説，2008
4) 国土交通省大臣官房官庁営繕部：公共建築工事標準仕様書（建築工事編），2013
5) 全国生コンクリート工業組合連合会技術部：新技術開発報告　No.42　乾燥収縮に関する実態調査結果報告書，2012
6) 国土交通省住宅局建築指導課，国土交通省国土技術政策総合研究所，独立行政法人建築研究所，日本建築行政会議監修　建築物の構造関係技術基準解説書編集委員会編　日本建築防災協会，日本建築センター編集協力：第2版　建築物の構造関係技術基準解説書，2007

3章　品質管理計画書の作成

3.1　総　　則

> a．品質管理計画は，コンクリート工事の各工程において所要の品質が確保され，最終的に目標とする品質の構造体コンクリートが得られるように立案する．
> b．品質管理計画の立案に際して，型枠工事，鉄筋工事，仕上げ工事および設備工事の施工計画・品質管理計画を考慮する．
> c．施工者は，立案した施工計画および品質管理計画に基づいて施工計画書および品質管理計画書を作成し，工事監理者の承認を受ける．また，コンクリート工事および関連する各工事の関係者に配布し，周知徹底させる．

本章は，コンクリート工事における品質管理計画を立案し，計画書を作成する際の基本的な考え方および留意事項をまとめたものである．具体的な品質管理の内容は4章以降に記述されている．

コンクリート工事の品質管理計画の立案および計画書の作成は，一般に次のような手順で行われる．

（1）施工者は，コンクリート工事の関係者からなる品質管理のための組織を編成し，その責任者として品質管理責任者を選任し，品質管理計画の立案と実施に当たらせる．

（2）品質管理責任者は，品質管理計画の立案に先だってコンクリート工事の施工計画を十分に把握する．

（3）品質管理責任者は，立案した品質管理計画を品質管理計画書としてとりまとめ，関係者に配布して周知させる．

a．品質管理計画の立案にあたっては，コンクリート工事の各工程（レディーミクストコンクリート工場の選定，材料の検査，計画調合の確認，レディーミクストコンクリートの受入れ，コンクリートの運搬・打込み・締固め，仕上げ，養生など）において，2章で確認した所要の品質のコンクリートを確保するために，どのような試験・検査および点検・管理を行えばよいかを考える．具体的には，各工程において要求される品質を把握し，それを確保するための適切な試験・検査および点検・管理の方法，時期，回数，判定基準などを定めることである．

正しく策定された品質管理計画を的確に実施することにより，各工程において所要の品質のコンクリートが確保され，次の工程に引き継がれて最終的に目標とする品質の構造体コンクリートが得られることになる．

b．鉄筋コンクリート造建築物のコンクリート工事では，型枠工事が不可欠であり，さらに鉄筋工事が終了していなければならない．また，鉄筋コンクリート躯体に設備配管用スリーブや機器を固定するためのアンカーなどを設置する場合には，設備工事とコンクリート工事の作業のすり合わせが重要であり，さらに仕上げ工事との関わりでは，躯体の寸法精度や表面の平たんさなどが重要

である．実際の現場ではこれらの工事が複雑に交錯しており，品質管理計画の立案に際しては，これらのコンクリート工事の施工計画だけでなく，関連工事の施工計画および品質管理計画も十分考慮して，コンクリート工事の工程の中でそれらの関連工事がどのようにかかわっているかを把握して，適切な時点・箇所で品質管理を行うことが大切である．

　c．立案された施工計画および品質管理計画は，施工計画書および品質管理計画書として文書にし，工事監理者の承認を受けた後，関係者に配布し，周知徹底させることが重要である．

3.2　品質管理組織および品質管理責任者

> a．品質管理組織は，工事監理者，施工者，専門工事業者，レディーミクストコンクリートの生産者および第三者試験機関に試験を依頼する場合は，その機関で構成する．
> b．施工者は，品質管理責任者を定める．品質管理責任者は，鉄筋コンクリート工事に関して十分な知識，技能および経験を有するものとし，一級建築士，1級または2級（仕上げを除く）建築施工管理技士の資格を有するものとする．
> c．施工者は，コンクリート工事の品質管理担当者を定める．コンクリート工事の品質管理担当者は，コンクリート工事に関して十分な知識，技能および経験を有するものとし，公益社団法人日本コンクリート工学会が認定したコンクリート主任技士，コンクリート技士，またはこれらと同等以上の知識と経験を有するものとする．
> d．品質管理責任者は，工事監理者，各工事の品質管理担当者，試験を依頼する場合の第三者試験機関と連絡を密にし，品質管理組織を効率的に運営する．

　a．コンクリート工事の計画から終了までには種々の作業工程があり，業務の種類や情報の量も多く，多くの人々が関与している．それに伴って品質管理の工程・項目も多種多様になっているため，品質管理に際しては，各工程間の情報伝達・調整を行うための組織を編成して，効果的・効率的な品質管理を行う必要がある．品質管理組織は，工事監理者，施工者側の品質管理責任者・担当者，レディーミクストコンクリート工場の品質管理責任者，鉄筋コンクリート工事の関連専門工事業者の品質管理責任者によって構成される．その他コンクリートの試験・検査を依頼する場合は，第三者試験機関の試験担当責任者も加えるとよい．

　組織や担当者の役割・責任，情報伝達方法などは，工事の規模，1回のコンクリート打込み量などによって異なる．解説図 3.2.1 に中規模の工事現場における品質管理組織の一例を示す．

　b．施工者は，施工における品質管理の責任者として「品質管理責任者」を定め，品質管理の計画と実施に当たらせる．品質管理責任者は，建築物の規模や工事の難易度によって，一級建築士，1級または2級（仕上げを除く）建築施工管理技士の中から，コンクリートの品質および工事に関して十分な知識，技能および経験を持ち，かつ管理組織全体を把握して関係者を統括できる立場のものを選任する．このうち建築施工管理技士は，建設業法第 27 条（技術検定），同施行令第 27 条の 3（技術検定の種目等）に定める検定種目の中の「建築施工管理」の技術検定に合格した者で，受験資格によって1級と2級とに分かれている．なお，建築施工管理の検定技術は，次のように定められている．

「建築一式工事の実施にあたり，その施工計画および施工図の作成ならびに当該工事の工程管理，

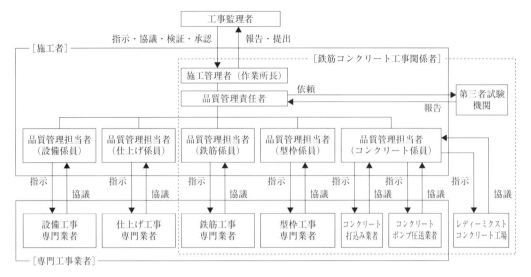

解説図 3.2.1 鉄筋コンクリート工事の品質管理組織の例

品質管理，安全管理等工事の施工の管理を的確に行うために必要な技術」

　ｃ．施工者は，コンクリート工事の「品質管理担当者」を定める．品質管理担当者は，公益社団法人日本コンクリート工学会が認定したコンクリート主任技士，コンクリート技士で同学会に登録した者，またはこれらと同等以上の知識と経験を有する者の中から，コンクリート工事における品質管理に関して十分な知識，技能および経験を持ち，かつ担当する工事の内容を把握して関係者に的確に指示できる者を選任する．

　ｄ．品質管理責任者は，組織を構成する各担当者の役割分担と責任範囲，情報伝達の経路と方法を明確にし，関係者間で意志・情報の伝達が円滑に行われるようにしておく．また，施工者は，工事監理者に対して，品質管理計画，管理の実施状況，試験・検査の結果などの情報を常に伝達するとともに，必要に応じて工事監理者との協議にすみやかに対応できるようにしておく．

3.3　品質管理項目の確認

　品質管理計画の立案に際して，施工計画とコンクリートの要求品質とを対比し，コンクリートの品質に係わる下記の事項を確認する．
（1）コンクリートの打込み箇所・打込み時期別のコンクリートの種類および品質
（2）構造体強度補正値と調合管理強度
（3）調合強度を定めるための基準とする材齢
（4）使用するコンクリートのJIS規格適合およびJISマーク表示製品の要否，または建築基準法第37条2号に基づく国土交通大臣の認定の要否
（5）レディーミクストコンクリートの運搬時間
（6）工事現場内におけるコンクリートの運搬方法および打込み・締固め方法
（7）せき板の取外し時期と取外し時のコンクリートの圧縮強度
（8）コンクリートの養生方法と養生打切り時のコンクリートの圧縮強度
（9）支柱の取外し時期と取外し時のコンクリートの圧縮強度

(10) 構造体コンクリートの表面の仕上がり状態
(11) 部材の断面寸法および位置の許容範囲
(12) 部位ごとの打増しや割増しを考慮した最小かぶり厚さおよび設計かぶり厚さ
(13) 特殊な施工法に適合させるための使用材料および調合の変更

　品質管理計画の立案に際しては，2章で確認された設計上の要求性能のほかに，施工計画とコンクリートの要求品質とを対比し，施工上の必要性からほかの要求条件を付加したり，一部変更しなければならない場合がある．このため施工計画を綿密に検討し，施工計画に基づいたコンクリートの要求条件を把握し，必要に応じて本文（1）～（13）の管理項目を確認しなければならない．

　具体的には，品質管理計画書を作成する際に，これらの管理項目が網羅されたチェックシートなどが添付されていることが必要である．

3.4　品質管理計画書の作成

a．品質管理計画書は，品質管理計画の立案の段階，コンクリートの発注・製造の段階，コンクリートの施工の段階および構造体コンクリートの評価の段階の各段階ごとに作成する．
 (1) 品質管理計画の立案の段階
　　① コンクリートの材料の選定基準
　　② レディーミクストコンクリート工場の調査および選定基準
　　③ コンクリートの調合決定の基準
　　④ 試し練りを行う場合の実施要領
 (2) コンクリートの発注・製造の段階
　　① レディーミクストコンクリートの発注
　　② レディーミクストコンクリートの製造管理
　　③ レディーミクストコンクリートの運搬
　　④ レディーミクストコンクリートの製品検査
 (3) コンクリートの施工の段階
　　① 工事中のコンクリートの材料の検査
　　② レディーミクストコンクリートの受入検査
　　③ レディーミクストコンクリートの受入検査が不合格の場合の措置
　　④ コンクリート打込み前の鉄筋工事，型枠工事，設備工事などコンクリート工事に関わる事項の点検・管理
　　⑤ コンクリートの場内運搬の点検・管理
　　⑥ コンクリートの打込み中の点検・管理
　　⑦ コンクリートの打込み後の点検・管理
　　⑧ せき板および支保工の取外しに関わる管理
 (4) 構造体コンクリートの評価の段階
　　① 構造体コンクリートの仕上がり状態およびかぶり厚さの検査
　　② 構造体コンクリートの圧縮強度の検査
　　③ 圧縮強度以外の品質管理項目の検査
　　④ 試験・検査結果の保管方法
　　⑤ その他必要な事項
b．試験・検査に関して，試験および検査の項目，方法，実施場所および立会い者，結果の判定方法ならびに結果が不合格となった場合の処置をあらかじめ定めておく．なお，下記の項目に関する検査の結果が不合格の場合は，すみやかに工事監理者にその状況を報告し，工事監理者の承認を受けた後，

> あらかじめ定めておいた方法で処置を行う．
> ① 構造体コンクリートの仕上がり状態およびかぶり厚さ
> ② 構造体コンクリートの圧縮強度
> c．検査に必要な試験を依頼する場合の第三者試験機関は，工事監理者の承認を受けた機関とする．

 a．コンクリート工事の品質管理計画書は，最終的に所要の性能を満足する構造体コンクリートが得られるように，工事の進行に応じて品質管理計画の立案の段階，コンクリートの発注・製造の段階，コンクリートの施工の段階および構造体コンクリートの評価の段階ごとに作成するのがよい．施工者は，段階ごとに適切な手段（試験・検査）によって品質管理の状況をチェックし，品質管理計画書にフィードバックできるように計画し，必要に応じてコンクリートの材料・調合，製造および施工法などを修正・変更することにより，最終的に所要の性能を満足する構造体コンクリートが得られる．

 コンクリート工事の品質管理としては，本文（1）～（4）に示す4つの段階がある．このうち（1）は品質管理計画の立案の段階に関するものであり，基準や要領の作成について①～④の項目がある．具体的な内容は4章に記述されている．（2）は，コンクリートの発注・製造の段階に関するもので，レディーミクストコンクリートの発注から製品検査までの①～④の項目がある．具体的な内容は，5章および6章に記述されている．（3）はコンクリートの施工の段階に関するものであり，各工程に応じて①～⑧の項目がある．具体的な内容は，7章および8章に記述されている．（4）は構造体コンクリートの評価の段階に関するもので，検査ならびに結果の保管方法の項目がある．具体的な内容は，9章および10章に記述されている．

 特に，（2）の段階における②～④のレディーミクストコンクリート製品の品質管理は，実質的にはコンクリート生産者が行っているが，施工者は最終的にでき上がった構造体コンクリートの品質を保証しなければならないので，品質管理責任者はこれを含む必要な項目すべてについて把握する必要がある．

 b．a項に示した（1）～（4）の段階における各項目に対して，2章の設計上要求される事項はもちろん，3.3節で設定した施工上要求される事項も含めて，それらの性能を把握するのに最適な管理項目または特性値と，その試験または検査の方法・頻度・実施者（施工者，第三者試験機関など）・実施場所（レディーミクストコンクリート工場，第三者試験機関，工事現場の試験室など）・立会い者（工事監理者，施工者）・結果の判定方法および結果が不合格となった場合の処置について，各種の仕様書・指針，文献，資料，施工実績などを参考に定める．

 結果の判定に際しては，ばらつきを考慮した統計的方法を有効に活用し，判定基準として適切な管理限界を設定する．試験・検査の結果がこの管理限界を超えないようにしなければならないが，何らかの原因で管理限界を超え，不合格になる場合がある．したがって，それぞれの品質管理項目に対して，これまでの経験，資料，実績などから，品質変動の大きいものや，不合格になった場合の影響の大きいものについて，品質を変動させる主要な原因と対策の事例を調査し，不合格となった場合の対応策を定めておく．対応策には次のような項目が必要である．

 Ⅰ）不合格となったコンクリートおよび構造体の処置

Ⅱ) 前工程,後工程への対応

Ⅲ) 関係者への情報伝達

Ⅳ) 不合格となった原因の調査方法

Ⅴ) 今後の再発防止の方策

　コンクリート工事の流れに沿った品質管理の項目を解説図 3.4.1 に示す.なお,①および②は最終的な構造体コンクリートの性能の確認項目であり,これらの項目が不合格となった場合は,品質管理責任者はすみやかに工事監理者に報告し,承認を受けた後,あらかじめ定めておいた方法を基に適切な処置を施すとともに,対応策を講じなければならない.

　c.品質管理のための試験および検査は,原則として施工者が行うものであるが,一部,監督官

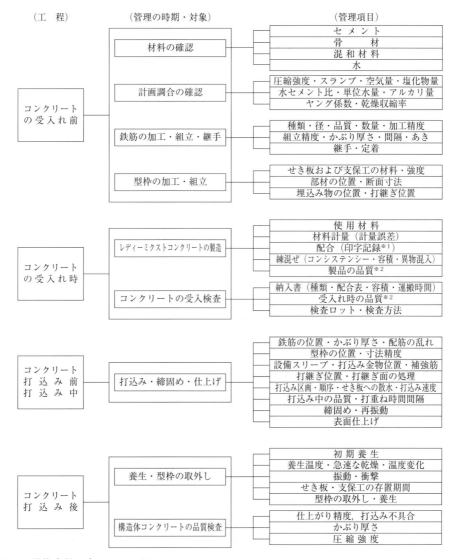

[注]　※1:単位水量・水セメント比
　　　※2:スランプまたはスランプフロー,空気量,塩化物量,コンクリート温度,圧縮強度,協議事項

解説図 3.4.1　コンクリート工事の流れと品質管理項目

庁（建築主事）に報告すべき内容に含まれる項目もあり，工事監理者の承認を受けた試験機関に依頼されている場合が多い．また，最近，人手不足のため工事現場で試験要員を確保するのが困難な場合や特殊な技術を要する場合は専門家に依頼せざるを得ないことも多く，供試体の採取から試験までを含めて検査業務を行う専門業者もいることから，外部への依頼が増加してきている．試験・検査の依頼先としては，付5に示すような適切な技術水準と公正さを有する第三者試験機関が望ましい．また，東京都や大阪府では，いくつかの試験機関を指定または提示しているので参考にするとよい〔付3，付4を参照〕．やむを得ず，上記以外の機関に試験を依頼する場合でも適切な技術水準と公正さを有する業者を選定し，工事監理者の承認を得なければならない．

3.5 品質管理計画の変更

> a．品質管理上支障がない場合は，工事監理者の承認を得て3.4bで定めた試験および検査の項目の省略または回数の低減をすることができる．
> b．a項の規定にかかわらず工事監理者の文書による指示がある場合は，3.4bで定めた以外の項目についても試験および検査を行う．

　a．工事によっては，試験・検査を省略したり，変更を行っても品質管理上支障とならない場合もある．また，工事の進行に伴って品質管理のデータが蓄積され，品質が安定していることが確かめられ，当初定めた頻度や回数の試験および検査が必要ないと判断されるような場合もある．このような場合には，工事監理者と協議して，品質管理項目，試験・検査の項目または回数を省略あるいは低減してもよい．

　例えば，解説図3.5.1は施工レベルの把握を目的に，某設計事務所で実施された豆板，ひび割れおよびコールドジョイントといった構造体コンクリートの仕上がりの不具合に関する調査結果から算出された不具合発生率Xの分布を示したものである．この図では，新たに評価しようとする建築物の工事に対して，各階などを1ロットとする各打込み不具合の発生率が計測されることにより不具合発生率の標準値が得られ，構造体コンクリートの仕上がりの状態を上位～下位の4ランクに評価可能であると示されている[1]．このように品質管理のデータが蓄積され品質の分布状況が把握できれば，その工事の不具合発生率を推定することができ，試験・検査の頻度・回数を省略または

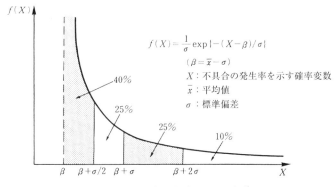

図3.5.1　不具合発生率Xの分布[1]

低減することの検討も可能となる.

b．3.4 b で定めた項目のほかに，工事監理者が工事監理の立場から必要であると判断した場合には，新たに管理項目を設定して試験・検査を行わねばならない．

参 考 文 献
1) 日本建築学会：コンクリートの品質管理指針・同解説，1991

4章　レディーミクストコンクリート工場の調査および選定

4.1　総　　則

> a．レディーミクストコンクリート工場は，設計・施工上の要求条件を満足するコンクリートを供給できる工場でなければならない．
> b．工事開始前に，工事現場周辺のレディーミクストコンクリート工場で使用しているコンクリートの材料，製造設備などを調査し，要求条件を満足する工場を選定する．

　a．本指針では，コンクリートはレディーミクストコンクリートを使用することを原則としている．そこで事前に工事現場周辺のレディーミクストコンクリート工場を調査し，設計・施工上の要求性能を満足するコンクリートを製造・供給することができる工場を選定しなければならない．

　b．品質管理の上から，コンクリートが安定して製造・供給されることが大切である．したがって，工事開始前にレディーミクストコンクリート工場で使用している材料が設計図書の規定に適合しているかどうか，併せて製造設備なども確認し，要求条件を満足する工場を選定しなければならない．

4.2　コンクリートの材料の調査および選定

> a．コンクリートの材料が設計・施工上の要求品質を満足していること，JIS A 5308（レディーミクストコンクリート）の規定する品質を満足していること，およびそれらの品質が所定の試験方法によって検査されていることを確認する．
> b．コンクリートの材料は，その工場での使用実績があること，および入手が継続的に可能であることを確認する．ただし，使用実績がない場合は，材料の入手が可能であり，かつその工場で使用できることを確認する．
> c．使用実績の少ない材料については，必要に応じてコンクリートの試し練りを行い，使用方法および性能を確認する．
> d．レディーミクストコンクリート工場で，上記の要求条件に適合する材料が得られない場合は，その工場を選定対象から除外する．

　レディーミクストコンクリート工場で使用されている骨材の種類および品質は，地域および製造業者によって差があり，あらかじめ使用する工場の骨材の種類と品質の実態を把握し，選定することは重要なことである．

　a．コンクリートに使用する材料の調査・選定は，通常の場合，解説表4.2.1によって行われる．
　レディーミクストコンクリート工場の場合，使用材料の選定はコンクリートの生産者が行っているが，施工者も上記の解説表4.2.1に従って，レディーミクストコンクリート工場で使用している材料が設計図書の規定に適合しているかどうかをチェックする．参考までに解説表4.2.2にJASS 5におけるセメント，骨材，練混ぜ水および混和材料に関する規定を示す．なお，JIS A 5308（レ

ディーミクストコンクリート）にも使用材料の規定があるが，これはほぼJASS 5の規定と同様の内容となっている．

使用材料の品質や性能の試験方法については6.2節に記述している．レディーミクストコンクリート工場ではこれらの試験を定期的に行い，試験成績書に記載しているが，施工者も試験に立ち会い，また，抜取検査をするなどして品質を確認するのがよい．

解説表 4.2.1 コンクリートの材料調査

1 工場概要

工場名				TEL	
所在地				FAX	
協同組合				稼働時間	
JIS認証	機関		区分 普通・舗装，軽量，高強度	認証番号	
品質監査	ⓐマーク	有・無	工場長名	記入者名	

2 セメント

	普通セメント	早強セメント	中庸熱セメント	低熱セメント	高炉セメントB種	フライアッシュセメントB種	その他（ ）
製造会社							
出荷基地							
製造工場							

3 骨材

(1) 種類，産地

区分	No.	種類	岩種	製造業者名	採取場所	混合（%） ①	混合（%） ②	使用量 (tまたはm^3/月)
細骨材	S1							
	S2							
	S3							
粗骨材	G1							
	G2							
	G3							

(2) 品質

区分	No.	粗粒率	絶乾密度 (g/cm^3)	吸水率（%）	粒形判定実積率（%）	粘土塊量（%）	微粒分量（%）	有機不純物	塩化物量 NaCl（%）	安定性（%）
細骨材	S1									
	S2									
	S3									

解説表 4.2.1 （つづき）

粗骨材	G1						―	―	
	G2						―	―	
	G3						―	―	

(3) アルカリシリカ反応性

区分	No.	化学法（単位　mmol/L）			モルタルバー法（膨張率　％）					
		Sc	Rc	判定	2週	4週	8週	13週	26週	判定
細骨材	S1									
	S2									
	S3									
粗骨材	G1									
	G2									
	G3									

4　練混ぜ水

種類	上水道水	上水道水以外の水（　　　　　　　　　　　）	回収水（上澄水・スラッジ水）

5　混和材料
(1) 化学混和剤

区分	銘柄	製造会社	銘柄	製造会社	銘柄	製造会社	銘柄	製造会社
AE減水剤								
高性能AE減水剤								

(2) 化学混和剤以外の混和材料

種類	銘柄	製造会社

解説表 4.2.2　JASS 5における材料の規定（JASS 5より抜粋）

4.1　セメント
　a．セメントは，JIS R 5210（ポルトランドセメント），JIS R 5211（高炉セメント），JIS R 5212（シリカセメント）または JIS R 5213（フライアッシュセメント）に適合するものとする．
　b．上記 a．以外のセメントの品質は，特記による．
　c．計画供用期間の級が長期の場合，使用するセメントは，上記 a．のうち JIS R 5210（ポルトランドセメント），もしくは JIS R 5211（高炉セメント），JIS R 5212（シリカセメント）または JIS R 5213（フライアッシュセメント）のうち A 種に適合するものを，計画供用期間の級が超長期の場合，JIS R 5210（ポルトランドセメント）に適合するものを原則とする．
　d．セメントの種類は，使用箇所別に特記による．特記のない場合は，使用箇所別に種類を定めて，工事監理者の承認を受ける．
4.2　骨　材
　a．骨材は，有害量のごみ・土・有機不純物・塩化物などを含まず，所要の耐火性および耐久性を有

するものとする.
b. 粗骨材の最大寸法は,鉄筋のあきの4/5以下かつ最小かぶり厚さ以下とし,特記による.特記のない場合は,表4.1の範囲で定めて,工事監理者の承認を受ける.

表4.1 使用箇所による粗骨材の最大寸法

使用箇所	粗骨材の最大寸法 (mm)	
	砂利	砕石・高炉スラグ粗骨材
柱・梁・スラブ・壁	20, 25	20
基礎	20, 25, 40	20, 25, 40

c. 普通骨材は,次の(1)~(3)による.
(1) 砂利および砂は,表4.2および表4.3に示す品質を有するものとする.ただし,その骨材を用いたコンクリートが所定の品質を有することが確認された場合は,計画供用期間の級が長期および超長期の場合を除いて,特記または工事監理者の承認により,絶乾密度2.4 g/cm³以上,吸水率4.0%以下の砂利・砂および塩化物が0.04%を超え0.1%以下の砂を使用することができる.
(2) 砕石および砕砂は,JIS A 5005(コンクリート用砕石及び砕砂),スラグ骨材はJIS A 5011(コンクリート用スラグ骨材)にそれぞれ適合するものとする.
(3) 骨材を混合使用する場合は,混合する前の品質がそれぞれ(1)または(2)の規定を満足するものでなければならない.ただし,塩化物と粒度については,混合したものの品質が表4.2および表4.3の規定を満足するものとする.

表4.2 砂利および砂の品質

種類	絶乾密度 (g/cm³)	吸水率 (%)	粘土塊量 (%)	微粒分量 (%)	有機不純物	塩化物 (NaClとして) (%)
砂利	2.5 以上	3.0 以下	0.25 以下	1.0 以下	—	—
砂	2.5 以上	3.5 以下	1.0 以下	3.0 以下	標準色液または色見本の色より淡い	0.04 以下[1]

[注] (1) 計画供用期間の級が長期および超長期の場合は,0.02以下とする.

表4.3 砂利および砂の標準粒度

種類	最大寸法 (mm) \ ふるいの呼び寸法 (mm)	ふるいを通るものの質量分率 (%)											
		50	40	30	25	20	15	10	5	2.5	1.2	0.6	0.3	0.15
砂利	40	100	95~100	—	—	35~70	—	10~30	0~5	—	—	—	—	—
	25	—	—	100	95~100	—	30~70	—	0~10	0~5	—	—	—	—
	20	—	—	—	100	90~100	—	20~55	0~10	0~5	—	—	—	—
砂		—	—	—	—	—	—	100	90~100	80~100	50~90	25~65	10~35	2~10[1]

[注] (1) 砕砂またはスラグ砂を混合して使用する場合の混合した細骨材は15%とする.

d. 使用する骨材がアルカリシリカ反応性に関して「無害でない」と判定された場合,その他化学的・

> 物理的に不安定であるおそれのある場合は，その使用の可否，使用方法について工事監理者の承認を受ける．なお，計画供用期間の級が長期および超長期の場合は，アルカリシリカ反応性に関して「無害」と判定されたものを使用する．
> e．特に高い耐火性を必要とする箇所のコンクリートに使用する骨材は，特記による．
> f．軽量骨材は，14節「軽量コンクリート」による．
> g．再生骨材は，28節「再生骨材コンクリート」による．
> 4.3 練混ぜ水
> a．コンクリートの練混ぜ水は，JIS A 5308 附属書C（規定）（レディーミクストコンクリートの練混ぜに用いる水）に適合するものとする．
> b．計画供用期間の級が長期および超長期の場合は，回収水を用いない．
> 4.4 混和材料
> a．AE剤，減水剤，AE減水剤，高性能減水剤，高性能AE減水剤，流動化剤および硬化促進剤は，JIS A 6204（コンクリート用化学混和剤）に，収縮低減剤は，JASS 5 M-402（収縮低減剤）に，防せい剤は，JIS A 6205（鉄筋コンクリート用防せい剤）に適合するものとする．
> b．フライアッシュ，高炉スラグ微粉末およびシリカフュームは，それぞれ JIS A 6201（コンクリート用フライアッシュ），JIS A 6206（コンクリート用高炉スラグ微粉末）および JIS A 6207（コンクリート用シリカフューム）に，膨張材は，JIS A 6202（コンクリート用膨張材）に適合するものとする．
> c．上記a．b．以外の混和材料の品質は，特記による．特記のない場合は，適切な品質基準を定め，工事監理者の承認を受ける．
> d．混和材料の種類と使用方法は，特記による．特記のない場合は，工事に適切な種類と使用方法を定め，工事監理者の承認を受ける．

b．JISマーク表示製品を製造しているレディーミクストコンクリート工場の場合，コンクリートの材料は，品質や性能および産地・製造会社からの継続的な供給を考慮し，生産者が選定を行っている．よって，施工者は，工事開始前に生産者からこれらに関する資料の提示を求め，状況を確認し，コンクリートが安定的に供給されるか否かを判断する．

c．使用実績が少ない材料，例えばシリカフュームや高炉スラグ微粉末などの混和材，高性能AE減水剤などの化学混和剤については，既往の資料などによって使用方法や性能を検討しなければならない．それでもなお判断が困難な場合は，工事開始前にコンクリートの試し練りを行い，その使用方法や性能を確認しておく必要がある．

d．原則として，レディーミクストコンクリート工場が規定の要求条件を満足する材料を準備して，所要の性能のコンクリートを製造することができない場合は，その工場を選定対象から除外する．ただし，地域的な条件によって，工事現場周辺のレディーミクストコンクリート工場では，規定の要求条件を満足する材料が得られないことがある．その場合には，生産者と協議し，工事監理者の承認を得て，コンクリートの要求性能を損なわない範囲で使用材料の種類や品質を変更する．

4.3 レディーミクストコンクリート工場の調査

> a．レディーミクストコンクリート工場の調査では，下記の項目を調査する．
> （1）JISマーク表示認証の識別および認証の範囲
> （2）工場の規模，製造設備，製造能力および運搬能力
> （3）使用材料の種類・品質および貯蔵能力

(4) 配合設計の基となる資料
(5) 品質管理・検査に関する社内規格
(6) 常駐する技術者の人数，技術レベルおよび資格
(7) 保有する試験機器および試験施設
(8) 工事現場までの経路および運搬時間
(9) 当該コンクリートが指定建築材料として建築基準法第37条2号に該当する場合は，国土交通大臣認定の有無
(10) その他必要な事項
b．a．(2) のレディーミクストコンクリート工場の製造設備については，下記の項目をJIS A 5308 およびJIS Q 1011（適合性評価―日本工業規格への適合性の認証―分野別認証指針（レディーミクストコンクリート））の規定に基づいて調査する．
(1) コンクリートの材料の貯蔵設備および運搬設備
(2) 回収骨材を使用する場合は，回収骨材の洗浄設備および運搬設備
(3) バッチングプラントの貯蔵ビンおよび材料計量装置，ならびに印字記録装置
(4) 練混ぜおよび積込み設備
(5) コンクリートの運搬車および洗車設備
(6) 試験・検査設備
c．調査は，生産者からの提出書類によって行うとともに，必要に応じて現地調査を行って確認する．
d．製造管理の調査方法は，6章による．

a．通常の場合，工事現場の周辺にはいくつかのレディーミクストコンクリート工場があるので，a．(1) から (10) にあげた項目について調査し，要求条件を満足することを確認する．

経済産業省は，2005年10月1日付けで「JISマーク表示制度（工業標準化法）の一部を改正する法律」を施行した．その要点は，"国による工場認定から民間の第三者機関による製品認証"および"指定商品制の廃止による表示対象製品の拡大（JIS製品規格によって認証を受ければJISマークを表示できる）"である．なお，建築基準法第37条では，使用するコンクリートを以下の2種類に分けている．

① JIS A 5308 の規定に適合するコンクリート
② JIS A 5308 の規定に適合しないコンクリートで，国土交通大臣の認定を受けたもの

上記①のJIS A 5308 の規定に適合するレディーミクストコンクリートには，1) 工業標準化法に基づく登録認証機関（以下，認証機関という）によって，JIS Q 1001（適合性評価―日本工業規格への適合性の認証―一般認証指針）およびJIS Q 1011 に適合することが認証されたコンクリート（JISマーク表示製品），2) JIS A 5308 の規定に適合するがJIS Q 1011 に基づいた適合性の認証を受けていないコンクリートの2種類があるが，使用するコンクリートとしては，認証機関による製品認証を受けたJISマーク表示製品であることが望ましい．また，建築基準法第37条では，JIS A 5308 に適合しないコンクリートを使用する場合は，同法2号で国土交通大臣の認定を受けたコンクリートを使用することとしている．

このため，調査にあたって施工者は，使用するコンクリートがJIS A 5308 の規定に適合する場合は，a．(1) のJIS表示に関する事項（認証番号，認証年，認証機関など）を，JIS A 5308 の規定に適合しない場合は，a．(9) の大臣認定に関する事項（認定番号，認定年，指定性能評価機関，認定範囲など）を調査し，建築基準法への適合を確認することが必要である．

レディーミクストコンクリート工場の調査表の一例を解説表4.3.1に示す．前記a．(1)および(9)のほか，a．(2)～(8)の工場の製造能力，運搬能力，運搬時間，技術力などは，現場への供給能力を判断する上で不可欠な要因であり，要求条件を明確にし，確認する必要がある．

解説表4.3.1 レディーミクストコンクリート工場の調査表（例）

1 工場概要

工場名						TEL	
所在地						FAX	
協同組合						稼働時間	
JIS認証	機関			区分	普通・舗装，軽量，高強度	認証番号	
品質監査	ⓐマーク		有・無	工場長名		記入者名	

2 製造設備

①ミキサ	型式	基数	容量(m³)	②セメントサイロ	種類	基数	貯蔵能力(t)	種類	基数	貯蔵能力(t)

③骨材	細骨材	種類	基数	貯蔵			粗骨材	種類	基数	貯蔵		
				能力(tまたはm³)	形式	上屋				能力(tまたはm³)	形式	上屋
					サイロ・ヤード	有・無					サイロ・ヤード	有・無
					サイロ・ヤード	有・無					サイロ・ヤード	有・無
					サイロ・ヤード	有・無					サイロ・ヤード	有・無
					サイロ・ヤード	有・無					サイロ・ヤード	有・無

④計量装置（付帯管理設備）	細骨材表面水率自動測定装置	有・無	自動印字記録装置	有・無
⑤運搬車	大型車	台	⑥練混ぜ時間	秒（材料投入後： の場合）[1]
	小型車	台	⑦最大出荷能力	m³/h（配合の呼び方： の場合）
⑧回収骨材設備	細骨材	有・無	洗浄装置	細骨材	有・無
	粗骨材	有・無		粗骨材	有・無

[注] (1) 配合の呼び方を記入

3 配合

(1) 標準配合（呼び方： ）[1]

混和剤の区分	W/C（%）	s/a（%）	単位量（kg/m³）				
			セメント	水	細骨材	粗骨材	混和剤

[注] (1) 配合の呼び方を記入

(2) 設計および実績（呼び強度：　　　　　　　）[1]

設計	正規偏差	標準偏差 (N/mm^2)	配合強度 (N/mm^2)	実績	期間	個数	圧縮強度（N/mm^2）		
							平均値 (N/mm^2)	標準偏差 (N/mm^2)	変動係数 (％)

［注］(1) 配合の呼び強度を記入

4 出荷実績

(1) 普通コンクリート

年度	2009	2010	2011	2012	2013
出荷量（m^3）					
該当ゼネコンへの出荷量（m^3）					

(2) 高強度コンクリート（呼び強度45超）

年度	2009	2010	2011	2012	2013
出荷量（m^3）					
該当ゼネコンへの出荷量（m^3）					

5 人員および技術者

(1) 該当人数

従業員数 （人）	試験員数 （人）	有資格者（人）				
		コンクリート 主任技士	コンクリート 技士	1級（建築，建築 施工，土木施工）	2級（建築，建築 施工，土木施工）	その他

(2) 有資格者の内訳

資格名	氏名	取得日	資格名	氏名	取得日

6 建築基準法第37条（高強度コンクリート）認定取得実績

No.	認定番号	性能 評価機関	認定内容			
			セメント種類	Fcの範囲	$_{28}S_{91}$値の範囲	Fcの範囲	$_{56}S_{91}$値の範囲
1							
2							
3							

b．a.(2) 製造設備は，解説表 4.3.1 の 2.「製造設備」を参考とし，材料の貯蔵・運搬設備，回収骨材の洗浄・運搬設備，計量装置および付帯装置，練混ぜ設備，運搬車について詳細に調査し，確認する．

c．調査は書類だけではなく，なるべく工場に出向いて調査するようにする．それによって，書類だけではわからない事項や実際の稼働状況を知ることができる．また，いくつかの工場を調査すれば，各工場の優劣を比較することもできる．

d．製造管理の調査は，JIS Q 1011 に解説表 4.3.2 の内容が記されているが，さらに 6 章に則って行う．

解説表 4.3.2 JIS Q 1011　適合性評価—日本工業規格への適合性の認証
　　　　　　　—分野別認証指針（レディーミクストコンクリート）の項目—（2014 年 3 月 20 日改正）

1. 製品の管理			
製品の品質	製品検査方法		
種類			
品質			
容積			
配合			
報告			
2. 原材料の管理			
原材料名	原材料の品質	受入検査方法	保管方法
セメント			
骨材			
水			
混和材料			
3. 製造工程の管理			
工程名	管理項目	品質特性	管理方法及び検査方法
配合			
材料の計量			
練混ぜ			
運搬			
4. 設備の管理			
設備名	管理方法		
製造設備			
検査設備			
5. 外注管理			
6. 苦情処理			

4.4 コンクリートの性能の調査

> a．設計図書で，圧縮強度，スランプまたはスランプフロー，空気量および塩化物イオン量以外にコンクリートの性能が要求されている場合は，レディーミクストコンクリート工場における当該配合のコンクリートについて，その性能に関するデータの有無を調査する．
> b．当該配合のコンクリートにその性能に関するデータがある場合は，設計図書の要求性能を満足していることを調査する．
> c．当該配合のコンクリートにその性能に関するデータがない場合は，類似の配合のコンクリートからその性能を類推できるかどうかを検討し，設計図書の要求性能を満足していることを確認する．
> d．当該配合のコンクリートについて，設計図書に示された性能を満足しているかどうか不明な場合は，工事開始前に試し練りを行って要求性能を満足していることを確認する．その際，信頼できる早期試験方法によってもよい．

　a，b．設計図書において，レディーミクストコンクリート工場で通常品質管理が行われている圧縮強度，スランプまたはスランプフロー，空気量および塩化物イオン量以外の性能が要求された場合，例えば，ヤング係数や乾燥収縮率が要求された場合は，構造体コンクリートはその値を満足しなければならないが，構造体コンクリートの品質検査として，コンクリートの受入検査のたびに試験によって確かめることは非常に困難である．その場合は，レディーミクストコンクリート工場における当該配合のコンクリートについて，ヤング係数や乾燥収縮率に関するデータの有無を調査する．その結果，当該配合のコンクリートにおいてデータがある場合は，設計図書の要求性能を満足しているかどうかを調査すればよい．

　c．ヤング係数や乾燥収縮率に関するデータがない場合は，類似の配合のコンクリートから類推できるかどうかを検討し，設計図書の要求性能を満足していることを確認することとする．

　ヤング係数については，同じ骨材，同じ種類の混和材を用いた場合は，（解 4.4.1）式に示すように単位容積質量と圧縮強度の関数として表されている．工場で，ある配合における単位容積質量，圧縮強度およびヤング係数の試験結果を保有している場合は，（解 4.4.1）式に当てはめて K_1，K_2 を含む係数 $K_1 \times K_2 \times 3.35 \times 10^4$ を逆算し，当該コンクリートの単位容積質量と圧縮強度を（解 4.4.1）式に当てはめてヤング係数の推定値を求めるとよい．

$$E = K_1 \times K_2 \times 3.35 \times 10^4 \times \left(\frac{\gamma}{2.4}\right)^2 \times \left(\frac{\sigma_B}{60}\right)^{\frac{1}{3}} \quad (\text{N/mm}^3) \qquad (\text{解 4.4.1})$$

　　ここに，E：コンクリートのヤング係数（N/mm²）
　　　　　γ：コンクリートの単位容積質量（t/m³）
　　　　　σ_B：コンクリートの圧縮強度（N/mm²）
　　　　　K_1：粗骨材の種類により定まる修正係数

1.2	石灰岩砕石，焼ボーキサイト
0.95	石英片岩砕石，安山岩砕石，玄武岩砕石，粘板岩砕石，玉石砕石
1.0	その他の粗骨材

　　　　　K_2：混和材の種類により定まる修正係数

1.1	フライアッシュ
0.95	シリカフューム,高炉スラグ微粉末
1.0	混和材を使用しない

　また,乾燥収縮率についても,本会「鉄筋コンクリート造建築物の収縮ひび割れ制御設計・施工指針(案)・同解説」[1])においては,設計基準強度が60 N/mm^{2}以下のコンクリートにおける収縮ひずみの大きさおよび進行度を求める予測式として,(解4.4.2)式が提案されている.

$$\varepsilon_{sh}(t,t_0) = k \cdot t_0^{-0.08} \cdot \left\{1-\left(\frac{h}{100}\right)^3\right\} \cdot \left(\frac{(t-t_0)}{0.16 \cdot (V/S)^{1.8}+(t-t_0)}\right)^{1.4 \cdot (V/S)^{-0.18}} \quad (\text{解 } 4.4.2)$$

$$k = (11 \cdot W - 1.0 \cdot C - 0.82 \cdot G + 404) \cdot \gamma_1 \cdot \gamma_2 \cdot \gamma_3$$

　　ここに,$\varepsilon_{sh}(t,t_0)$:乾燥開始材齢t_0日における材齢t日の収縮ひずみ($\times 10^{-6}$)

　　　　　W:単位水量(kg/m^3)

　　　　　C:単位セメント量(kg/m^3)

　　　　　G:単位粗骨材量(kg/m^3)

　　　　　h:相対湿度(%)(40 % ≦ h ≦ 100 %)

　　　　　V:体積(mm^3)

　　　　　S:外気に接する表面積(mm^2)

　　　　　V/S:体積表面積比(mm)(V/S ≦ 300 mm)

　　　　　γ_1, γ_2, γ_3:それぞれ,コンクリートに用いた骨材の種類の影響,セメントの種類の影響,混和材の種類の影響を表す修正係数で解説表4.4.1による.

解説表 4.4.1 (解4.4.2)式における影響因子の修正係数 γ_1, γ_2, γ_3

γ_1	0.7	石灰岩砕石
	1.0	天然骨材
	1.2	軽量骨材
	1.4	再生骨材
γ_2	0.9	フライアッシュセメント
		早強セメント
	1.0	普通セメント
		高炉セメント
γ_3	0.7	収縮低減剤
	0.8	シリカフューム
	0.9	フライアッシュ
	1.0	高炉スラグ微粉末
		無混入

この予測式は,調合,環境条件,コンクリート部材寸法,経過時間などの項を含んでいる.工場で同じ骨材,同じ種類の混和材を用いて調合されたコンクリートから測定された乾燥収縮率の試験結果を保有していれば,この予測式の調合に係わる項,すなわち $(11・W-1.0・C-0.82・G+404)$ を,実験を行ったコンクリートと当該配合コンクリートについてそれぞれ算出して,その比率から乾燥収縮率の推定値を求めるとよい.

d．当該配合のコンクリートについて,設計図書に示された性能を満足しているかどうか不明な場合は,工事開始前に試し練りを行って要求性能を満足していることを確認する.しかし,試験によっては長期間を要し,工事の工程に影響することもあることから,その場合は信頼できる早期試験方法によって確認してもよい.

特に,乾燥収縮率の試験には6か月以上の長期間を要するため,所定の乾燥収縮率を得るための材料の事前選定の見地から,以下に示す早期判定式の(解4.4.3)式を用いて使用するコンクリートの乾燥収縮率を推定するとよい.その際,推定のための係数 α_i の値は,JASS 5の11.4の解説が参考になる.

$$\varepsilon_{sh}^{est} = \alpha_i \times \varepsilon_{sh}^{i} \tag{解4.4.3}$$

ここに, ε_{sh}^{est} ：JIS A 1129-1〜3（モルタル及びコンクリートの長さ変化測定方法）および同附属書A（参考）に基づき測定されたコンクリートの乾燥期間26週（6か月）における乾燥収縮率の推定値

ε_{sh}^{i} ：JIS A 1129-1〜3および同附属書A（参考）に基づき測定された乾燥期間 i 週における乾燥収縮率, i は4,8,13のいずれかとする.

α_i ： ε_{sh}^{i} から ε_{sh}^{est} を推定するための係数

4.5 レディーミクストコンクリート工場の選定

a．レディーミクストコンクリート工場は,4.2〜4.4節の調査に基づき,下記(1)〜(5)の条件を満足するものの中から選定する.
(1) 購入しようとするコンクリートについて,JISマーク表示認証を受けている工場であること.
(2) JISマーク表示認証を受けていない場合は,所要の品質のコンクリートが製造できると認められる工場であること.
(3) 要求されている数量を供給できる製造能力を有する工場であること.
(4) 工場には,公益社団法人日本コンクリート工学会が認定したコンクリート主任技士,コンクリート技士の資格を登録しているものが常駐していること.
(5) コンクリートを所定の時間内に打ち込めるように運搬できる距離にあること.
b．複数のレディーミクストコンクリート工場を使用する場合は,同一打込み工区に2以上の工場のコンクリートが打ち込まれないようにし,施工計画との関連を考慮して決定する.
c．レディーミクストコンクリート工場は,全国生コンクリート品質管理監査会議から「㊜マーク」の使用を承認された工場であることが望ましい.

a．4.2〜4.4節の調査結果をもとにレディーミクストコンクリート工場の選定を行う.その場合の条件が本項(1)〜(5)に示されている.

現在,全国には解説表4.5.1に示すように3 400を超すレディーミクストコンクリート工場があり,

解説表 4.5.1　各都道府県のレディーミクストコンクリート工場の数[2)]

(全国生コンクリート工業組合連合会　2014年3月現在)

経済産業局	都道府県	総工場数	JIS工場数	経済産業局	都道府県	総工場数	JIS工場数
北海道	北海道	308	212	近畿	滋賀	29	28
	小計	308	212		奈良	24	21
東北	青森	56	52		京都	54	52
	秋田	35	35		大阪	227	223
	岩手	59	55		兵庫		
	山形	42	41		和歌山	43	43
	宮城	54	53		小計	408	398
	福島	58	56	中国	岡山	68	67
	小計	304	292		広島	86	85
関東	埼玉	145	99		山口	44	44
	千葉	136	83		島根	43	43
	東京	113	100		鳥取	22	22
	神奈川	125	100		小計	263	261
	茨城	80	52	四国	徳島	41	41
	栃木	41	40		香川	30	30
	群馬	59	47		愛媛	63	56
	長野	76	72		高知	50	50
	山梨	38	37		小計	184	177
	新潟	98	89	九州	福岡	102	95
	静岡	103	94		佐賀	24	23
	小計	1 014	813		長崎	72	71
中部	富山	37	37		熊本	85	80
	石川	43	42		大分	72	65
	岐阜	62	57		宮崎	59	58
	愛知	117	97		鹿児島	118	102
	三重	71	67		沖縄	82	52
	小計	330	300		小計	614	546
近畿	福井	31	31	合計		3 425	2 999

そのうちの約88%にあたる約3 000工場がJISマーク表示認証を受けている工場である．そのためJISマーク表示認証を受けている工場を選定することはそれほど難しいことではない．しかし，所定の運搬時間の範囲内にJISマーク表示製品を製造する工場がない場合には，前記の調査を行ってJISマーク表示製品を製造する工場と同等以上の能力があることを確認した上で選定する．ただ

し，その工場に不備な点があれば，これを改善するよう申入れをする必要がある．

公益社団法人日本コンクリート工学会が認定しているコンクリート技士およびコンクリート主任技士の有資格者数は解説表 4.5.2 のとおりであり，レディーミクストコンクリート工場では技士が約 9 800 人，主任技士が約 3 500 人の資格者が登録されている．また，解説図 4.5.1 は 2014 年 4 月における調査結果であり，多くのレディーミクストコンクリート工場には複数の有資格者がいることがわかる．また，解説表 4.5.3 は全国生コンクリート品質管理監査会議が 2013 年度に実施した全国統一品質管理監査時に調査した受審工場におけるコンクリート技士・主任技士の人数および 1 工場あたりの人数（本社所属は除外）である．これより，全国統一品質管理監査を受審した工場には，平均すると複数のコンクリート技士および主任技士が所属していることがわかる．なお，全国生コンクリート品質管理監査会議では，1 工場あたり 2 名以上の有資格者が常駐するよう指導している．

b．レディーミクストコンクリート工場の選定に際しては，現在ではその地区の生コンクリート協同組合が関与しており，工場の割当を協同組合が行うことが多い．割り当てられた工場で支障のない場合はよいが，その工場で所要の品質のコンクリートを製造することができないと判断された場合には，協同組合と協議して所要の品質のコンクリートを製造することのできる工場に変更する必要がある．

コンクリートの 1 日の打込み量が多い場合には，1 工場だけでは供給しきれないことがある．こ

解説表 4.5.2 コンクリート技士および主任技士の登録者数[3]

（日本コンクリート工学会：2014 年 4 月現在）

	業種	官公庁	設計コンサル	セメント	混和材料	生コン	製品	建設	その他	合計
コンクリート技士	人数	1 537	2 538	630	781	9 819	3 570	19 664	2 546	42 550
	比率（％）	3.6	6.0	1.5	1.8	23.1	8.4	46.2	6.0	100
コンクリート主任技士	人数	233	660	446	418	3 518	565	3 077	737	9 941
	比率（％）	2.3	6.6	4.5	4.2	35.4	5.7	31.0	7.4	100

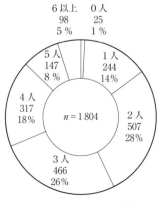
1 工場あたりのコンクリート技士有資格者の数（人）

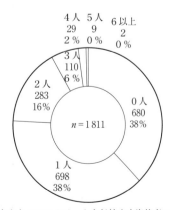
1 工場あたりのコンクリート主任技士有資格者の数（人）

解説図 4.5.1 レディーミクストコンクリート工場におけるコンクリート技士および主任技士有資格者の数[4]

解説表 4.5.3 全国統一品質管理監査受審工場に対するコンクリート技士・主任技士

(2013 年度　全国統一品質管理監査結果)

受審工場数	コンクリート技士		コンクリート主任技士	
	人数	人数/工場	人数	人数/工場
2 604	7 169	2.75	2 768	1.06

のような場合には 2 工場以上を使用することになるが，その場合には同一の打込み工区には同一工場のコンクリートが打ち込まれるよう，打込み箇所や打込み日を調整する必要がある．

c．全国生コンクリート工業組合連合会は，独立機関として 1995 年に産・官・学の体制からなる全国生コンクリート品質管理監査会議（全国会議）を発足し，1996 年には各都道府県においても各都道府県生コンクリート品質管理監査会議（地区会議）が設立され，業界全体としての全国統一品質管理監査制度が構築された．1997 年度から「全国統一品質管理監査基準」に基づき，地区会議が当該地区工場の立入監査を実施し，合格証を交付するとともに，2000 年度には全国会議が，品質管理の仕組みおよび適合性を承認した工場に対して，全国共通の識別標識である「㊜マーク」を交付し，該当工場は表示をしているので，レディーミクストコンクリート工場の選定にあたっては，「㊜マーク」表示工場から選定するとよい．なお，合格証は，監査を実施した年の翌年の 1 年間の品質が適切に維持されるであろうことを地区会議議長が認めた証として交付するもので，合格証を交付された工場の中から任意に選定した 20 ％以上の工場に対し，品質の維持状況を確認することを目的とした無通告の監査（査察ともいう）も併せて実施している．参考として，監査制度の全体の仕組みを解説図 4.5.2 に示す．

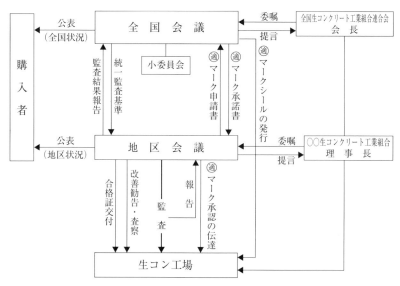

解説図 4.5.2　全国統一品質管理監査制度の仕組み[5]

参考文献

1) 日本建築学会：鉄筋コンクリート造建築物の収縮ひび割れ制御設計・施工指針（案）・同解説，2006
2) レディーミクストコンクリート工場，全国生コンクリート工業組合連合会，2014.3
3) コンクリート技士および主任技士の登録者数，日本コンクリート工学会，2014.4
4) レディーミクストコンクリート工場におけるコンクリート技士および主任技士有資格者の数，日本コンクリート工学会，2014.4
5) 全国統一品質管理監査制度の仕組み，全国生コンクリート工業組合連合会　生コン工場品質管理ガイドブック（第5次改訂版），2008.10

5章　レディーミクストコンクリートの発注

5.1　総　　　則

> a．レディーミクストコンクリートは，設計・施工上の要求条件を満足するものを発注しなければならない．
> b．レディーミクストコンクリートの発注に際しては，発注条件を明確にして生産者と協議し，必要事項を指定する．
> c．発注するコンクリートの品質は，レディーミクストコンクリートの荷卸し地点の品質とする．

　a，b．使用するレディーミクストコンクリートは，設計・施工上の要求条件を満足するものでなければならない．そのため，レディーミクストコンクリートの発注にあたっては，施工者は2章で設定した諸条件を明確にして，JIS A 5308（レディーミクストコンクリート）の規定に準拠して必要な事項を指定する．発注に際しては，後から問題が生じないように，あらかじめ生産者とよく協議する．生産者との協議の結果，設計図書に示された事項を変更しなければならない場合には，工事監理者の承認を得て行う．

　c．コンクリートの品質として，打込み地点での品質が要求される場合もあるが，現在は，JIS A 5308により荷卸し地点でコンクリートの品質を規定しており，これに基づいて，工事では荷卸し地点で受入検査を行なっている．ポンプ圧送については現在手順がマニュアル化され，コンクリートの品質はポンプ圧送の前後でそれほど大きく変化しないことが確認されている．しかし，設計図書において打込み箇所での品質が指定された場合には，ポンプ圧送による品質の変化などを考慮して，荷降し地点における品質を設定しておくのがよい．

5.2　コンクリートの種類・品質の指定

> a．コンクリートの種類は，JIS A 5308（レディーミクストコンクリート）に規定するコンクリート，または建築基準法第37条2号に基づく国土交通大臣の認定を受けたコンクリートとする．
> b．JIS A 5308に規定するコンクリートを発注する場合，コンクリートの強度は呼び強度で指定する．呼び強度の強度値は，調合管理強度以上とする．
> c．建築基準法第37条2号に基づく国土交通大臣の認定を受けたコンクリートを発注する場合，コンクリートの強度は圧縮強度の基準値，または圧縮強度の基準値に構造体強度補正値を加えた強度[注]で指定する．圧縮強度の基準値を指定する場合は設計基準強度以上とし，圧縮強度の基準値に構造体強度補正値を加えた強度を指定する場合は，調合管理強度以上とする．
> ［注］国土交通大臣の認定を受けたコンクリートでは，圧縮強度の基準値に構造体強度補正値を加えた強度は，指定強度，管理強度などと呼ばれている．
> d．呼び強度の強度値または圧縮強度の基準値に構造体強度補正値を加えた強度を保証する材齢は，調合強度を定めるための基準とする材齢とし，28日を標準とする．ただし，中庸熱ポルトランドセメント，低熱ポルトランドセメント，混合セメントのB種およびC種などのセメントを使用するコン

クリートでは，28日を超え91日以内の材齢とすることができる．
e．JIS A 5308に規定するコンクリートを発注する場合は，コンクリートの種類，粗骨材の最大寸法，スランプまたはスランプフローおよび呼び強度の組合せを表5.1の○印の中から指定するほか，JIS A 5308に規定している事項について，生産者と協議の上で指定する．

表5.1　レディーミクストコンクリートの種類（JIS A 5308-2014）[1]

コンクリートの種類	粗骨材の最大寸法 (mm)	スランプまたはスランプフロー(1) (cm)	呼び強度												
			18	21	24	27	30	33	36	40	42	45	50	55	60	曲げ4.5
普通コンクリート	20, 25	8, 10, 12, 15, 18	○	○	○	○	○	○	○	○	○	○	—	—	—	—
		21	—	○	○	○	○	○	○	○	○	○	—	—	—	—
	40	5, 8, 10, 12, 15	○	○	○	○	○	○	○	○	—	—	—	—	—	—
軽量コンクリート	15	8, 10, 12, 15, 18, 21	○	○	○	○	○	○	○	○	—	—	—	—	—	—
舗装コンクリート	20, 25, 40	2.5, 6.5	—	—	—	—	—	—	—	—	—	—	—	—	—	○
高強度コンクリート	20, 25	10, 15, 18	—	—	—	—	—	—	—	—	—	—	○	—	—	—
		50, 60	—	—	—	—	—	—	—	—	—	—	○	○	○	—

［注］（1）荷卸し地点の値であり，50 cmおよび60 cmはスランプフローの値である．

f．建築基準法第37条2号に基づく国土交通大臣の認定を受けたコンクリートを発注する場合は，セメントの種類，圧縮強度の基準値に構造体強度補正値を加えた強度，スランプまたはスランプフロー，空気量の組合せ，その他必要な事項を指定する．
g．上記a〜fのほかに，施工者は生産者にコンクリートの施工方法を伝え，調合設計に反映させる．

　a．工事に使用するコンクリートは，JIS A 5308に規定するコンクリートではJISマーク表示製品（JIS Q 1001（適合性評価—日本工業規格への適合性の認証—一般認証指針）およびJIS Q 1011（適合性評価—日本工業規格への適合性の認証—分野別認証指針（レディーミクストコンクリート））に基づいてJIS A 5308の適合を性能評価機関から認証されたコンクリート），JISマーク表示製品でないもの（JIS A 5308の品質基準に適合するが，性能評価機関からの認証を受けていないコンクリート）のいずれか，または建築基準法第37条2号に基づいて国土交通大臣の認定を受けたものとする．

　b．レディーミクストコンクリートは，圧縮強度の種類を呼び強度で定めているので，呼び強度で指定しなければならない．

　JASS 5では，解説図5.2.1に示すように，構造体コンクリートの強度となる品質基準強度と標準養生した供試体による圧縮強度と構造体コンクリートの圧縮強度の差（$_mS_n$）を考慮した調合管理強度の考え方が2009年版で導入された[2]．調合管理強度F_mとは，構造体コンクリートの強度が品質基準強度F_qを満足するようにコンクリートの調合を定めようとする場合，構造体強度補正値$_mS_n$を品質基準強度に加えた値を指す．調合強度とは，コンクリートの調合を定める場合に目標とする平均の圧縮強度のことであり，調合管理強度に圧縮強度のばらつきを考慮して割り増した強度である．レディーミクストコンクリート工場における調合強度はJASS 5に示される調合強度とほ

ほ同じであるが，圧縮強度の種類は呼び強度で定めているため，コンクリートの強度の発注は，呼び強度で指定しなければならない．

解説図5.2.1に示すように，設計図書に規定されている調合条件式から所要の調合強度 F（N/mm²）を求めておき，その工場で採用している呼び強度と調合強度との関係式から F（N/mm²）が得られるような呼び強度を求め，その呼び強度を指定する．

1) 調合管理強度は，(解5.2.1) 式によって算出される．

$$F_m = F_q + {}_mS_n \ （N/mm^2）\tag{解5.2.1}$$

ここに，F_m ：コンクリートの調合管理強度（N/mm²）

F_q ：コンクリートの品質基準強度（N/mm²）

品質基準強度は，設計基準強度または耐久設計基準強度のうち，大きい方の値とする．

${}_mS_n$ ：標準養生した供試体の材齢 m 日における圧縮強度と構造体コンクリートの材齢 n 日における圧縮強度の差による構造体強度補正値（N/mm²）．ただし，${}_mS_n$ は0以上の値とする．

2) 調合強度は，(解5.2.2) 式および (解5.2.3) 式によって算出し，その大きい方の値とする．

$$F \geqq F_m + k\sigma \ （N/mm^2）\tag{解5.2.2}$$

$$F \geqq 0.85F_m + 3\sigma \ （N/mm^2）\tag{解5.2.3}$$

ここに，F ：コンクリートの調合強度（N/mm²）

F_m ：コンクリートの調合管理強度（N/mm²）

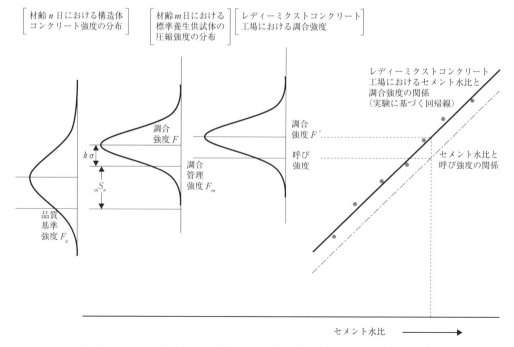

解説図5.2.1 構造体強度補正値による調合管理強度と呼び強度の定め方

k :不良率に対する正規偏差（$k \geq 1.73$）

σ :使用するコンクリートの圧縮強度の標準偏差（N/mm^2）

c．建築基準法第 37 条 2 号に基づく国土交通大臣の認定を受けたコンクリートでは，品質基準強度（設計基準強度）のことを圧縮強度の基準値としており，圧縮強度の基準値に構造体強度補正値を加えた値のことを指定強度，または管理強度と呼んでいる．コンクリートを圧縮強度の基準値で発注する場合には，その工場で認定された構造体強度補正値を確認して発注する．また，圧縮強度の基準値に構造体強度補正値を加えた強度で発注する場合には，季節ごとの強度補正値を確認して発注する．

d．一般に，コンクリートの調合計画は材齢 28 日を基準とし，調合強度も標準養生したコンクリートの材齢 28 日における圧縮強度によって表されている．標準養生した供試体の材齢 m 日における圧縮強度と構造体コンクリートの材齢 n 日における圧縮強度の差による構造体強度補正値 $_mS_n$（N/mm^2）について，設計図書等に m と n が特記されている場合はそれによるが，特記がない場合は m = 28 日，n = 91 日を標準とする．そのため，呼び強度を保証する材齢は，調合強度を定めるための基準とする材齢であり，一般には 28 日となる．中庸熱ポルトランドセメント，低熱ポルトランドセメント，混合セメントの B 種および C 種など強度発現が遅いセメントを用いる場合には，普通ポルトランドセメントに比べて標準養生した場合の強度発現が遅いため，構造体強度補正値 $_mS_n$ が負の値となり，呼び強度を保証する材齢を 28 日より遅くする方が水セメント比を大きくしても十分な強度が担保でき，合理的な調合となる場合がある．

e．JIS A 5308 の規定に適合するレディーミクストコンクリートを発注する場合，施工者は，表 5.1 に示す JIS A 5308 の「レディーミクストコンクリートの種類」からコンクリートの種類，粗骨材の最大寸法，スランプまたはスランプフローと強度の組合せを選択し，下記①〜④の項目を必ず生産者に指定する[1]．また下記⑤〜⑰の中の項目は，必要に応じて生産者と協議して指定する[1]．

(1) 施工者が決めて生産者に指定する項目
  ① セメントの種類
  ② 骨材の種類
  ③ 粗骨材の最大寸法
  ④ アルカリシリカ反応抑制対策の方法

(2) 必要に応じて生産者と協議の上で指定する項目
  ⑤ 骨材のアルカリシリカ反応性による区分
  ⑥ 呼び強度が 36 を超える場合は，水の区分
  ⑦ 混和材料の種類および使用量
  ⑧ JIS A 5308　4.1 e）に定める塩化物含有量の上限値と異なる場合は，その上限値
  ⑨ 呼び強度を保証する材齢
  ⑩ JIS A 5308　4.1 d）表 4 に定める空気量と異なる場合は，その値
  ⑪ 軽量コンクリートの場合は，軽量コンクリートの単位容積質量
  ⑫ コンクリートの最高温度または最低温度

⑬ 水セメント比の目標値[(1)]の上限

⑭ 単位水量の目標値[(2)]の上限

⑮ 単位セメント量の目標値[(3)]の下限または目標値[(3)]の上限

⑯ 流動化コンクリートの場合は流動化する前のレディーミクストコンクリートからのスランプの増大量(施工者が④でコンクリート中のアルカリ総量を規制する抑制対策の方法を指定する場合,施工者は流動化剤によって混入されるアルカリ量(kg/m^3)を生産者に通知する).

⑰ その他必要な事項

[注] (1) 配合設計で計画した水セメント比の目標値
(2) 配合設計で計画した単位水量の目標値
(3) 配合設計で計画した単位セメント量の目標値

f. 建築基準法第37条2号に基づく国土交通大臣の認定を受けたコンクリートを発注する場合には,セメントの種類,圧縮強度の基準値に構造体強度補正値 $_mS_n$ を加えた強度,スランプまたはスランプフロー,空気量,その他の認定図書(別添等を含む)に記載されている項目を組み合わせて指定するほか,e.で示したJIS A 5308に規定される指定事項を参考に,生産者と協議の上で指定する.

g. コンクリートの運搬,打込み方法,または配筋状態などによって,コンクリートの調合を調整することが必要な場合がある.このため,生産者に施工方法を伝え,調合設計に反映してもらうことが望ましい.

5.3 コンクリートの調合の確認

a. コンクリートの調合の確認は,下記(1)~(3)による.
(1) JISマーク表示製品の場合は,レディーミクストコンクリートの配合計画書の内容を検討し,要求条件に適合していることを確認する.
(2) JIS A 5308の規格に適合しているが,JISマーク表示製品でないものは,レディーミクストコンクリートの配合計画書および配合設計の基礎となる資料の内容を検討し,要求条件およびJIS A 5308の規定に適合していることを確認する.
(3) 建築基準法第37条2号に基づく国土交通大臣の認定を受けたコンクリートの場合は,調合計画書および調合設計の基礎となる資料の内容を検討し,要求条件に適合していることを確認する.
b. 上記(2)および(3)の場合は,配合・調合設計について生産者と協議し,試し練りを行って調合を定める.ただし,多くの製造実績がある調合の場合は,試し練りを行わなくてもよい.
c. コンクリート中の塩化物量およびアルカリ量については,生産者から計算値の報告を求めて確認する.
d. コンクリートの諸条件が変わったときは,そのつど調合の検討を行う.
e. 決定した調合は工事監理者に報告し,承認を受ける.

a. JISマーク表示製品のコンクリートの場合には,生産者が調合を定め,配合計画書を施工者に提出することになっている.施工者は,配合計画書の各事項を2章で設定した条件に適合しているかどうかチェックする.解説表5.3.1にJIS A 5308に定められている配合計画書の書式を示す.

JISマーク表示製品でないもの,および建築基準法第37条2号の国土交通大臣の認定を受けたコンクリートの場合には,生産者が調合を定めた配合計画書または調合計画書の各事項について以

下のような基礎資料の提出を求め，施工者が2章で設定した条件に適合しているかどうかを確認する．

- ・調合強度を決める条件式
- ・標準偏差の値
- ・水セメント比と強度との関係式
- ・単位水量とスランプの関係
- ・標準調合表とその調整方法
- ・混和材料の標準使用量
- ・その他

b．JISマーク表示製品でないもの，および建築基準法第37条2号の国土交通大臣の認定を受けたコンクリートの場合は，指定されたコンクリートに対して，生産者がすでに1か所以上の工区におけるコンクリートの製造実績を持っている場合には，試し練りを行う必要はない．なお，試し練りを行う場合には，実際に使用する材料を用いることは当然であるが，温度条件なども実際の条件になるべくそろえて試し練りを行って基本調合を定め，必要に応じて実機練りを行って確認する．

c．コンクリート中の塩化物量およびアルカリ量については，生産者から計算の基となった資料を提出してもらい，規定値以下に収まっているかどうかを確認する．

d．設計図書におけるコンクリートの要求条件などが変更した場合には，そのつど調合の検討を行う必要がある．

e．施工者は，決定したコンクリートの調合および指定事項について工事監理者に報告し，承認を受ける．

解説表 5.3.1　レディーミクストコンクリートの配合計画書の書式[1]

レディーミクストコンクリートの配合計画書				No.	
_____殿			平成　年　月　日		
			製造会社・工場名_____		
			配合計画者名_____		

工　事　名　称	
所　　在　　地	
納　入　予　定　時　期	
本 配 合 の 適 用 期 間[a]	
コンクリートの打込み箇所	

配　合　の　設　計　条　件

呼び方	コンクリートの種類による記号	呼び強度	スランプ又はスランプフロー cm	粗骨材の最大寸法 mm	セメントの種類による記号

指定事項	セメントの種類	呼び方欄に記載	空気量		%
	骨材の種類	使用材料欄に記載	軽量コンクリートの単位容積質量		kg/m³
	粗骨材の最大寸法	呼び方欄に記載	コンクリートの温度	最高最低	℃
	アルカリシリカ反応抑制対策の方法[b]		水セメント比の目標値の上限		%
	骨材のアルカリシリカ反応性による区分	使用材料欄に記載	単位水量の目標値の上限		kg/m³
	水の区分	使用材料欄に記載	単位セメント量の目標値の下限又は目標値の上限		kg/m³
	混和材料の種類及び使用量	使用材料及び配合表欄に記載	流動化後のスランプ増大量		cm
	塩化物含有量	kg/m³ 以下			
	呼び強度を保証する材齢	日			

使　用　材　料[c]

セメント	生産者名			密度 g/cm³		Na_2O_{eq}[d] %	
混和材	製品名		種類	密度 g/cm³		Na_2O_{eq}[e] %	

骨材	No.	種類	産地又は品名	アルカリシリカ反応性による区分[f]		粒の大きさの範囲[g]	粗粒率又は実積率[h]	密度 g/cm³		微粒分量の範囲 %[i]
				区分	試験方法			絶乾	表乾	
細骨材	①									
	②									
	③									
粗骨材	①									
	②									
	③									

混和剤①	製品名		種類		Na_2O_{eq}[j] %	
混和剤②						

細骨材の塩化物量[k]	%	水の区分[l]		目標スラッジ固形分率[m]	%
回収骨材の使用方法[n]	細骨材		粗骨材		

配　合　表[o]　kg/m³

セメント	混和材	水	細骨材①	細骨材②	細骨材③	粗骨材①	粗骨材②	粗骨材③	混和剤①[p]	混和剤②

水セメント比	%	水結合材比[q]	%	細骨材率	%

備考　骨材質量配合割合[r]，混和剤の使用量については，断りなしに変更する場合がある．

解説表 5.3.1 レディーミクストコンクリートの配合計画書の書式（つづき)[1]

アルカリ総量の計算表[s]			
アルカリ総量の計算		判定基準	計算及び判定
コンクリート中のセメントに含まれる全アルカリ量（kg/m³）　R_c $R_c =$（単位セメント量 kg/m³） 　　×（セメント中の全アルカリ量 Na_2O_{eq} : %/100）	① = R_c	—	
コンクリート中の混和材に含まれる全アルカリ量（kg/m³）　R_a $R_a =$（単位混和材量 kg/m³）×（混和材中の全アルカリ量：%/100）	② = R_a	—	
コンクリート中の骨材に含まれる全アルカリ量（kg/m³）　R_s $R_s =$（単位骨材量 kg/m³）×0.53×（骨材中の NaCl の量：%/100）	③ = R_s	—	
コンクリート中の混和剤に含まれる全アルカリ量（kg/m³）　R_m $R_m =$（単位混和剤量 kg/m³）×（混和剤中の全アルカリ量：%/100）	④ = R_m	—	
流動化剤を添加する場合は，コンクリート中の流動化剤に含まれる全アルカリ量（kg/m³）　R_p[t] $R_p =$（単位流動化剤量 kg/m³）×（流動化剤中の全アルカリ量：%/100）	⑤ = R_p	—	
コンクリート中のアルカリ総量（kg/m³）　R_t $R_t =$ ①+②+③+④+⑤	R_t	3.0 kg/m³ 以下	適・否

注記　用紙の大きさは，日本工業規格A列4番（210 mm×297 mm）とする．
注a）本配合の適用期間に加え，標準配合，又は修正標準配合の別を記入する．
　　　なお，標準配合とは，レディーミクストコンクリート工場で社内標準の基本にしている配合で，標準状態の運搬時間における標準期の配合として標準化されているものとする．また，修正標準配合とは，出荷時のコンクリート温度が標準配合で想定した温度より大幅に相違する場合，運搬時間が標準状態から大幅に変化する場合，若しくは骨材の品質が所定の範囲を超えて変動する場合に修正を行ったものとする．
　b）表 B.1 の記号欄の記載事項を，そのまま記入する．
　c）配合設計に用いた材料について記入する．
　d）ポルトランドセメント及び普通エコセメントを使用した場合に記入する．JIS R 5210 の全アルカリ値としては，直近6か月間の試験成績表に示されている．全アルカリの最大値の最も大きい値を記入する．
　e）最新版の混和材試験成績表の値を記入する．
　f）アルカリシリカ反応性による区分，及び判定に用いた試験方法を記入する．
　g）細骨材に対しては，砕砂，スラグ骨材，人工軽量骨材，及び再生細骨材 H では粒の大きさの範囲を記入する．粗骨材に対しては，砕石，スラグ骨材，人工軽量骨材，及び再生粗骨材 H では粒の大きさの範囲を，砂利では最大寸法を記入する．
　h）細骨材に対しては粗粒率の値を，粗骨材に対しては，実積率又は粗粒率の値を記入する．
　i）砕石及び砕砂を使用する場合に記入する．
　j）最新版の混和剤試験成績表の値を記入する．
　k）最新版の骨材試験成績表の値（NaCl として）を記入する．
　l）回収水のうちスラッジ水を使用する場合は，"回収水（スラッジ水）"と記入する．
　m）スラッジ水を使用する場合に記入する．目標スラッジ固形分率とは，3％以下のスラッジ固形分率の限度を保証できるように定めた値である．また，スラッジ固形分率を1％未満で使用する場合には，"1％未満"と記入する．
　n）回収骨材の使用方法を記入する．回収骨材置換率の上限が5％以下の場合は"A方法"20％以下の場合は"B方法"と記入する．
　o）人工軽量骨材の場合は，絶対乾燥状態の質量で，その他の骨材の場合は表面乾燥飽水状態の質量で表す．
　p）空気量調整剤は，記入する必要はない．
　q）高炉スラグ微粉末などを結合材として使用した場合にだけ記入する．
　r）全骨材の質量に対する各骨材の計量設定割合をいう．
　s）コンクリート中のアルカリ総量を規制する抑制対策の方法を講じる場合にだけ別表に記載する．
　t）購入者から通知を受けたアルカリ量を用いて計算する．

5.4 製造・運搬および受入れに関する協議

> a．コンクリートの製造および運搬については，コンクリートの施工計画に基づいてレディーミクストコンクリートの生産者と協議し，下記の事項を定める．
> (1) コンクリートの種類，呼び強度，スランプまたはスランプフロー，粗骨材の最大寸法の組合せ別の打込み量
> (2) コンクリートの打込み場所，打込み時期および打込み速度
> (3) コンクリートの運搬時間の限度
> (4) 練混ぜ水としてスラッジ水が使用されている場合は，レディーミクストコンクリート工場のスラッジの濃度の管理記録を確認する．スラッジの濃度の管理が十分でないと考えられる場合には，生産者と協議してスラッジ水は使用しない．
> (5) JASS 5 に規定する計画供用期間の級が長期または超長期のコンクリート，高流動コンクリートおよび高強度コンクリートの場合には，生産者と協議して回収水を使用しない．
> (6) 骨材として回収骨材が使用されている場合は，レディーミクストコンクリート工場の回収骨材の管理記録を確認する．回収骨材の管理が十分でないと考えられる場合には，生産者と協議して回収骨材は使用しない．
> (7) JASS 5 に規定する計画供用期間の級が長期または超長期のコンクリート，高流動コンクリートおよび高強度コンクリートの場合には，生産者と協議して回収骨材を使用しない．
> (8) その他必要な事項
>
> b．コンクリートの受入れについては，コンクリートの品質管理計画に基づいてレディーミクストコンクリートの生産者と協議し，下記の事項を定める．
> (1) コンクリートの受入検査の項目，時期・回数，方法および結果の判定方法
> (2) コンクリートの圧縮強度の検査ロットの大きさ，供試体の採取方法
> (3) コンクリートの塩化物量の検査場所および検査機器
> (4) 指定事項のうち JIS A 5308 に規定していない検査の種類および方法

　ａ．施工者はコンクリートの施工計画に基づき，(1)～(3) の事項についてあらかじめ生産者と協議して定め，コンクリートの製造・運搬に支障がないことを確認しておく．

　現在の JIS A 5308 では，環境に配慮したレディーミクストコンクリート規格とするため，再生骨材 H の使用，スラッジ水の利用の促進，回収骨材の利用の促進，ドラムに付着したモルタルの適用範囲の拡大などを図れるようになっている．5.2 e．⑥の水の区分では，呼び強度が 36 以下のレディーミクストコンクリートにスラッジ水を使用することは協議事項から除外され，生産者は購入者と協議しないでスラッジ水を使用できるようになっている．このため，呼び強度 36 以下のコンクリートについては，(4) に示すように，スラッジ固形分率 3 ％以下のスラッジ水の使用の有無およびスラッジ濃度の管理記録を確認することとした．JIS A 5308 では，解説表 5.4.1 に示すスラッジ水の濃度管理方法が規定されているので，施工者は，スラッジ水を使用する場合は，工場のスラッジ水の管理システムやスラッジ水の管理記録を調査し，スラッジ濃度の管理が十分でないと判断された場合は，生産者と協議してスラッジ水を使用しないこととした．

解説表 5.4.1　スラッジ水の濃度管理方法（JIS A 5308-2014）[1]

濃度調整方法	貯蔵槽	濃度の測定方法	測定頻度	精度の確認	
				頻度（JIS Q 1011）	方法[1]
1) バッチ濃度調整方式	スラッジ水貯留槽とスラッジ水濃度調整槽が必要	自動濃度計	1回/日　以上，かつ，濃度調整の都度	1回/日　以上	JIS A 5308附属書C，またはZKT-105
		単位容積質量方式			
		密度法（手動）		1回/6か月以上	ZKT-104
2) 連続濃度測定方式	スラッジ水貯留槽だけでもよい	自動濃度計	毎バッチ	1回/日　以上	JIS A 5308附属書C，またはZKT-105

［注］(1) 全国生コンクリート工業組合連合会編：スラッジ水を練混ぜ水に用いる品質管理指針（2003年6月）[3]

(5) については，計画供用期間の級が長期のとき，JIS A 5308 では回収水を使用できる強度の範囲（呼び強度 36 以下）であっても JASS 5 では回収水を使用できない強度の範囲（呼び強度 33 以上）に入る場合があることから，回収水の使用に対する協議が必要となる．

(6) および (7) については，JIS A 5308 の 8.5.e に規定されるように，軽量コンクリートおよび高強度コンクリートには回収骨材を用いないと定められている．回収骨材の使用は JIS A 5308 の 2014 年の改正において盛り込まれたものであり，現時点では建築構造物への使用実績がほとんどなくその影響が不明であることから，計画供用期間の級が長期または超長期のコンクリート，高流動コンクリートおよび高強度コンクリートの場合には，生産者と協議して回収骨材を使用しないこととした．

以上のような区分をふまえて，計画供用期間の級が長期および超長期など，特殊な品質を必要とするコンクリートの発注に際しては，生産者と回収水および回収骨材を使用しないことについて協議しておく必要がある．なお，実際の日程や打込み数量は工事の進捗によって変わるので，その時点で再度協議し，調整する．

b．施工者は，3章で計画したコンクリートの受入検査に関して生産者と協議し，その実施方法を定めておく．特に JIS A 5308 に規定していない項目については，試験・検査の方法を十分に打ち合わせて決めておく．

5.5　レディーミクストコンクリートの発注

> a．レディーミクストコンクリートは，5.1～5.4 節に基づいて発注する．
> b．複数のレディーミクストコンクリート工場にコンクリートを発注する場合は，その使い分けを明確に定める．
> c．レディーミクストコンクリートの購入の契約にあたっては，発注書を作成する．

a．レディーミクストコンクリートは，5.1～5.4 節で述べたように，「コンクリートの種類・品質の指定」，「コンクリートの調合の確認」，「製造・運搬および受入れに関する協議」が終了した後に発注する．なお，JIS マーク表示製品の場合には，コンクリートの調合の決定に際して原則とし

て試し練りを省略することができる．

　b．コンクリートの打込み量によっては，1つのレディーミクストコンクリート工場だけでは供給できない場合がある．複数の工場を使用する場合には，トレーサビリティの観点から同一打込み工区に複数の工場のコンクリートが打ち込まれないように配慮して発注しなければならない．

　c．レディーミクストコンクリートの購買の契約にあたっては，文書（発注書）を作成しなければならない．なお，その際に未使用のコンクリートの処置についても決めておく．

参 考 文 献
1) JIS A 5308：レディーミクストコンクリート，2014
2) 日本建築学会：建築工事標準仕様書・同解説　JASS 5 鉄筋コンクリート工事，2009
3) 全国生コンクリート工業組合連合会：スラッジ水を練混ぜ水に用いる品質管理指針，2003.6

6章　レディーミクストコンクリートの製造の管理

6.1　総　　則

> a．レディーミクストコンクリートの生産者は，荷卸し地点におけるコンクリートの品質を保証するために，コンクリートの材料，配合，材料の計量・練混ぜ・積込み・運搬などの製造工程，製品および設備について，十分な品質管理を行わなければならない．
> b．施工者は，レディーミクストコンクリートの生産者に製造工程，製品および設備についての品質管理の結果の提示を求め，所定の品質のコンクリートが製造されていることを確認する．また，必要に応じて立入検査を行う．

a．b． JIS A 5308（レディーミクストコンクリート）の規定に適合するコンクリートは，荷卸し地点におけるコンクリートの品質を保証するため，JIS Q 1001（適合性評価—日本工業規格への適合性の認証——般認証指針）およびJIS Q 1011（適合性評価—日本工業規格への適合性の認証—分野別認証指針（レディーミクストコンクリート））に規定された製品管理，原材料管理，製造工程管理および設備管理に基づき，コンクリートの製造が行われていなければならない．

生産者が行う品質管理は，(1) 使用材料の管理，(2) コンクリートの製造の管理（工程管理），(3) 製造設備および試験機器・設備の管理，(4) 運搬の管理，(5) 製品の検査（荷卸し検査）に大きく分けられる．これらはいずれも重要な管理であるが，特に，川上での管理という意味で (1) と (2) の管理を常日頃よりしっかり行うことが大切である．また，それらの管理の結果としての製品の品質検査を定期的に実施し，検査結果をただちにフィードバックすることが重要である．解説図6.1.1にレディーミクストコンクリート工場の製造工程フローを示す．

レディーミクストコンクリートを使用する場合，使用材料の選定や品質検査はコンクリートの生産者が行うことになるので，通常，生産者はコンクリートの納入に先立って，製造に用いる材料および調合，コンクリートに含まれる塩化物含有量の限度ならびにアルカリ骨材反応抑制対策の方法を施工者に提出，報告する．施工者は，生産者から提出された試験成績書および配合計画書によって，使用材料の種類・品質が設計図書および工事監理者の承認を受けた規定に適合しているかどうかを確認する．

製造されたコンクリートの品質は荷卸し地点における受入検査によって確認することができるが，これは最終の結果であり，不具合が生じた場合の対応は後手になるおそれがある．このため，製造の中間工程における管理状態を把握することが必要かつ重要である．

レディーミクストコンクリートの生産者はJIS A 5308の8.7「品質管理」によってコンクリートの品質を保証するために必要な品質管理を行っており，施工者は品質管理試験の結果の提示を生産者に要求することができる．さらに，これら品質管理試験の結果が各規定に適合していることを確認することはもちろんのこと，必要に応じて，立入検査を行い，適否を確認しなければならない．

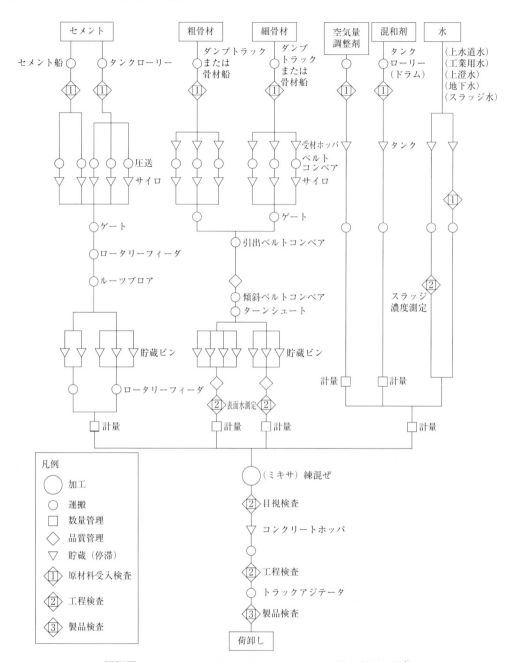

解説図 6.1.1 レディーミクストコンクリート工場の製造工程[1]

6.2 コンクリートの材料の管理

a．コンクリートの材料の受入れおよび品質管理のための試験・検査は，表6.1を標準とする．

表 6.1　使用材料の試験・検査

材料	管理項目	品質特性	試験・検査方法	試験・検査頻度	備　考
セメント	種類	種類，製造業者および出荷場所	社内規定との照合	入荷のつど	納入伝票
セメント	品質	JISに規定する品質項目	JIS R 5201, 5202, 5203, 5204	1回以上/月	製造会社の試験成績書で確認
セメント		圧縮強さ	JIS R 5201	1回以上/6か月	―
骨材	種類	種類，納入業者または製造（生産）業者	社内規定との照合	入荷のつど	納入伝票で確認
骨材	外観	―	目視	入荷のつど	異物混入の有無等を確認
骨材	JISマークの確認	―	目視	入荷のつど	JISマーク表示製品の骨材は，下記管理項目を成績書で確認 JISマーク表示製品以外の骨材は，下記管理項目の品質特性を確認
骨材	密度	絶乾密度 表乾密度	JIS A 1109, 1110, 1134, 1135	1回以上/月	人工軽量骨材およびスラグ骨材は絶乾密度に限定
骨材	吸水率	吸水率	JIS A 1109, 1110, 1134, 1135	1回以上/月	―
骨材	粒度	粒度	JIS A 5308 附属書A（規定）	1回以上/月	―
骨材		隣接するふるいに留まる量	JIS A 5005	1回以上/月	砕砂に適用
骨材	粗粒率	粗粒率	JIS A 1102	1回以上/月	―
骨材	粒形判定実積率	実積率	JIS A 1104	1回以上/月	砕石2005および砕砂に適用
骨材	有害物	有機不純物	JIS A 1105	1回以上/月	天然骨材の砂および人工軽量骨材に適用
骨材		粘土塊量	JIS A 1137	1回以上/月	天然骨材および人工軽量骨材に適用
骨材		微粒分量	JIS A 1103	1回以上/月（微粒分の多い砂：1回以上/週）	人工軽量粗骨材は適用外
骨材	単位容積質量	単位容積質量	JIS A 1104	1回以上/月	スラグ骨材に適用
骨材	アルカリ骨材反応	アルカリシリカ反応	JIS A 1145, 1146, 5021	1回以上/6か月	高炉スラグおよび再生骨材Hは適用外

	細骨材塩化物量	NaCl含有量	JIS A 5002	1回以上/12か月（塩化物量の多い砂：1回以上/週）	天然骨材・砂，銅スラグ，人工軽量骨材に適用
	すりへり減量	すりへり減量	JIS A 1121	1回以上/月	砕石に適用
	安定性	安定性	JIS A 1122	1回以上/月	砕石，砕砂および天然骨材に適用
	浮粒率	軽量粗骨材の浮粒率	JIS A 1143	1回以上/月	人工軽量粗骨材に適用
水	水質	JIS A 5308 附属書C（規定）に規定する品質	JIS A 5308 附属書C（規定）	1回以上/12か月	上水道水は適用外
混和材料	フライアッシュ	JIS A 6201に規定する品質	JIS A 6201に規定する方法	1回以上/月	試験成績表により確認
	膨張材	JIS A 6202に規定する品質	JIS A 6202に規定する方法	1回以上/月	試験成績表により確認
	化学混和剤	JIS A 6204に規定する品質	JIS A 6204に規定する方法	1回以上/6か月	試験成績表により確認
	防せい剤	JIS A 6205に規定する品質	JIS A 6205に規定する方法	1回以上/3か月	試験成績表により確認
	高炉スラグ微粉末	JIS A 6206に規定する品質	JIS A 6206に規定する方法	1回以上/月	試験成績表により確認
	シリカフューム	JIS A 6207に規定する品質	JIS A 6207に規定する方法	1回以上/月	試験成績表により確認
	上記以外の混和材料	銘柄（種類を含む）	目視	入荷のつど	納入伝票
		品質	試験成績表により確認	1回以上/月	塩化物イオン量および全アルカリ量は必ず確認

b．施工者は，コンクリートの工事開始前および工事中適宜，コンクリートの材料の受入検査の結果の提示を求め，所定の品質の材料であることを確認する．

　a．コンクリートの品質を管理する上で最も重要なことの1つとして使用材料の品質管理がある．表6.1は使用材料の受入時に定期的に行うべき試験であり，その結果が解説表6.2.1の品質を満足するように管理しなければならない．表6.1，解説表6.2.1および表6.2にあるJASS 5 TおよびJISの表題は，解説表6.2.2に示すとおりである．

　骨材の品質で，反応性についてはJIS A 5308の附属書A（規定）でアルカリシリカ反応性による区分を定め，その結果によって区分Aと区分Bに分けている．区分Aは試験の結果が無害と判定されたものであり，区分Bは試験の結果が無害でないと判定されたもの，またはこの試験を行っていないものである．施工者は，使用骨材の全部または一部に区分Bの骨材を使用する場合，JIS A 5308の附属書B（規定）によりアルカリ骨材反応の抑制方法について，生産者と協議して，抑制対策の方法を指定する．

　練混ぜ水は，JIS A 5308の附属書C（規定）に品質基準が示されている．水は，上水道水，上水

道水以外の水および回収水の3種類に区分され，上水道水は試験を行わずに使用できるが，上水道水以外の水および回収水は解説表6.2.1の（3）練混ぜに用いる水に示した品質基準に適合したものでけなれば使用できない．

　混和材料は，フライアッシュ，膨張材，化学混和剤，防せい剤，高炉スラグ微粉末，シリカフュームなど種類が多く，その使用方法や効果もそれぞれ異なるので，施工者は品質や使用実績をよく確認した後，コンクリートや鋼材に悪影響を及ぼさないものを選定し，その使用に際してはあらかじめ生産者に指定しなければならない．また，耐久性確保の観点から塩化物含有量の少ないものを選定することが望ましい．

　b．施工者は，レディーミクストコンクリート工場から提示された材料の試験結果が要求条件に適合していることを確認する．提示された材料の試験結果が要求条件に適合しないときは，該当工場からの納入をただちに停止し，必要な対策を立案し，工事監理者の承認を得て生産者に指示する．

解説表 6.2.1 使用材料の種類および品質規定

(1) セ メ ン ト
　JIS R 5210（ポルトランドセメント），JIS R 5211（高炉セメント），JIS R 5212（シリカセメント），JIS R 5213（フライアッシュセメント），JIS R 5214（普通エコセメントに限定）による．

(2) 骨　　材
　① 有害量のごみ，土，有機不純物などを含まず，耐火性および耐久性を有するもの．
　② 砂，砂利の品質

骨材の種類＼試験項目	絶乾密度[1] g/cm³	吸水率[1] %	粘土塊量 %	微粒分量試験によって失われる量 %	有機不純物	塩化物（NaClとして）[2] %
砂	2.5 以上	3.5 以下	1.0 以下	3.0 以下	標準色液または色見本の色より淡い	0.04 以下
砂利	2.5 以上	3.0 以下	0.25 以下	1.0 以下	—	—

[注]（1）購入者の承認を得て，砂，砂利とも絶乾密度は 2.4 g/cm³ 以上，吸水率は 4.0 % 以下とすることができる．
　　（2）0.04 % を超すものについては購入者の承認を得るものとする．ただし，その限度は 0.1 % とする．

　③ 砂・砂利の標準粒度

骨材の種類			ふるいを通るものの質量分率（%）ふるいの呼び寸法（mm）										
			50	40	30	25	20	15	10	5	2.5	1.2	0.6	0.3	0.15
砂利	最大寸法 mm	40	100	95〜100	—	—	35〜70	—	10〜30	0〜5	—	—	—	—	—
		25	—	—	100	95〜100	—	30〜70	—	0〜10	0〜5	—	—	—	—
		20	—	—	—	100	90〜100	—	20〜55	0〜10	0〜5	—	—	—	—
砂			—	—	—	—	—	—	100	90〜100	80〜100	50〜90	25〜65	10〜35	2〜10[1]

[注]（1）あらかじめ混合された細骨材にあっては，上限値を 15 % とし，コンクリート製造時に別々に計量されるものについては上限値を 20 % としてよい．ただし，いかなる場合も砂からもたらされるものは 10 % 以下，砕砂からもたらされるものは 15 % 以下でなければならない．なお，フェロニッケルスラグ細骨材，銅スラグ細骨材等密度差の大きい骨材を混合して使用する場合は，容積百分率とする．

　④ 砕石・砕砂　　JIS A 5005（コンクリート用砕石及び砕砂）による．
　⑤ スラグ骨材　　JIS A 5011-1（コンクリート用スラグ骨材-第1部：高炉スラグ骨材），JIS A 5011-2（コンクリート用スラグ骨材-第2部：フェロニッケルスラグ骨材），JIS A 5011-3（コンクリート用スラグ骨材-第3部：銅スラグ骨材），JIS A 5011-4（コンクリート用スラグ骨材-第4部：電気炉酸化スラグ骨材）による．
　⑥ 人工軽量骨材　　JIS A 5002（構造用軽量コンクリート骨材）による．
　⑦ 混合骨材　骨材を混合使用する場合は，混合する前の品質がそれぞれ②〜⑤の規定を満足するものでなければならない．ただし塩化物と粒度については，混合したものの品質が②および③の規定を満足するものとする．

(3) 練混ぜに用いる水

附属書C（規定）表1　上水道水以外の水

項目	品質
懸濁物質の量	2 g/l 以下
溶解性蒸発残留物の量	1 g/l 以下
塩化物イオン（Cl⁻）量	200 mg/l 以下
セメントの凝結時間の差	始発は 30 分以内 終結は 60 分以内
モルタルの圧縮強さの比	材齢 7 日および 28 日で 90 % 以上

附属書C（規定）表2　回収水の品質

項目	品質
塩素イオン量	200 mg/l 以下
セメントの凝結時間の差	始発は 30 分以内 終結は 60 分以内
モルタルの圧縮強さの比	材齢 7 日および 28 日で 90 % 以上

(4) 混和材料
　① 化学混和剤：JIS A 6204（コンクリート用化学混和剤）による．
　② フライアッシュ：JIS A 6201（コンクリート用フライアッシュ），膨張材：JIS A 6202（コンクリート用膨張材），防せい剤：JIS A 6205（鉄筋コンクリート用防せい剤），高炉スラグ微粉末：JIS A 6206（コンクリート用高炉スラグ微粉末）シリカフューム：JIS A 6207（コンクリート用シリカフューム）による．
　① 使用する混和材料は，購入者の承認を受ける．

解説表 6.2.2　材料試験関連 JASS 5 T および JIS 一覧

番　号	名　　称
JASS 5 T-502	フレッシュコンクリート中の塩化物量の簡易試験方法
JIS A 1101	コンクリートのスランプ試験方法
JIS A 1102	骨材のふるい分け試験方法
JIS A 1103	骨材の微粒分量試験方法
JIS A 1104	骨材の単位容積質量及び実積率試験方法
JIS A 1105	細骨材の有機不純物試験方法
JIS A 1108	コンクリートの圧縮強度試験方法
JIS A 1109	細骨材の密度及び吸水率試験方法
JIS A 1110	粗骨材の密度及び吸水率試験方法
JIS A 1111	細骨材の表面水率試験方法
JIS A 1116	フレッシュコンクリートの単位容積質量試験方法及び空気量の質量による試験方法（質量方法）
JIS A 1118	フレッシュコンクリートの空気量の容積による試験方法（容積方法）
JIS A 1121	ロサンゼルス試験機による粗骨材のすりへり試験方法
JIS A 1122	硫酸ナトリウムによる骨材の安定性試験方法
JIS A 1125	骨材の含水率試験方法及び含水率に基づく表面水率の試験方法
JIS A 1128	フレッシュコンクリートの空気量の圧力による試験方法―空気室圧力方法
JIS A 1132	コンクリートの強度試験用供試体の作り方
JIS A 1134	構造用軽量細骨材の密度及び吸水率試験方法
JIS A 1135	構造用軽量粗骨材の密度及び吸水率試験方法
JIS A 1137	骨材中に含まれる粘土塊量の試験方法
JIS A 1143	軽量粗骨材の浮粒率の試験方法
JIS A 1144	フレッシュコンクリート中の水の塩化物イオン濃度試験方法
JIS A 1145	骨材のアルカリシリカ反応性試験方法（化学法）
JIS A 1146	骨材のアルカリシリカ反応性試験方法（モルタルバー法）
JIS A 1150	コンクリートのスランプフロー試験方法
JIS A 1156	フレッシュコンクリートの温度測定方法
JIS A 1802	コンクリート生産工程管理用試験方法―遠心力による細骨材の表面水率試験方法
JIS A 1803	コンクリート生産工程管理用試験方法―粗骨材の表面水率試験方法
JIS A 1806	コンクリート生産工程管理用試験方法―スラッジ水の濃度試験方法
JIS A 5002	構造用軽量コンクリート骨材
JIS A 5005	コンクリート用砕石及び砕砂
JIS A 5011-1	コンクリート用スラグ骨材―第1部：高炉スラグ骨材
JIS A 5011-2	コンクリート用スラグ骨材―第2部：フェロニッケルスラグ骨材

解説表 6.2.2 （つづき）

番　号	名　称
JIS A 5011-3	コンクリート用スラグ骨材―第3部：銅スラグ骨材
JIS A 5011-4	コンクリート用スラグ骨材―第4部：電気炉酸化スラグ骨材
JIS A 5021	コンクリート用再生骨材 H
JIS A 5308	レディーミクストコンクリート
JIS A 6201	コンクリート用フライアッシュ
JIS A 6202	コンクリート用膨張材
JIS A 6204	コンクリート用化学混和剤
JIS A 6205	鉄筋コンクリート用防せい剤
JIS A 6206	コンクリート用高炉スラグ微粉末
JIS A 6207	コンクリート用シリカフューム
JIS R 5201	セメントの物理試験方法
JIS R 5202	ポルトランドセメントの化学分析方法
JIS R 5203	セメントの水和熱測定方法（溶解熱方法）
JIS R 5204	セメントの蛍光X線分析方法
JIS R 5210	ポルトランドセメント
JIS R 5211	高炉セメント
JIS R 5212	シリカセメント
JIS R 5213	フライアッシュセメント
JIS R 5214	エコセメント

6.3 コンクリートの製造の管理

a．コンクリートの製造時の品質管理は，表 6.2 を標準とする．

表 6.2 製造工程における製造時の品質管理試験

工程	管理項目	品質特性	試験・検査方法	試験・検査頻度	備考
調合	細骨材の粗粒率	粒度 粗粒率	JIS A 5308 附属書 A JIS A 1102 または合理的な試験方法	1回以上/日 1回以上/日	—
	粗骨材の粗粒率または実積率	粒度 粗粒率または実積率	JIS A 5308 附属書 A JIS A 1102, 1104, 5002	1回以上/週 1回以上/週	—
	回収細骨材および回収粗骨材の置換率	A方法（5 %以下） B方法（20 %以下）	回収骨材/骨材	1回/管理期間 全バッチ	使用している場合
	スラッジ固形分率およびスラッジ水の濃度	バッチ濃度 連続濃度	JIS A 1806 自動濃度計	1回以上/日・濃度調整つど 使用のつど	使用している場合
	細骨材の表面水率（人工軽量骨材は含水率）	表面水率（人工軽量骨材は含水率）	JIS A 1111, 1125, 1802 または連続測定が可能な簡易試験方法	1回以上/午前・午後（人工軽量骨材：1回以上/使用日，高強度コンクリート：始業前，1回以上/午前・午後）	—
	粗骨材の表面水率（人工軽量骨材は含水率）	表面水率（人工軽量骨材は含水率）	JIS A 1803	必要のつど（人工軽量骨材・再生粗骨材：1回以上/使用日）	—
	単位水量（高強度コンクリートの場合）	単位水量	動荷重（計量値）と骨材の実測表面水率，合理的な試験方法	1回以上/日	—
材料計量	計量精度（動荷重）	計量値の許容差	目視 JIS A 5308	全バッチ 1回以上/月	任意の連続した5バッチ以上
	計量値および単位量の記録	計量値および単位量	JIS A 5308	1回以上/日	
練混ぜ	均一性（外観観察，異物混入）	均一性	目視	全バッチ	—
	スランプ	スランプ	目視 JIS A 1101	全バッチ 1回以上/午前・午後	—
	スランプフロー	スランプフロー	JIS A 1150	1回以上/午前・午後	—
	空気量	空気量	JIS A 1116, 1118, 1128	1回以上/午前・午後	—
	強度	圧縮強度	JIS A 1108, 1132 および JIS A 5308 附属書 E（規定）	1回以上/日	
	コンクリート温度	コンクリート温度	JIS A 1156	1回以上/日	
	塩化物含有量	コンクリートの塩化物量	JIS A 1144 精度が確認された塩分含有量測定器	1回以上/日[1] 1回以上/週[2] 1回以上/月[3]	
	容積	— 単位容積質量	目視 JIS A 1116, 1118, 1128	全バッチ 1回以上/月	—
	単位容積質量	単位容積質量	JIS A 1116	1回以上/日	軽量コンクリート

［注］(1) 海砂・塩化物量の多い砂・海砂利
(2) 注1以外の骨材＋JIS A 6204 Ⅲ種
(3) 注1以外の骨材＋注2以外の混和剤

b．材料計量値は，バッチごとに記録する．この場合，計量値が自動的に印字される自動印字記録が望ましい．
c．施工者は工事中適宜，配合，材料の計量，練混ぜ，積込みおよび運搬の各工程において，レディーミクストコンクリートの生産者が所定の品質管理を実施していることを確認する．また，必要に応じて，計量記録の提示を求める．
d．試験結果が管理基準値に不適合の場合は，原因を調査し，必要な処置を行う．

a．b．レディーミクストコンクリート工場では，定期的な使用材料の品質検査や設備の検査とは別に，日々の品質変動を製造段階で把握することを目的に，表6.2に示す項目について試験を行い，コンクリートの製造管理を行っている．

(1) 調　　合

① 細骨材の粗粒率

管理基準は，「細骨材粗粒率の目標値」±「管理幅」と設定して管理する．管理幅を±0.20とすると，細骨材率の粗粒率の目標値が2.70である場合，2.50～2.90で管理する．

② 粗骨材の実積率

管理基準は，「粗骨材実積率の目標値」±「管理幅」と設定して管理する．管理幅として，粗骨材の実積率の目標値が60％以上では±2％，58％以上60％未満では＋2～－1％，58％未満では±1％とする例がある．

③ 回収骨材

回収骨材とは，戻りコンクリートならびにレディーミクストコンクリート工場で，運搬車，プラントのミキサ，ホッパなどに付着および残留したフレッシュコンクリートを清水または回収水で洗浄し，粗骨材と細骨材とに分級し取り出した骨材で，JIS A 1103による微粒分量が新骨材（コンクリートに使用する前の骨材）の規格基準値を超えないものである．

回収骨材の使用量は，粗骨材および細骨材のそれぞれの新骨材と回収骨材とを合計した全使用量に対する回収骨材の使用量の質量分率，すなわち新骨材と置き換わる質量分率とする置換率で表す．使用方法は，一定の割合で新骨材に添加し，管理期間を通じて置換率が5％以下のA方法と置換率の上限を20％とすることができるB方法の2通りがある．

記載として，配合計画書では回収骨材の使用方法欄にA方法またはB方法，納入書ではA方法の場合は5％以下，B方法の場合は置換率を記入することとなっている．

回収骨材の管理方法は，解説表6.3.1のとおりである．

解説表 6.3.1 回収骨材の管理方法

使用方法	貯蔵	目標置換率	管理期間	管理項目	配合計画書への記入	納入書への記入
A方法	新骨材と混合した後貯蔵など	5％以下	1日を管理期間とし，置換率を管理，記録する．または，出荷量がおよそ100 m³に達する日数を1管理期間とする．	微粒分量が新骨材の管理値を超えないこと	A方法	5％以下
B方法	専用設備に貯蔵	20％以下	使用のつど，計量値を1バッチごとに管理する．		B方法	配合の種別による単位量から求めた置換率

④ スラッジ水の濃度

スラッジ水の使用にあたっては，スラッジ固形分はセメント質量の3％以下と規定している．

このため，管理基準は「スラッジ固形分3％以下」と設定し，3％以下となるようにスラッジ水の濃度および使用量を管理する．なお，スラッジ水の濃度は通常密度から求めているが，1回以上/6か月の JIS A 5308 附属書C（規定）による試験によって確認しておく必要がある．

⑤ 細骨材の表面水率および人工軽量骨材の含水率

細骨材の表面水率および人工軽量骨材の含水率（吸水率＋表面水率）については，測定のつど補正する．細骨材の表面水率の測定にはいくつかの方法があるが，最近では迅速測定方法に基づく測定器が実用に供されている．なお，粗骨材の表面水率は変動幅が小さいので，通常は一定として管理されることが多い．

(2) 材 料 計 量

計量にあたっては，各バッチごとに計量値，ゼロ点を目視確認し，正確な計量作業を行う．動荷重検査は，材料別・計量器別に1回以上/月の頻度で行い，精度の維持を図る．計量誤差は，計量器自体の誤差（静荷重検査による誤差）と，貯蔵ビンの中の材料の状態，計量器に材料を供給するゲートの開閉動作などによって生じる誤差が加算されたものであり，これらについて十分な管理をしておく必要がある．材料の計量値の許容差は，材料別に解説表 6.3.2 のとおりであり，JASS 5，JIS A 5308 およびコンクリート標準示方書とも同値である．

解説表 6.3.2 材料の計量値の許容差（単位：％）

材 料	JASS 5	JIS A 5308	コンクリート標準示方書[2]
セメント	1	1	1
混和材[1]	2	2	2
骨材	3	3	3
水	1	1	1
混和剤（溶液）	3	3	3

［注］(1) ただし，高炉スラグ微粉末は1％

(3) 練混ぜ

① スランプは，全バッチ目視確認を行い，かつ1回以上/午前・1回以上/午後の頻度で測定を行う．管理基準は，「指定スランプ」+「スランプロス」±「許容差」のように定め，荷卸し地点のスランプがJISの許容差に適合するように管理する．1つの数値例を次のように示す．

② 空気量は，1回以上/午前・1回以上/午後の頻度で測定を行う．管理基準は，「指定空気量」+「空気量ロス」±「許容差」のように定め，荷卸し地点の空気量がJISの許容差に適合するように管理する．1つの数値例を次のように示す．

指定空気量		空気量ロス		JIS許容差		
4.5	+	0.5	±	1.5	=	3.5〜6.5 (%)

③ 強度は，コンクリートの品質を保証する上で最も重要な品質特性であり，また原材料の品質，調合，練混ぜおよび運搬などの工程の良否を判断する大きな指標である．

強度試験については，荷卸し地点で行う製品検査と工場で行う工程管理試験とがあり，製造工程における強度試験の目的は，工程の異常を早く発見し，迅速に調合の修正，補正を行って品質を安定させることである．

したがって，工程管理としての強度試験は，出荷量の多い代表的な調合のコンクリートを対象に1回以上/日の頻度で行い，工程の安定や異常発生等を判断しなければならない．

一般的に行われている管理方法として，代表的な呼び強度の強度値による方法，強度比による方法がある．代表的な呼び強度のうち，どの調合のコンクリートを選ぶかは，スランプまたはスランプフローや粗骨材の最大寸法は異なってもよいが，セメント，骨材および混和剤の種類ならびに水セメント比は同一のものとするのが原則である．

通常，管理には管理図を使用し，工程の状態，具体的には平均値と標準偏差を用い，これを中心線と管理限界線に置き換え，強度の推移から工程の適否を評価する．

④ 容積は全バッチを目視により確認する必要があり，通常はウェットホッパに鉄筋製バーなどの印を付け，コンクリート上面と印との関係から容積の過不足を確認している．容積は荷卸し地点で納入書記載の容積を下回ってはならないと規定されているので，上記の目視検査のほか，1回以上/月の頻度で単位容積質量法による検査を行い，容積の管理を行っている．なお，容積検査は，荷卸し地点までの運搬による空気量損失を見込んで単位容積質量を補正すれば，工場出荷時に行うことができる．そのため管理基準は，「練り上がり容積の目標値」±「管理幅」のように定め，計画調合の容積を安全側に割増し，かつ空気量の損失を見込んだ容積を工場出荷時の練上がり容積の目標値と定めている．多くの場合，$1 m^3$ に対して普通コンクリートの場合は $1 015±10 l$，軽量コンクリートの場合は $1 020±15 l$ としている．

⑤ コンクリートの温度は1回以上/日の頻度で測定する．寒中コンクリート，暑中コンクリート，マスコンクリートなどで温度の制限が適用される場合，施工者と生産者は，試験方法，

判定基準等を事前に協議し，出荷日ごとにコンクリートの温度を測定し，管理する．

⑥ 軽量コンクリートで単位容積質量の指定がある場合は，施工者と生産者は，試験方法，判定基準等を事前に協議し，出荷日ごとに単位容積質量を測定し，管理する．

⑦ 塩化物含有量（Cl⁻として）の規定値は，原則として 0.30 kg/m³（購入者が承認した場合 0.60 kg/m³）以下とし，次の頻度で測定する．

・海砂および塩化物量の多い砂ならびに海砂利を使用している場合，再生骨材 H および普通エコセメントを使用している場合……1 回以上/日

・海砂および塩化物量の多い砂ならびに海砂利，再生骨材 H 以外の骨材を使用し，かつ JIS A 6204（コンクリート用化学混和剤）のⅢ種を使用している場合……1 回以上/週

・海砂および塩化物量の多い砂ならびに海砂利，再生骨材 H 以外の骨材を使用し，かつ JIS A 6204（コンクリート用化学混和剤）のⅢ種以外の混和剤を使用している場合……1 回以上/月

塩化物含有量の検査は，工場出荷時でも，荷卸し地点での所定の条件を満足するので，工場出荷時に行うことができる．

⑧ 調合表の各材料の値は，計量印字記録で確認することが望ましい．特に単位水量の管理では，コンステンシーが大きく変化した場合，単位水量も変化したことが考えられるから，その場合は骨材の表面水率のチェックを行い，計量印字記録から逆算して単位水量を求めるとよい．

c．d．レディーミクストコンクリートの生産者は，品質を保証するため，JIS A 5308 の 8.7「品質管理」によって必要な品質管理を行っている．施工者は，必要に応じて計量印字記録を含む品質管理結果を提示させ，所定の品質のコンクリートが生産されていることを確認する．確認の結果，品質管理結果に不適合が発見された場合，納入をただちに停止する．ただし，その後の調査により，原因が特定でき，対策・再発防止策が適切に講じられ，要求条件に適したコンクリートの生産が確認された場合は，納入停止を解除することができる．

6.4 製造設備および試験機器・設備の管理

a．製造設備の管理は，表 6.3 を標準とする．

表 6.3 主な設備管理試験

設 備	管理項目	試験方法	試験回数	備 考
材料計量装置	計量装置精度	静荷重試験	1 回以上/6 か月	同時に配合設定装置，表面水補正装置，容量変換装置も併せてチェックする
ミキサ	練混ぜ性能	JIS A 1119	1 回以上/12 か月	—
運搬車	アジテータの性能	JIS A 5308 8.1.4	1 回以上/3 年	—

b．試験設備・機器類の管理は，次の項目について行う．

(1) 骨材試験用器具
(2) コンクリートの試験用器具・機械
　① 試し練り試験器具
　② 供試体用型枠
　③ 恒温養生水槽
　④ 圧縮強度試験機
　⑤ スランプ測定器具
　⑥ スランプフロー測定器具（高強度コンクリートの場合）
　⑦ 空気量測定器具
　⑧ 塩化物含有量測定器具または装置
　⑨ 容積測定装置・器具
　⑩ ミキサの練混ぜ性能試験用器具
(3) スラッジ水の濃度測定器具または装置
c．コンクリートの圧縮試験機は，精度の検査を1回以上/12か月の頻度で行わなければならない．
d．点検，校正を行う機器については，点検項目，点検周期，点検方法，判定基準，点検後の処置を定めて，精度の維持を図らならければならない．
e．施工者は，必要に応じて，製造設備および試験設備・機器類の管理が適切に実施されていることを確認する．

　a．レディーミクストコンクリート工場の主要な製造設備は，解説図6.4.1に例示するように次のものがある．
(1) セメント貯蔵設備
(2) 骨材の貯蔵設備および運搬設備
(3) 混和材料貯蔵設備
(4) バッチングプラント
　① 貯蔵びん
　② 材料計量装置
(5) ミキサ
(6) コンクリート運搬車
(7) 洗車設備

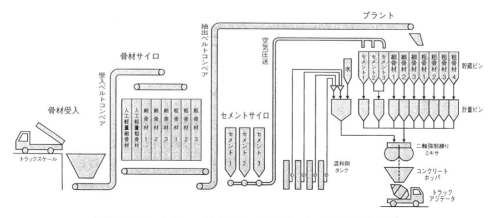

解説図6.4.1 レディーミクストコンクリートの製造設備の例[3]

これらの製造設備については，JIS A 5308 に規定された品質を確保するのに必要な性能を有するものであることが規定されている．主な製造設備の管理試験は表 6.3 に示したとおりであるが，具体的な管理方法を定め，それに基づいて適切に実施することが大切である．

① 材料計量装置

材料を計量するときの誤差は，計量器自体による誤差と貯蔵ビンの材料を計量器に供給するときのゲートの開閉動作などによって生じる誤差が加算されたものであり，JIS A 5308 で規定している材料の計量値の許容差は，この両者を合わせたものである．レディーミクストコンクリート工場では，多種類のコンクリートを製造しているので一般に前者に比べて後者の誤差のほうが大きくなりやすく，各材料の計量誤差を常に規定値の範囲内に収めるためには，計量設備のすべてにわたって定期的に点検・調整を行って管理する必要がある．

計量器自体の誤差を検査するのが静荷重検査である．静荷重検査では，分銅，電気式検定器などを用い，各計量器の検査を行っている．判定基準は，解説表 6.4.1 に示す計量法による使用公差以内としている．

材料計量装置はレディーミクストコンクリート工場の最も主要な設備の 1 つであり，その管理はコンクリートの品質管理および材料使用量の管理の上でも最も重要である．したがって，1 回以上/6 か月の頻度で静荷重検査を行って計量装置自体の精度を確保することが重要である．また，計量器の制御装置には各種の補正装置（例えば，表面水補正装置，容量変換装置等）が付帯しているので併せて検査する．

② ミキサ

レディーミクストコンクリート工場では，強制練りおよび可傾式タイプのミキサが多く，容量でもいろいろの種類のものが使用されている．ミキサの性能は JIS A 1119（ミキサで練り混ぜたコンクリート中のモルタルの差および粗骨材量の差の試験方法）によって確認する．この試験は，練混ぜ直後のコンクリートの 2 か所から試料を採取し，下記の値以下であればコンクリートは均等に練り混ぜられているものとしている．

・コンクリート中のモルタルの単位容積質量差……0.8 %
・コンクリート中の単位粗骨材量の差……5 %

均質なコンクリートを得るための練混ぜ時間は，ミキサの型式，容量，性能，コンクリートの種類，スランプなどによって異なる．したがって，コンクリートの種類，スランプに応じて練混ぜ量や練混ぜ時間を変えてミキサの練混ぜ性能試験を行い，均質なコンクリートが得られる時間を求める．スランプ別に練混ぜ時間および練混ぜ量を定める場合は，解説図 6.4.2 に示すように性能試験における試験値の変動，使用中の性能低下などを考慮して定める必要がある．ミキサの性能が維持されているかどうかは，1 回以上/12 か月の頻度で確認しておく必要がある．

③ 運搬車（トラックアジテータ）

コンクリートの運搬車には，運搬中にコンクリートの均一性を保持できるようなかく

解説表 6.4.1 計量法による検定公差[1]と使用公差[2]

計量法（平成 22 年（2010 年）9 月 1 日以降の製造が適用）

精度等級	目量等で表した質量の値	検定公差[1]	使用公差[2]
1 級	0 以上 50 000 以下	目量等の 0.5 倍	目量等
	50 000 を超え 200 000 以下	目量等	目量等の 2 倍
	200 000 を超えるもの	目量等の 1.5 倍	目量等の 3 倍
2 級	0 以上 5 000 以下	目量等の 0.5 倍	目量等
	5 000 を超え 20 000 以下	目量等	目量等の 2 倍
	20 000 を超え 100 000 以下	目量等の 1.5 倍	目量等の 3 倍
3 級	0 以上 500 以下	目量等の 0.5 倍	目量等
	500 を超え 2 000 以下	目量等	目量等の 2 倍
	2 000 を超え 10 000 以下	目量等の 1.5 倍	目量等の 3 倍
4 級	0 以上 50 以下	目量等の 0.5 倍	目量等
	50 を超え 200 以下	目量等	目量等の 2 倍
	200 を超え 1 000 以下	目量等の 1.5 倍	目量等の 3 倍

計量法（平成 22 年（2010 年）8 月 31 日以前の製造が適用，使用期限の制限はない．）

精度等級	目量等で表した質量の値	検定公差[1]	使用公差[2]
H 級	0 を超え 2 000 以下	目量等の 0.5 倍	検定公差の 2 倍
	2 000 を超え 10 000 以下	目量等	
	10 000 を越えるもの	0.01 %	
M 級	0 を超え 500 以下	目量等の 0.5 倍	
	500 を超え 2 000 以下	目量等	
	2 000 を超え 10 000 以下	目量等の 1.5 倍	
O 級	0 を超え 50 以下	目量等の 0.5 倍	
	50 を超え 200 以下	目量等	
	200 を超え 1 000 以下	目量等の 1.5 倍	

［注］(1) 検定公差：特定計量器検定検査規則第 182 条　(2) 使用公差：特定計量器検定検査規則第 212 条

（撹）拌性能をもったトラックアジテータが用いられている．コンクリートの均一性の試験は，積荷のおよそ 1/4 と 3/4 のところからそれぞれ試料を採取してスランプ試験を行い，その差を調べることによって積み込んだコンクリートを均一に維持しうるかどうかを判定するもので，1 回以上/3 年の頻度で検査を行い，スランプの差は 3 cm 以内としている．かく（撹）拌性能が悪くなる原因として，ブレードの摩耗のほかにドラム内部へのコンクリートの付着があげられる．したがって，定期的にブレードの摩耗およびドラム内のコンクリートの付着の程度を確認し，ブレードの交換・補修，付着コンクリートのはつりなど，

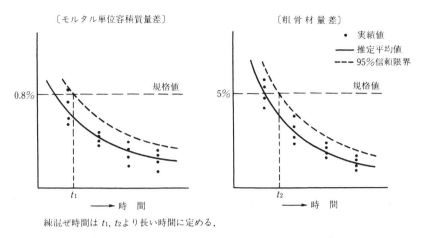

解説図 6.4.2 ミキサの練混ぜ時間の決定モデル[4]

適切な処置を行い，かく（撹）拌性能の維持に努める．
　b．生産者は，品質管理試験を行うために，下記の試験設備・機器類を備えなければならない．
(1) 骨材試験用器具
(2) コンクリート試験用器具・機械
　① 試し練り試験器具
　② 供試体用型枠
　③ 恒温養生水槽
　④ 圧縮強度試験機
　⑤ スランプ測定器具
　⑥ スランプフロー測定用器具（高強度コンクリートの場合）
　⑦ 空気量測定用器具
　⑧ 塩化物含有量測定器具または装置
　⑨ 容積測定装置・器具
　⑩ ミキサの練混ぜ性能試験用器具
(3) スラッジ水の濃度測定器具または装置

　工場に備えるべき試験設備は，試験室の規模，製造能力，工場の特性などによって異なるが，JIS A 5308 で規定する試験の実施に必要な試験機器を完備するのが一般的である．骨材試験用器具には骨材の密度，吸水率，表面水率，ふるい分け，洗い試験で失われるもの，有機不純物，単位容積質量等の器具がある．試験にあたっては一部または全部を第三者試験機関に依頼してもよいことになっているが，その場合でも骨材の粒度・粗粒率，実積率および表面水率の試験用器具は備えていることになっている．
　c．圧縮強度試験機は 1 000 kN 以上のもので，その精度の検査は 1 回以上／12 か月の頻度で行い，原則として第三者試験機関に依頼する．
　d．点検，校正を行う機器については，点検項目，点検周期，点検方法，判定基準，点検後の処

置を定めて精度の維持を図らねばならない．

　試験設備・機器類は，必要な性能および精度を保持するために，定期的に点検・修理，点検・校正などを行って適切な管理をする必要があり，工場はそれぞれの機器について社内規格で具体的に管理基準を定め，かつこれに基づいて適切に管理しなければならない．

　主な試験用機器の点検項目は，下記のとおりである．
　　① 供試体用型枠……………寸法および平面度
　　② 恒温養生水槽……………温度 20 ± 2 ℃
　　③ 圧縮強度試験機…………相対誤差
　　④ 空気量測定器具…………圧力計目盛のキャリブレーション
　　⑤ 塩分含有量測定器………相対誤差

　ｅ．施工者は，必要に応じ，設備点検記録および校正記録などの提示を求め，これらの管理が適切に行われていることを確認する．

6.5　運搬の管理

> ａ．施工者は，施工計画に基づいてレディーミクストコンクリートの生産者と協議し，コンクリートの受入計画を定める．
> ｂ．レディーミクストコンクリートの生産者は，施工者の受入計画に基づいて配車計画を立て，運搬の管理を行う．
> ｃ．コンクリートの運搬時間は，JIS A 5308 の規定に基づく練混ぜの開始から指定された場所までの運搬に要する時間のほかに，到着後に荷卸しを開始するまでの待ち時間，荷卸しに要する時間，場内運搬に要する時間，打込み・締固めに要する時間などを考慮した打込み終了までの時間の限度の規定も満足するよう，レディーミクストコンクリートの生産者と協議して定める．
> 　運搬時間の限度が JIS A 5308 の規定と相違する場合には，レディーミクストコンクリートの配合計画書の備考欄に変更した時間の限度を記載する．
> ｄ．コンクリートの積込み前にドラム内の残水を排出する．また，荷卸し前および荷卸し中のコンクリートへ加水してはならない．

　ａ．施工者は，施工計画に基づいた受入条件を生産者に提示し，生産者と協議の下，コンクリートの受入計画を作成する．施工者の受入条件が明確になれば円滑にコンクリートが納入され，荷卸し時のコンクリートの品質変動も低減する．

　ｂ．生産者は，コンクリートの納入にあたって，施工者の受入計画にある諸事項を反映した配車計画を作成し，運搬の管理に当たる．運搬車の過不足は，いずれのケースも施工不良の原因となり得る．例えば，運搬車の荷卸し地点への到着が遅れるとコンクリートの打重ねに不具合が生じたり，逆に運搬車が多すぎても荷卸し地点に何台も待機し，荷卸しまでの時間が長くなることで品質変動を来たし，施工上の不具合が発生する原因となる．

　ｃ．JASS 5 では，コンクリートの練混ぜの開始から打込み終了までの時間の限度を規定しているので，施工者は，JIS A 5308 でいう運搬時間（コンクリートの練混ぜ開始から運搬車の荷卸し地点到着までの時間）と運搬車の荷卸し地点到着からコンクリートの打込み終了までの時間をもって，

JASS 5 に規定されているコンクリートの運搬時間の限度を超えないよう，管理に当たらなければならない．JIS A 5308 でいう運搬時間の管理は，レディーミクストコンクリート納入書の納入時刻欄記載の発着時間をもって行い，生産者と協議した運搬時間が JIS A 5308 の規定と異なる場合，生産者は，変更した運搬時間を備考欄に記載した配合計画書を施工者に提出する．

　d．運搬車のドラム内の残水は，コンクリートの品質低下の原因となるので，始業点検時およびコンクリートの積込前には必ず完全に排出されていることを確認しておく必要がある．また，コンクリートの荷卸しの前，または荷卸し中に注水することも同様に品質低下を招くので，このような加水は絶対に行わせてはならない．なお，荷卸し後も路上でのドラム洗浄のための注水は，誤解を招く原因となるので，絶対に行わせないことを確認する．

6.6　レディーミクストコンクリートの製品の検査

a．レディーミクストコンクリートの製品検査は，荷卸し地点で行う．
b．製品の検査は，表 6.4 を標準とする．

表 6.4　荷卸し地点における製品の品質管理試験

工　程	管理項目	品質特性	試験方法	試験回数	備　考
製品検査	製品の品質	スランプまたはスランプフロー	JIS A 1101，1150	必要に応じ適宜	—
		空気量	JIS A 1116，1118，1128	必要に応じ適宜	—
		強度	JIS A 1106，1108，1132，5308 附属書 E（規定）	1 回/150 m^3，高強度コンクリート 1 回/100 m^3 を標準	—
		塩化物含有量（Cl$^-$ として）	JIS A 1144 精度が確認された塩分含有量測定器	適宜	工場出荷時でも可

　a．b．荷卸し地点における検査には，生産者が行う製品検査と施工者が行う受入検査があり，両者が荷卸し地点で行う検査の目的は異なり，検査ロットに関する考え方も異なる．

　生産者が行う製品検査は，JIS A 5308 の規定に基づいて荷卸し地点で行われる品質検査のことを指し，運搬工程を含む最終地点の製品について検査を行うものであり，検査結果の裏付けによって納入した製品の品質を保証することを目的とし，製造工程全般の管理という観点から検査ロットの大きさを考えている．一方，施工者が行う受入検査は，納入された製品が施工者の指定した製品であるか判定することを目的とし，対象が現場単位という観点から検査ロットの大きさを考えるものである．

　生産者が行う製品検査の項目は，JIS Q 1011 により，スランプまたはスランプフロー，空気量，強度，塩化物含有量が規定され，試験回数は JIS A 5308 により，スランプまたはスランプフローおよび空気量については必要に応じて適宜検査を行い，強度については同一呼び強度（同一の $C/W \sim F$ 関係式）ごとに累積し，標準として 150 m^3（高強度コンクリートは 100 m^3）ごとに 1 回試

験を行い，450 m³（高強度コンクリートは 300 m³）ごとの 3 回の試験結果をもって 1 検査ロットの合否判定を行っている．なお，コンクリート中に含まれる塩化物含有量の検査は，JIS A 5308 により，工場出荷時に行うことができる．製品検査項目の判定基準は，解説表 6.7.1 に示すとおりである．

6.7 製品検査結果の保管および集計

a．レディーミクストコンクリートの生産者は，試験および検査の結果を所定の期間保存する．
b．製品検査の結果は，コンクリートの種類別に集計・整理し，コンクリートの製造管理に反映させる．

a．b．生産者には，製品，原材料，工程，設備，外注，苦情といった項目の記録類について，JIS Q 1011 で必要な期間，適切に保存することが要求されている．このため生産者は，記録類の重要度に応じ，記録ごとに保存期間を定め，管理に当たらなければならない．

例えば，社内規格，アルカリシリカ反応性，配合設計（基礎資料も含む），苦情処理の保存期間は永久，製品管理，原材料管理，工程管理等は保存期間を 5 年としているケースが一般的であるが，製品管理について瑕疵担保期間を意識し，10 年間保存するのがよい．

解説表 6.7.1 製品検査項目と判定基準

品質特性	判定基準		
スランプ	スランプ（cm）	許容差（cm）	
	2.5	± 1	
	5 および 6.5	± 1.5	
	8 以上 18 以下	± 2.5	
	21	± 1.5[(1)]	
スランプフロー	スランプフロー（cm）	許容差（cm）	
	50	± 7.5	
	60	± 10	
空気量	コンクリートの種類	空気量（%）	許容差（%）
	普通コンクリート	4.5	± 1.5
	軽量コンクリート	5.0	
	舗装コンクリート	4.5	
	高強度コンクリート	4.5	
塩化物含有量	塩化物イオン（Cl⁻）量として 0.30 kg/m³ 以下	上限値の指定があった場合は，その値とする．	購入者の承認を受けた場合には，0.60 kg/m³ 以下とすることができる．
強度	1）1 回の試験結果は購入者が指定した呼び強度の強度値の 85 % 以上 2）3 回の試験結果の平均値は購入者が指定した呼び強度の強度値以上		

［注］（1） 呼び強度 27 以上で高性能 AE 減水剤を使用する場合は，± 2 とする．

品質管理のねらいは，
① 問題点の発見，対策，改善，標準化，維持
② ばらつきの減少
③ 欠点の防止

であり，この3項目をすみやかに達成し，その結果を製造管理に反映させ，製品の改善に結びつくようにデータを集計・整理することが重要である．

参 考 文 献

1) 全国生コンクリート工業組合連合会：レディーミクストコンクリート工場の製造工程，生コン品質管理ガイドブック（第5次改訂版），2008.10
2) 土木学会：2012年制定　コンクリート標準示方書　施工編，2012
3) 全国生コンクリート工業組合連合会：レディーミクストコンクリートの製造設備の例，生コン品質管理ガイドブック（第5次改訂版），2008.10
4) 全国生コンクリート工業組合連合会：ミキサの練混ぜ時間の決定モデル，生コン品質管理ガイドブック（第5次改訂版），2008.10

7章　レディーミクストコンクリートの受入検査

7.1　総　　則

> a．レディーミクストコンクリートの受入検査は，納入されたレディーミクストコンクリートの種類，品質および容積が発注した条件に適合しているかどうかを確認するために行う．
> b．受入検査のためのコンクリートの圧縮強度の検査は，10章による．

　a．b．本章は，通常の場合のレディーミクストコンクリートの受入検査について規定したものである．工事現場に納入されるレディーミクストコンクリートが発注した品質を満たしているものであるかどうかをチェックすることは，コンクリート工事における品質管理を行う上で非常に重要なプロセスの1つである．レディーミクストコンクリート生産者は，JIS A 5308（レディーミクストコンクリート）に適合した製品を出荷していることを保証するために品質を確認する義務がある．施工者は，設計図書や工事監理者によって示されるコンクリートの要求品質を確保するためにレディーミクストコンクリートの受入れ時に品質を確認することが要求されている．本章は，後者の観点から記述したものである．なお，受入検査のためのコンクリートの圧縮強度の検査は，10章による．

7.2　受入検査の計画

> a．施工者は，レディーミクストコンクリートの受入検査の実施計画を作成する．
> b．受入検査は，原則として荷卸し地点において行う．受入検査のための試験を第三者試験機関に依頼する場合は，施工者は必要な事項を定めて指示する．
> c．受入検査のためのフレッシュコンクリートの試験を，生産者の製品検査のための試験によって行う場合は，施工者は試験に立ち会う．
> d．試験および検査は，フレッシュコンクリートの試験方法について十分な知識および経験を有するものが行う．
> e．受入検査は，5.2節において生産者に指定した項目について，コンクリートの調合別に行う．
> f．e項に示した項目以外の検査項目について検査する場合は，あらかじめ生産者と協議して試験方法，回数および合否の判定方法を定めておく．
> g．受入検査において不合格となった場合の措置については，事前に生産者と協議して定めておく．

　a．レディーミクストコンクリートの受入検査の実施計画書には，b項以下に示す事項に配慮して，検査の責任者，試験の担当者，打込み工区と検査ロットの大きさ，試験に必要な機器，記録用紙およびその運用方法，試験場所と設備，採取試料の置場などを具体的に定めておく．

　b．レディーミクストコンクリートの受入検査は，その目的を考えれば受取側である施工者が行うべきものである．しかし，近年，施工者側にコンクリートの試験に熟達している担当者が少ないこと，生産者にとっても製品管理のための検査が必要であることなどの理由から，受入検査のため

の試験を生産者に代行させる事例が多い．この場合には，施工者は必ず試験に立ち会い，結果を確認する必要がある．また，試験・検査を専門とする外部試験機関に受入検査を委託する場合には，試験担当者の資格，試験項目およびその方法，使用機種，試験頻度，報告の時期・書式などについて後で混乱することのないように取り決めておくことが必要である．

　c．生産者は，6.6節で述べたように荷卸し地点で品質管理のためのフレッシュコンクリートの試験を行い，製品の保証をする．また購入者（施工者）は，荷卸し地点で納入されたコンクリートが指定した条件を満足していることを確認するために受入検査を行う．通常の場合，この両者の試験・検査は項目と方法が類似しているため，生産者が行う製品の品質管理試験をもって施工者が行う受入検査に代える場合がある．しかし，生産者の荷卸し地点における試験は，製品を保証するために行っているのであり，施工者の受入検査とは立場が異なるものである．したがって，受入検査のための試験を生産者の製品検査のための試験によって行う場合，施工者は，試験を完全に生産者に任せてしまうのではなく，自らの代行であるということをよく認識して試験に立ち会わなければならない．

　d．受入検査のための試験は，コンクリートの試験方法についての知識と技能とを有する者が行わなければならない．通常の場合は公益社団法人日本コンクリート工学会が認定するコンクリート主任技士やコンクリート技士，または一般財団法人建材試験センターが認定する高性能コンクリート採取試験技能者および一般コンクリート採取試験技能者，一般財団法人日本建築総合試験所が認定するコンクリート現場試験技能者（認定区分F）などの資格を有する者が行うことが望ましい．そのような資格を有していない者が行う場合は，有資格者が立ち会って，その指導の下に試験を行い，結果についての最終的な判断は有資格者にしてもらうのがよい．

　e．受入検査における検査項目は，通常の場合，ワーカビリティー，スランプまたはスランプフロー，空気量，コンクリート温度，塩化物量および圧縮強度であり，軽量コンクリートの場合には，この他に単位容積質量が加わる．

　1日に打ち込むコンクリート量が少なく，種類も1種類しかない場合には検査に際して混乱もなく，問題はないと考えられるが，同一現場で，同一日に異なる種類（異なる呼び強度，スランプなど）のコンクリートを別々の場所に打ち込む場合や，2つ以上のレディーミクストコンクリート工場で製造されたコンクリートを扱う場合は，特に注意が必要である．工場の違い，強度の違い，スランプの違い，骨材の違いなど，すべて別ロットとして扱い，検査は5.2節で指定した品質項目ごとに行わなければならない．

　f．e項に示した以外の項目として，JASS 5では単位水量やヤング係数，乾燥収縮率の確認などがあげられる．コンクリートの硬化後の品質に及ぼす単位水量の影響が大きいことは一般に指摘されるところであり，このため，単位水量測定方法の提案はこれまでにも数多くなされている．単位水量の推定試験に関する方法および判定基準の一例については7.4節を参考にするとよい．

　ヤング係数や乾燥収縮率については，結果が判明するまでに28日～約6か月かかることから，受入れ時の検査としてはなじまないので，試し練り時に確認する必要がある．その方法等については4.4節による．

g. 受入検査で不合格となったものは原則返却するとともに，再発防止のための方策を生産者と協議する．しかし，規定値との差がわずかで，返却することによってコンクリートの打込み中断が長引き，コールドジョイントができるおそれがあり，むしろコンクリートの躯体に悪影響を及ぼしそうな場合は，工事監理者と協議し，構造体コンクリートに支障がないように施工することも考えられる．

7.3 受入検査の準備

> a．試験・検査用機器は，受入検査に支障をきたさないように必要量確保し，規定の試験精度が得られるよう整備し，整備記録を保管しておく．
> b．試験場所は，コンクリートの荷卸し地点の近くの平たんな場所で，試験や工事に支障がなく，給排水，照明などの設備があり，原則として，直射日光が当たらないような場所とする．
> c．採取した試料の保管場所は，工事の障害にならず，かつ，振動のおそれや直射日光の当たらないような場所とする．
> d．工事現場内に試験・検査に必要な試験室および養生設備を設ける．工事現場内で試験できない場合は，あらかじめ試験が可能な試験機関を選定しておく．

a．検査に必要な機器類の例を参考までに次に示す．
① 試料の採取……………一輪車または二輪車，練混ぜ用のふね（900×1 200×150 mm 程度），ポリバケツ，スコップ，ハンドスコップ．
② スランプ・スランプフロー試験……………スランプコーン，突き棒，平板（レベル調整機能付），スランプゲージ，フロー測定用器具，ハンドスコップ，ウエス．
③ 空気量試験……………エアメーター，突き棒，均し板，ハンドスコップ，木鎚，スポイト，ウエス．
④ 単位容積質量試験………10 l 枡（空気量試験容器で代用することも可），突き棒，均し板，50 kg 秤，ハンドスコップ，ウエス．
⑤ 圧縮強度試験……………ϕ100×200 mm またはϕ125×250 mm，ϕ150×300 mm 型枠，突き棒，ナイフエッジ，キャッピング用ガラス板，プラスチック板または研磨機，ウエス．
⑥ コンクリート温度測定………………2 l 以上の容器または一輪車（または二輪車），温度計（接触型）．

b．c．d．受入検査のための設備については，工事の規模にもよるが，なるべく検査のための専用のスペースまたは小舎を設けることが望ましい．小舎が設けられない場合は，テント等を設けて直接日射や雨がかからないようにする必要がある．

7.4 レディーミクストコンクリートの受入検査

a．レディーミクストコンクリートの受入検査は，納入書による検査およびフレッシュコンクリートの検査とし，コンクリートの荷卸し地点で行う．ただし，塩化物量については，生産者との協議によって工場出荷時に行うことができる．

b．納入書による検査は，表7.1による．発注時の指定事項に適合しない場合は，返却する．

表7.1 書類による検査の項目・方法・時期・回数

項 目	試験・検査方法	時期・回数
施工者名・納入場所	納入書による確認	受入れ時，運搬車ごと
コンクリートの種類		
呼び強度		
指定スランプ		
粗骨材の最大寸法		
セメントの種類		
運搬時間		
納入容積		
配合の単位量[1]	コンクリートの配合計画書および納入書による確認	

［注］(1) 標準配合または修正配合の単位量の場合，配合計画書の単位量と照合し，一致するものとする．計量記録から算出した単位量の場合，計量設定値の単位量との差が，計量値の許容差を満足するものとする．

c．フレッシュコンクリートの検査は，下記の①～⑤による．
① コンクリートの荷卸しに先立って，運搬車のドラムを高速回転させ，再び低速に戻してからコンクリートを排出する．
② 試料の採取は，JIS A 1115（フレッシュコンクリートの試料採取方法）による．
③ 採取した試料は，均一にかくはんして，すみやかに試験に供する．
④ フレッシュコンクリートの検査における項目，方法，時期・回数および判定基準は表7.2のほか，構造体コンクリートの試験時，コンクリート打込み開始時，昼休み後の打込み再開時および運搬車の待ち時間が長くなった時などにも適宜行う．
⑤ 単位水量は，製造管理記録によって確認する．また，単位水量を試験によって確認する場合は，検査方法および検査基準をあらかじめ定めておく．

表7.2 フレッシュコンクリートによる検査の項目，方法，時期・回数および判定基準

項 目	試験・検査方法	時期・回数	判定基準
スランプ	JIS A 1101	1車目，受入検査および構造体コンクリート用供試体の採取時，その他適宜	スランプの許容差は，発注時に指定したスランプが2.5 cmの場合は±1 cm，5 cm，6.5 cmおよび21 cmの場合は±1.5 cm，8 cm以上18 cm以下の場合は±2.5 cm以下であること．ただし，21 cmの場合，呼び強度27以上で高性能AE減水剤を使用する場合は±2 cm以下であること．
スランプフロー	JIS A 1150		スランプフローの許容差は，発注時に指定したスランプフローが50 cmの場合は±7.5 cm，60 cmの場合は±10 cm以内であること．
空気量	JIS A 1116 JIS A 1118 JIS A 1128		空気量の許容差は，±1.5％以内であること．
コンクリート温度	JIS A 1156		発注時の指定事項に適合すること
軽量コンクリートの単位容積質量	JIS A 1116		コンクリートの単位容積質量の実測値と調合計画に基づくの単位容積の計算値との差が±3.5％以内であること．
塩化物量	JIS A 1144 JASS 5 T-502：2009	海砂など塩化物を含むおそれのある骨材を用いる場合，打込み当初および150 m³に1回以上，その他の骨材を用いる場合は1日に1回以上	塩化物イオン（Cl⁻）量として0.30 kg/m³以下であること．ただし発注時に購入者が承認した場合は0.60 kg/m³以下とすることができる．

a．JIS A 5308では，レディーミクストコンクリートの品質は荷卸し地点で保証することとしており，受入検査もこれに合わせて荷卸し地点で行う．ただし，フレッシュコンクリートの品質のうち塩化物イオン量については，工場出荷時から荷卸しまでの間に変化しないと考えられるので，発注者と生産者との協議によって工場出荷時に行うことができる．

b．配合計画書のチェックおよび納入書の検査は，受入れ時および運搬車ごとに確認することとし，発注時の指定事項に適合しない場合は返却し，再発防止のための方策を生産者と協議する．

c．受入検査に用いる試料は，母集団を代表するものでなければならない．そのため，試料の採取にあたっては，偏りがないようにしなければならない．採取する試料の量は母集団の中の一部にすぎないので，どの部分から採取しても母集団を代表できるように均一にしておく必要がある．そこで，荷卸しに先立って運搬車のドラムを高速回転し，コンクリートをできるだけ均一化した後に試料採取を行う．この場合の高速回転は，流動化剤を添加した場合のように長時間行う必要はない．なお，近年，高速回転による騒音に対する苦情が工場や現場に寄せられることがあるため，この対策を講じておく必要がある．

コンクリートの排出時に，採取するコンクリートが母集団をよく代表しているかどうかについて，ワーカビリティーなどを監視しながら試料の採取を行う．そのとき，ホッパの網に引っ掛かるセメ

ントの塊などの異物は取り除く.

　試料の量は20 l 以上かつ試験に必要な量より5 l 以上多くしなければならない.試料の採取は運搬車を代表するような部分から行う.通常は,最初に排出される50～100 l を除いて採取する.

　採取したコンクリートは一輪車またはふねの中でよく練り返し,全体を均一にしてから,すみやかにスランプまたはスランプフロー,空気量,単位容積質量,コンクリート温度の各試験および圧縮強度試験用供試体の作製に供する.試料採取は,ハンドスコップで軽く練り返しながら行い,1か所から集中的に採るのではなく,試料を代表するような取り方をする.

　フレッシュコンクリートの検査のための試験項目・方法および回数は,表7.2に示すとおりである.また,JASS 5 T-502(フレッシュコンクリート中の塩化物量の簡易試験方法)によって塩化物イオン量を試験する場合の機器は,旧国土開発技術研究センター(現一般財団法人国土技術研究センター)において評価を受けたものを用いなければならない.同センターにおいて評価を受けた機器は,解説表7.4.1に示すとおりである.なお,表中のモール法は,使い捨て形の試験紙を用いる方法で,標準品と呼ばれる塩化物イオン(Cl^-)量が0.3 kg/m^{3}以下であることを評価するものと,低濃度品と呼ばれる0.1 kg/m^{3}以下の塩化物イオン量を測定するものがある.その他は,機器によって塩化物イオン量を測定する方法である.

解説表7.4.1　技術評価を受けた塩化物測定器[1]

測定器名	測定原理	開発メーカー
ソルターC—6	電極電流測定法	吉川産業株式会社
カンタブ	モール法	株式会社小野田
CS—10 A	イオン電極法	東亜電波工業株式会社
U—7CL	イオン電極法	株式会社堀場製作所
SALT—99	イオン電極法	株式会社東興化学研究所
SALT—9 II	イオン電極法	株式会社東興化学研究所
SALMATE—100	電量滴定法	朝日ライフサイエンス株式会社
北川式検知管SL型	モール法	光明理化学工業株式会社
PCL—1型	イオン電極法	電気化学計器株式会社
CL—1 A	イオン電極法	理研計器株式会社
CL—203型	イオン電極法	笠原理化学工業株式会社
CL—1 B	イオン電極法	笠原理化学工業株式会社
AG—100	イオン電極法	株式会社ケット科学研究所
ソルテック	硝酸銀滴定法	株式会社ガステック
AD—4721	銀電極法	株式会社エーアンドデイ
HS—5	イオン電極法	株式会社間組
EM—250	イオン電極法	新コスモス電機株式会社

　打込み開始時,昼休み後および待ち時間が長時間になった後の打込み再開時は,スランプや空気量の変動が起こりやすい.これは,コンクリートの製造において骨材の流れをいったん止めると骨材の含水率が変化することがあるためである.特に,打込み開始時には,骨材の状態を把握し切れないまま練混ぜを開始することもあるので,注意が必要である.

コンクリートのスランプ，空気量，塩化物含有量の試験結果の判定は，JIS A 5308（レディーミクストコンクリート）によるコンクリートを用いる場合は，JIS A 5308 の 4.「品質」に示された許容差または規定値による．解説表 7.4.2〜7.4.4 にそれぞれの許容差，規定値を示す．

解説表 7.4.2 JIS A 5308 におけるスランプの許容差

（単位：cm）

スランプ	スランプの許容差
2.5	±1
5 および 6.5	±1.5
8 以上 18 以下	±2.5
21	±1.5[(1)]

［注］(1) 呼び強度 27 以上で，高性能 AE 減水剤を使用する場合は ±2 とする．

解説表 7.4.3 JIS A 5308 における空気量の許容差

（単位：%）

コンクリートの種類	空気量	空気量の許容差
普通コンクリート	4.5	±1.5
軽量コンクリート	5.0	
舗装コンクリート	4.5	

解説表 7.4.4 JIS A 5308 における塩化物含有量の規定

レディーミクストコンクリートの塩化物含有量は，荷下し地点で，塩化物イオン（Cl^-）量として 0.30 kg/m^3 以下でなければならない．ただし，購入者の承認を受けた場合には，0.60 kg/m^3 以下とすることができる．

表 7.2 に示した試験項目のうち，いずれの 1 項目でも不適合となったコンクリートは不合格とする．受入検査で不合格になった場合は，そのコンクリートを破棄するとともに，ただちにレディーミクストコンクリート工場に連絡し，適切な処置を行う．

ただし，フレッシュコンクリートの受入検査では，試料採取のばらつきや試験誤差があり，許容範囲を超えることも考えられる．このような場合は，工事監理者の承認を得て同一の運搬車から採取した別の試料で再試験を行い，前回の試験結果と併せて判断するようにする．

単位水量について，解説表 7.4.5[2)]は，2003 年に本会が実施した共通試験において，その特性が同一の俎上で評価された試験方法（ただし，現在，諸般の事情により実施不可能な試験方法は除く）として，本会「鉄筋コンクリート造建築物の品質管理・維持管理のための試験方法」において集録されている試験方法を掲載している．単位水量試験にあたっては，その機器の特性を考慮し，さらに事前の単位水量既知のコンクリートを用いた試し練りにより機器の出力値との校正を行った上で，試験方法を選定しなければならない．

乾燥法は原理が明快で，エアメータ法は比較的迅速な点に特徴がある．水中質量法は，古くから

諸外国で採用された実績のある方法である．塩分濃度差法は試料が少量の場合は試験結果の変動が大きくなるが，コンクリートの使用材料に関する情報が不足していても単位水量のおおよその推定が可能な点に特徴を有する．一般にバッチ式の試験方法は試料採取による単位水量の推定誤差が指摘されるが，連続式RI法はその影響が排除されており，全量試験が可能である．共通試験の結果では，いずれの試験も単位水量の変動に対する追従性は±10 kg/m^{3}以下であり，測定にあたっての校正が適切であれば，おおむね良い精度で単位水量を推定することが可能である．

コンクリート工事の実施形態は多種多様であり，単位水量管理のための試験方法もその形態に応じて精度を優先するか，試験時間の短さを優先するか，実施にあたっての費用を優先するか等状況が異なる．この場合の選定の参考として，本会「鉄筋コンクリート建築物の品質管理および維持管理のための試験方法」を参考にするとよい．

解説表7.4.5 フレッシュコンクリートの単位水量推定試験方法[2]

種別	試験方法の一般名
乾燥法	高周波加熱乾燥法（CTM—1）
	炉加熱乾燥法（CTM—2）
	減圧式加熱乾燥法[(1)]
容積法	簡易エアメータ法（CTM—3）
	エアメータ法[(1)]
	水中質量法（CTM—4）
静電容量法	静電容量法[(2)]
中性子線法	連続式RI法（CTM—5）
	バッチ式RI法（CTM—6）
濃度差法	塩分濃度差法[(1)]
	塩分濃度差・比重計法（CTM—7）[(3)]

[注] (1) 市販品：試験方法詳細はメーカーカタログ参照
(2) 市販品：単位水量算定式は秘匿のため水量算定にあたっては留意が必要．試験方法詳細はメーカーカタログ参照
(3) 本会「高性能AE減水剤コンクリートの調合・製造および施工指針（案）・同解説」による試験方法

なお，2003年11月に国土交通省大臣官房官庁営繕部より「レディーミクストコンクリートの品質確保について」（平成15年国営建第95号）および「同運用について」（平成15年国営技第71号）が国土交通省各地方整備局および北海道開発局と内閣府沖縄総合事務局に通知され，延床面積1 500 m^{2}程度以上の新築工事（土木では1日あたりのコンクリート使用量が100 m^{3}以上施工する工事）における単位水量の管理方法が示されている．同運用は，解説表7.4.6に示すように，「管理目標値」を「設計単位水量」±15 kg/m^{3}とし，「検査時単位水量」がこの範囲内に収まるように「計量単位水量」を設定しており，この「管理目標値」を超え，「検査時単位水量」が「設計単位水量」±20 kg/m^{3}の範囲内では試験頻度を運搬車3台に1回の割合に増やし，これを超える場合には，

コンクリートの打込みを停止するよう定めている．単位水量推定試験結果に基づく判定基準と措置については，これらを参考にするとよい．

解説表 7.4.6 単位水量の管理目標値と設計値（設計単位水量）の関係および管理運用方法

	< −20	指示値 −20 ≦	管理目標値 −15 ≦	設計値 ±0 ≦	管理目標値 +15	指示値 ≦ +20	+20 <
措置	持ち帰り	改善	打設			改善	持ち帰り
試験頻度	全　車	1回/3台	1回/150 m³			1回/3台	全　車

──「レディーミクストコンクリートの品質確保」の運用について──

「レディーミクストコンクリートの品質確保について」（平成15年11月10付国営建第95号）（以下，「課長通知」という）の運営について定めたので，下記の通り取り扱われたい．

記

1. 課長通知1．で定めるコンクリートの単位水量の測定は，当面の間，試行工事として延べ床面積1 500 m² 程度以上の新築工事で実施するものとし，その実施要領（案）は次によるものとする．
 (1) 施工者に単位水量を含む正確な計画調合書の確認をさせるものとする．
 (2) 単位水量の測定は，150 m³ に1回以上及び荷下ろし時に品質の以上が認められた時に実施する．
 (3) 単位水量の上限は「公共建築工事標準仕様書（建築工事編）」（以下，「標準仕様書」という）6.2.4 (1) による．
 (4) 単位水量の管理目標値は次の通りとして，施工する（ただし，測定装置の精度や試験の熟練度の向上に伴い，管理目標値を厳しく定めることができる）．
  1) 測定した単位水量が測定した単位水量が，計画調合書の設計値（以下，「設計値」という）±15 kg/m³ の範囲にある場合はそのまま施工する．
  2) 測定した単位水量が，設計値±15 を超え±20 kg/m³ の範囲にある場合は，水量変動の原因を調査するとともに生コン製造者に改善を指示し，その運搬車の生コンは打設する．その後，設計値±15 kg/m³ 以内で安定するまで，運搬車の3台ごとに1回，単位水量の測定を行う．
  3) 設計値±20 kg/m³ を超える場合は，生コンを打ち込まずに持ち帰らせ，水量変動の原因を調査するとともに生コン製造者に改善を指示しなければならない．その後の全運搬車の測定を行い，設計値±20 kg/m³ 以内であることを確認する．さらに，設計値±15 kg/m³ 以内で安定するまで，運搬車の3台ごとに1回，単位水量の測定を行う．
  4) 3）の不合格生コンを確実に持ち帰ったことを確認すること．
    打設≦（管理目標値＝設計値±15）＜改善指示≦（指示値＝設計値±20）＜持ち帰り
        （解説表11.10と同表）
 (5) 単位水量管理についての記録を書面（計画調合書，製造管理記録，打込み時の外気温，コンクリート温度等）と写真により提出させる．
 (6) 測定結果を，計画調合書等とともに本省へ報告すること．
2. コンクリートのスランプ管理
 (1) スランプ管理は，「標準仕様書」6章5節及び10節の規定により適切に実施する．
 (2) コンクリートの工事現場内運搬は，「標準仕様書」6節の規定により適切に実施する．
3. コンクリート製造工場の選定
 (1) レディーミクストコンクリート工場の選定においては，「標準仕様書」6.4.1（コンクリート製造工場の選定）によること，かつ，配合設計及び品質管理等を適切に実施できる工場（全国品質管理監査会議の策定した統一監査基準に基づく監査に合格した工場等）から選定することを基本とする．

7.5 コンクリートの容積の検査

> a．コンクリートの容積の検査は，必要に応じて行う．
> b．検査の方法は，あらかじめ生産者と協議して定める．通常の場合は，下記の①または②による．ここで，コンクリートの単位容積質量の試験は，JIS A 1116 による．
> 　① 運搬車の全材料計量値／単位容積質量
> 　② （積載時の運搬車の全質量－空の時の運搬車の質量）／単位容積質量
> c．コンクリートの容積の検査は，規定量以上である場合に合格とする．

　a．コンクリートの受入検査は，フレッシュコンクリートの状態や圧縮強度が中心になりがちであるが，コンクリートの量も大切な検査項目の1つである．現在はプラントの計量装置も自動化して人手の入る余地も少なくなっており，量の間違いは以前に比べると少なくなっていると思われるが，定期的にチェックすることが望ましい．
　b．c．コンクリートの容積の検査方法については，6.3節および6.4節を参照されたい．

7.6 データの処理および総合判断

> a．施工者は，所定の期間，試験および検査の結果を保存する．
> b．大規模工事の場合，受入検査の結果をコンクリートの種類別に集計・整理し，コンクリートの品質管理に反映させる．

　a．b．検査結果は記録用紙に記入し，場合によっては電子媒体化などして整理し，工事監理者に提出して承認を受ける．記録用紙の様式の例を解説図7.6.1に示す．フレッシュコンクリートの状況については写真に撮り，記録用紙と共に保存しておくのが望ましい．検査結果の保存期間についての規定はないが，特定行政庁によっては竣工時に検査済証の交付を受け取るときに提出を義務

				検査担当者		
打設工区		打設量		工場名		
打設日		天気		平均気温		
コンクリート運搬車No.		合否		合否		合否
検査または採取時刻						
コンクリート温度						
スランプ						
空気量						
単位容積質量						
単位水量						
塩化物量						
4週圧縮強度 1本ごと						
4週圧縮強度 平均						

解説図 7.6.1 使用するコンクリートの検査結果の記録用紙の様式の例

づけている場合もある．竣工後も何か不具合があったときや，補修の必要性が生じた時には，このような検査結果があったほうがその対応を考えるうえで有効であることが多いので，検査結果を一覧表などにしてできるだけ長期間保存しておくほうがよい．

参 考 文 献
1) 建材試験センター工事材料試験所：2010年度「一般コンクリート採取実務講習会テキスト」
2) 日本建築学会：鉄筋コンクリート造建築物の品質管理および維持管理のための試験方法，2007

8章　施工時の管理

8.1　総　　則

> a．施工者は，設計図書，工事監理者の指示および関連する規定に基づいて施工時の点検を行い，所要の品質の構造体コンクリートが得られるように管理する．
> b．品質管理は，コンクリートの打込み前，打込み中および打込み後の工事の工程に応じて行う．
> c．施工時の管理のための組織をつくり，役割を定める．施工時の管理のための組織・役割は，下記(1)，(2)の条件を満足するものとする．
> (1) コンクリート工事が計画どおり遂行できるような組織になっていること．
> (2) 組織の配員，担当者の役割と責任，情報伝達の経路と方法が明確になっていること．

a．本章は，コンクリート工事の施工時において，構造体コンクリートの品質を保証するために施工者が行わなければならない点検および管理の項目や方法について記述したものである．施工者は，設計図書・工事監理者の指示および関連する諸規定に基づいて品質管理計画書，施工計画書を作成し，これに基づいてコンクリートの打込み前，打込み中および打込み後において適切な点検・確認または管理することにより，構造体コンクリートの品質を保証する．

b．施工時の品質管理とは，品質管理計画書に基づいて，工事の工程に関する品質管理項目について管理し，不備があれば手直しをするとともに，再発防止の対策を講ずるなどのフィードバックを行い，設計図書および関連する諸規定を満足するように管理することである．工事の進捗に従って管理項目は随時変化していくことから，施工計画書の中で工事の工程ごとの品質管理項目を明記し，工程ごとの品質管理表をあらかじめ添付しておくことが望ましい．品質管理のための作業項目と管理項目の概略を解説表8.1.1に示す．

各工程に関する品質管理結果は工事監理者に提示し，工事監理者の検査を受けることにより，工程における品質管理が終了する．このとき，工事監理者による検査の結果およびそのための試験結果は，施工結果報告書等に記録することはもちろん，自主管理の結果についても記録として残すことが望ましい．

c．コンクリート工事には多くの工程があり，それらの作業には多くの業種・職種の専門工事業者が関与する．また，コンクリートは製造開始から打込み終了までの間で状態が刻々と変化することから，準備不足や連絡不良などによりコンクリート打込み作業が中断あるいは大幅な遅延を生じると，建築物の構造上主要な部分である構造体コンクリートに重大な不具合が発生するおそれがある．施工者は，コンクリート工事が円滑に進行するよう，工程・職種を機能的に配置したコンクリート工事の組織を編成し，この運営に当たらなければならない．また，各専門工事業者には，それぞれ，現場代理人（職長），安全衛生担当者および品質管理担当者を設置し，各工種における役割を明確にするとともに，施工者と協力して工事の円滑な運営と品質の向上に努めなければならな

解説表 8.1.1 コンクリートの打込みに関する作業項目と管理項目

工　程	作業項目	管理項目
打込み前	組織・役割	担当者の役割と責任 情報伝達の経路と方法
	打込み計画	打込み区画・順序・量 作業人員・配置 打込み・締固め機器の種類と量
	型　枠	型枠の位置・水平性・垂直性 部材の寸法と厚さ 打継ぎの位置・形状・材料 構造スリットの位置・形状・材料
	鉄　筋	鉄筋の種類・本数・位置 かぶり厚さ
	設　備	埋込みボックス，スリーブ等の位置 スリーブ貫通部の補強筋
	運搬の準備	ポンプ等の種類・配置 輸送管の敷設方法 先送りモルタル・不要なコンクリートの廃棄場所
打込み中	打込み	コンクリートの品質 打込み区画・順序・速度 打重ね時間間隔 自由落下高さ 降雨・降雪時の対策
	締固め	加振間隔と時間 振動機の挿入深さ
	表面仕上げ	仕上がり寸法と平たんさの精度
	打継ぎ	位置・形状・材料 処理方法
打込み後	養　生	湿潤養生の方法・期間 乾燥・温度変化の防止 振動・衝撃の防止 重量物の積載防止
	型枠の取外し	型枠の存置期間 支保工の存置期間 型枠の取外し 有害な欠陥の調査と措置

い．

　解説図 8.1.1 は，コンクリートの打込みにおける組織の一例を示したものである．各職種は打込み中だけでなく打込み前の事前打合せの段階から積極的に施工計画に関与することが望ましい．解説図 8.1.1 に示したほかに，とび工や重機オペレータ，圧接工，コンクリート試験者（第三者試験

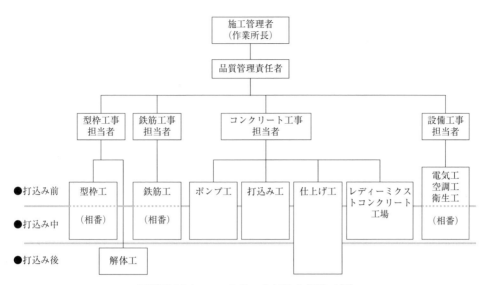

解説図 8.1.1 コンクリート打込み組織（例）

機関），コンクリート連絡担当者，流動化剤投入者，はつり工など，工事の種類によってさまざまな職種が必要となったり，不要になったりするので，工事の状況に応じて組織を編成する必要がある．ただし，現場作業所の規模によっては施工者が少人数で編成される場合があり，その場合は品質管理責任者とコンクリート工事担当者・型枠工事担当者・鉄筋工事担当者を兼ねることがある．

各工事の全体調整は施工管理者または品質管理責任者が行い，各工事の担当者は互いに連絡を密にとり，すみやかに各職種の現場代理人（職長）を通じて情報が末端にまで十分伝達されるよう留意する．各職の安全衛生担当者は，作業環境や作業状況が十分安全であることを確認する．各職種の品質管理担当者は，自主検査を行い，その結果を工事担当者に報告する．

設備工（電気工，空調工，衛生工）は，設備機器を躯体に埋設したり，躯体に開口を設けたりするので，型枠工事や鉄筋工事において関連工事がある．そのため，コンクリート打込み中も「相番」として，コンクリートの打込み作業を補助しながら，それぞれの担当工事に支障がないように管理・検査および補修を行う．打込み中に担当工事の管理・検査および補修を行うことは型枠工や鉄筋工も同様である．

8.2 打込み前の管理

a．打込み計画の確認と準備にあたり，施工計画書に基づいて，下記の (1)，(2)，(3) を管理する．
(1) 打込み区画，打込み順序および単位打込み量が施工計画書どおり守れるように準備されていること．
(2) 打込みを行うための各種作業人員が，施工計画書どおり適当に配置されていること．
(3) 打込み・締固め機器の種類と台数が施工計画書どおり準備され，適当な配置にあること．
b．鉄筋工事においては，下記 (1)，(2) を管理する．また，鉄筋組立て後，コンクリート打込み前に工事監理者の配筋検査を受ける．
(1) 鉄筋が所定の位置に正しく配筋され，コンクリートの打込み完了まで移動しないように堅固に保持されていること．

> (2) コンクリート打込み完了後に最小かぶり厚さが確保されるように，サポートおよびスペーサが適切な数量，箇所に取り付けられていること．
> c．型枠工事においては，下記 (1)～(4) を管理する．また，コンクリート打込み前にせき板と最外側鉄筋とのあきについて工事監理者の検査を受ける．
> (1) 型枠の位置および垂直性・水平性が確保されていること．
> (2) 部材の寸法と厚さが確保されていること．
> (3) 打継ぎの配置，形状および材料などが施工計画書どおりになっていること．
> (4) 構造スリットの寸法・形状・位置・固定方法が施工計画書どおりになっていること．
> d．設備工事においては，下記 (1)，(2) を管理する．また，コンクリート打込み前にスリーブ，埋込み金物等について工事監理者の検査を受ける．
> (1) 埋込みボックス，スリーブ，埋込み金物等が所定の位置に配置されていること．
> (2) 必要な補強筋が施されていること．
> e．コンクリートの場内運搬の準備にあたっては，下記 (1)，(2) を管理する．
> (1) コンクリートポンプ，輸送管またはその他の運搬機器が整備されており，施工計画書どおりに準備され，適当な配置にあること．
> (2) 先送りモルタルおよび圧送が中断して品質が低下したコンクリートの処理方法が定められ，処理するための器具・容器などが準備されていること．

a．打込み前の管理としては，コンクリート打込み計画と打込みのための準備の管理の2つが重要である．いずれも構造体コンクリートの品質を大きく左右するとともに，打込み前に周到な準備をすることによって，多くの不具合をなくすことができるので，十分な管理が必要である．

コンクリートの打込み計画は，解説表8.2.1に示す3点に留意して検討を行う．この3点のうち，最も小さい量（1時間あたりの打込み量＝単位打込み量）に1日の作業時間を掛け合わせたものが1日あたりの最大打込み可能量である．

解説表8.2.1 打込み計画の留意点

レディーミクストコンクリート工場	○1時間あたりの供給能力 ・工場の始業・昼休み・終業時間と輸送時間を考慮する ・工場から現場までの交通事情（交通渋滞や交通規制）を考慮する
コンクリートの場内運搬能力	○コンクリートポンプが1時間あたりに運搬できる量 ○コンクリートバケットが1時間あたりに運搬できる量
コンクリートの打込み能力	○コンクリート打込み工が1時間あたりに打ち込める量 ○コンクリート締固め工が1時間あたりに締め固められる量 ○コンクリート仕上げ工が1時間あたりに仕上げられる量 ・打込み工区の難易度によって異なる ・専門職種の技量・人数によって異なる

レディーミクストコンクリート工場の供給能力は，工場の選定の段階で把握することができる．コンクリートポンプなど運搬能力は，使用する機種によって目安となる数字をカタログ等で確認できるため，計画段階で考慮しやすい．コンクリート打込み工や締固め工の1時間あたりの打込み能力や締固め能力は，およその歩掛りがわかってきている．しかし，打込み能力や締固め能力は作業員の技量や人数によって変わること，打ち込む工区の施工の難易度によっても1時間あたりの作業

能力は増減するので，工区の難易度が高い場合は，施工能力を増強するか打込み工区を縮小するかを検討する必要がある．打込み区画は，1日の作業時間内で終了するように計画し，大きな工区であっても，1日分ずつに区画し区切りをつける．打込みが困難な部位は，適切な打込み方法を検討するとともに，打込み区画を小さくし，その区画に応じた適当な打込み速度・締固めで施工できるようにしなければならない．

1回の打込み区画は，全体のコンクリートの打上がり高さが常にほぼ水平になるように，かつ1か所での1回の打込み高さがあまり高くならないように打ち込めることが望ましい．これは，コンクリートの横流し距離を短くすることによって材料分離を防ぐとともに，コンクリートの側圧を小さくして型枠の有害な変形や破損を防ぐために有効な手段である．打込み区画の端から順次天端まで打込む方法では，コンクリート先端の締固めをしすぎると横流し距離が長くなり材料分離が生じたり，締固めを減らし過ぎると豆板や空げきができるため，締固め作業性を最優先に考慮して施工を計画しないと構造体コンクリートに重大な影響を与えかねない．

打込み当日は打込み前に，打込み機器（コンクリートポンプやコンクリートバケットなど）や締固め機械の種類や台数を確認するとともに，機械の安全点検がなされ，所定の能力が発揮できることを確認する．輸送管や振動機の配置が，施工計画書どおりであることを確認する．また，これらの機器を操作するオペレータがその機器を熟知していることを確認する．

b．鉄筋工事で管理しなければいけない項目として，鉄筋の種類や本数，定着長さ，継手など多くの項目が挙げられるが，このうち最もコンクリート打込みに関連するものは，鉄筋の位置である．鉄筋は，設計図に示された位置に正しく納まるよう，施工図の組立て順序に従って配筋することはもちろん，最外側鉄筋と型枠のせき板に対するあき（かぶり厚さ）が確保され，かつコンクリートが充填しやすいようにしなければならない．

かぶり厚さは，構造体コンクリートの耐火性・耐久性・構造耐力上最も重要な事項の1つである．かぶり厚さに対する施工上の誤差の原因としては，鉄筋自体の曲がり，鉄筋や型枠の加工組立て誤差，コンクリート打込みによる型枠・鉄筋の移動などが考えられる．建築基準法施行令第79条に定められたかぶり厚さは，打ち上がった鉄筋コンクリート構造体において満足されなければならない限界値である．このため，解説表8.2.2に示すように設計かぶり厚さは，最小かぶり厚さの値に対して，鉄筋工事・型枠工事・コンクリート工事における施工上の平均的な誤差を加えた値としており，JASS 5ではこの誤差の値を10 mmとしている[1]．しかし，この割増しの値は，平均的な鉄筋工事・型枠工事・コンクリート工事における施工上の誤差をすべて吸収できる値というわけではないため，設計かぶり厚さには，必要に応じてさらに余裕をもたせておくことが望ましい．

なお，埋込み金物や設備配管についても，かぶり厚さが十分に確保されていることに注意する必要がある．

かぶり厚さと鉄筋位置を正確に保つためには，コンクリートの打込み・仕上げならし時に，鉄筋が正しい位置から移動することのないように，十分に堅固に組み立てられなければならない．特にスラブ筋は，その上を施工中に作業者が歩行したり，コンクリートポンプの配管を積載・移動したりするので，配筋の乱れに対する措置を講ずる必要がある．配筋の乱れを防止するためには，鉄筋

相互を結束するほか，サポートやスペーサなどを有効に活用する．JASS 5 の 10 節（鉄筋工事）では，解説表 8.2.3 に示すように，スペーサ類の標準的な配置方法を示しており[1]，特記がない場合は，これを標準に施工する．

解説表 8.2.2 設計かぶり厚さおよび最小かぶり厚さの規定[1]

部材の種類		設計かぶり厚さ（mm）					最小かぶり厚さ（mm）					建築基準法施行令かぶり厚さの規定
		短期	標準・長期		超長期		短期	標準・長期		超長期		
		屋内・屋外	屋内	屋外[2]	屋内	屋外[2]	屋内・屋外	屋内	屋外[2]	屋内	屋外[2]	
構造部材	柱・梁・耐力壁	40	40	50	40	50	30	30	40	30	40	3 cm 以上
	床スラブ・屋根スラブ	30	30	40	40	50	20	20	30	30	40	2 cm 以上
非構造部材	構造部材と同等の耐久性を要求する部材	30	30	40	40	50	20	20	30	30	40	2 cm 以上
	計画供用期間中に維持保全を行う部材[1]	30	30	40	(30)	(40)	20	20	30	(20)	(30)	2 cm 以上
直接土に接する柱，梁，壁，床および布基礎の立上り部分		50					40					4 cm 以上
基　礎		70					60					6 cm 以上

［注］（1）計画供用期間の級が超長期で計画供用期間中に維持保全を行う部材では，維持保全の周期に応じて定める．
　　　（2）計画供用期間の級が標準および長期で，耐久性上有効な仕上げを施す場合は，屋外側では，設計かぶり厚さおよび最小かぶり厚さを 10 mm 減じることができる．

　コンクリート打込み前の鉄筋の加工・組立てにおける品質管理は，JASS 5 の 11 節によることを標準とする．JASS 5 では，鉄筋組立て中随時または組立て後に配筋検査を行うことになっているが，これらの管理がコンクリートの打込みのかなり前に行われることもあるので，コンクリートの打込み直前にも点検・確認し，その結果を文書で記録して，工事監理者の要求に応じて提出できるようにしなければならない．
　c．型枠工事の良否は，コンクリートの表面の仕上がり・美観だけでなく，躯体の精度や耐久性，仕上材料との付着性などにも大きな影響を与えるので，十分な品質管理の下で施工されることが必要である．
　型枠は，打ち上がったコンクリート部材が，構造設計図書に示された位置にあり，所定の断面寸法をもつように配置されなければならない．コンクリート部材の位置および断面寸法の許容差は特記によるが，指示のない場合は，JASS 5 の 2 節では解説表 8.2.4 を標準とするよう定めている[1]．型枠およびコンクリートの断面寸法の許容差としては，コンクリート部材の種類や仕上げの有無にもよるが，±5 mm が妥当という場合が多いようで，型枠建込みのための墨出し精度はこれより厳

解説表 8.2.3 サポートおよびスペーサの種類および数量・配置の標準[1]

部 位	スラブ	梁	柱
種 類	鋼製・コンクリート製	鋼製・コンクリート製	鋼製・コンクリート製
数量または配置	上端筋，下端筋それぞれ 1.3 個/m² 程度	間隔は 1.5 m 程度 端部は 1.5 m 以内	上段は梁下より 0.5 m 程度 中断は柱脚と上段の中間 柱幅方向は 1.0 m まで 2 個 1.0 m 以上 3 個
備 考	端部上端筋および中央部下端筋には必ず設置	側梁以外の梁は上または下に設置，側梁は側面の両側へ対称に設置	同一平面に点対称となるように設置
部 位	基 礎	基礎梁	壁・地下外壁
種 類	鋼製・コンクリート製	鋼製・コンクリート製	鋼製・コンクリート製
数量または配置	面積 4 m² 程度　8 個 16 m² 程度　20 個	間隔は 1.5 m 程度 端部は 1.5 m 以内	上段梁下より 0.5 m 程度 中段上段より 1.5 m 間隔程度 横間隔は 1.5 m 程度 端部は 1.5 m 以内
備 考	—	上または下と側面の両側へ対称に設置	—

[注] (1) 表の数量または配置は 5〜6 階程度までの RC 造を対象としている．
(2) 梁・柱・基礎梁・壁および地下外壁のスペーサは側面に限りプラスチック製でもよい．
(3) 断熱材打込み時のスペーサは支持重量に対して，めり込まない程度の設置面積を持ったものとする．

解説表 8.2.4 構造体の位置および断面寸法の許容差の標準値[1]

項 目		許容差（mm）
位 置	設計図に示された位置に対する各部材の位置	±20
構造体および部材の断面寸法	柱・梁・壁の断面寸法	−5，+20
	床スラブ・屋根スラブの厚さ	−5，+20
	基礎の断面寸法	−10，+50

しく，±2 mm 程度が一般的のようである．型枠の点検では，これらの許容差および精度が守られ，コンクリートの打込み中に支保工が動かないように固定されていることを確認する．

　コンクリートの打継ぎは一体性の確保が難しく，打継ぎ処理が不適切な場合，打継ぎ部からのひび割れ・漏水・鉄筋の腐食の原因となることが多く，構造耐力や耐久性の低下をもたらすことがある．したがって，施工計画の段階から，壁・梁およびスラブなどの垂直打継ぎ部は，施工の不具合が生じやすいためできるだけ避けるよう計画するとともに，やむを得ない場合は，解説表 8.2.5 に示すように，せん断力の小さい部分または構造耐力上影響の小さい部分に設けるようにする．

解説表 8.2.5 打継ぎ部の位置

部　材	打継ぎ面	打継ぎ位置
梁およびスラブ	垂直打継ぎ	スパンの中央または端から1/4
柱および壁	水平打継ぎ	スラブ・梁の下端または上端

　打継ぎ面は，鉄筋に対して垂直に，かつ構造部材の耐力の低下の少ないところで行うことを基本とするが，打継ぎ面が部材の主応力方向に対して垂直ではない場合，主応力が加わったときに打継ぎ面でずれが生ずることもあるので，構造的に一体となるような措置が必要である．打継ぎ部の鉄筋は，エキスパンションジョイントの場合を除き，連続させ，構造的に一体性を高めるようにする．また，打継ぎ面に脆弱なレイタンスが生成されている場合，コンクリート相互の付着や一体性が損なわれるので，打継ぎ面を高圧水による洗浄またははつり作業によって表層を除去し，健全なモルタル面が現れるようにしなければならない．さらに，打継ぎ面には散水を行い，コンクリート打込み時には湿潤状態であるように管理する．

　せき板と最外側鉄筋とのあきは，スケール，定規などによって測定するとともに，所定のスペーサが配置されていることを目視で確認し，文書で記録する．打込み後の検査で行う構造体コンクリートのかぶり厚さの検査は，9章に示すように電磁誘導装置や電磁波レーダ，X線などの装置を用いる非破壊検査，あるいは部分的な破壊試験による検査を行う必要があり，不合格時の影響が大きいので，コンクリート打込み前に確実に検査し管理する必要がある．

　型枠の加工・組立てにおける品質管理は，JASS 5 の 11 節によることを標準とする．JASS 5 では，型枠組立て中随時および組立て後に検査を行うことになっているが，これらの管理がコンクリートの打込みのかなり前に行われることもあるので，コンクリートの打込み直前にも点検・確認し，その結果を文書で記録して，工事監理者の要求に応じて提出できるようにしなければならない．

　コンクリート打込み直前には，型枠内に，木片，鉄片，外れたスペーサ，ゴミなどが落ちていないかを再度検査し，さらに，型枠への水湿しが十分であるか，雨水や溜まり水がないかを確認し，構造体コンクリートへの異物の混入を防ぐ．

　d．設備工事は，型枠工事や鉄筋工事と平行して進行することが多く，設備配管やボックス金物を型枠に固定して埋め込んだり，配管のための貫通孔としてスリーブを設置する場合がある．工事担当者は，埋込みボックスやスリーブなどが所定の位置に設置されていることを確認するとともに，コンクリート打込み前に工事監理者の検査を受ける．なお，設備配管やボックス金物，スリーブなどは，コンクリートの耐力や耐久性に悪影響を及ぼさないよう，必要に応じて開口補強などが有効に施されており，かつコンクリートの打込みに支障がないよう管理する必要がある．

　e．コンクリートポンプによるコンクリート打込み前には，解説表 8.2.6 のような内容を中心に，コンクリート打込み準備を行う．

　コンクリートポンプは，コンクリートの吸引・圧縮・圧送の繰返しにより揺動することから，配置箇所が堅固でなければならない．また，使用後の洗浄も考慮に入れ，周辺をコンクリートや油によって汚さぬよう，ポンプやホッパの下にビニールシートなどを敷き，必要に応じてポンプやホッ

パの脇にシートを張ってコンクリートの飛散防止措置をとるのが望ましい．輸送管もポンプと同じく揺動することから，チェーンなどで固定するとともに，支持台や吊り金具などを使用し，揺動する輸送管が型枠や配筋を乱さないよう留意する．打込み順序や配管計画は無理がないようにし，ジョイント部を無理に曲げることがないようにする．ジョイント部を無理に曲げると，そのすき間から，ペーストが漏れたり空気が混入する場合がある．

コンクリートの打込み準備では，上記のほか，打込み区画，打込み順序，単位打込み量および打込み・締固め機器の種類と台数が施工計画書どおり準備されているかどうかを点検・管理する．

解説表 8.2.6 ポンプ工法およびホッパ工法を採用するときの打込み前の留意点

分 類	項 目	対 処
機 械	動作点検	機械の点検と燃料の点検
配 置	転倒防止	足元が不安定な場合は鉄板を敷き，必ずアウトリガーを広げる
	コンクリートの飛散防止	ビニールシート等を張り，養生する
輸 送 管	振動防止	保持ブラケットにチェーン等で固定
	損傷のないもの	ひび割れ・へこみがあるものは使用しない
	温 度	外気温が高い場合は，シート等を掛けて直射日光を防ぐ 外気温が低い場合は，保温材等を巻いて凍結を防ぐ
	歩行者	歩道を横断する場合は覆いをして歩行者の安全を守る
	接続部	無理に曲げない／締付け具合を確認する
先送りモルタル・不要なコンクリート	廃棄場所の確保	廃棄箱を施工の妨げにならない位置に用意する

以上の a〜e 項の内容を解説表 8.2.7 にまとめて示す．

解説表 8.2.7　打込み前の管理項目と方法

作業項目	品質管理項目	管理方法	時期・回数	管理基準	管理分担	関係資料 JASS 5	関係資料 その他
組織・役割	担当者の役割	・会議で指示	・打込み日の前日	明確であり周知されていること	品質管理責任者		
組織・役割	情報伝達と方法	・会議で指示 ・目視確認	・打込み日の前日 ・随時	明確であり周知されていること	品質管理責任者		
型枠の組立て	墨出しの寸法・精度	・スケール ・レベル ・トランシット	・墨出し終了時	施工図どおりであること	型枠工事担当者	2.7節	型枠の設計・施工指針7.5節
型枠の組立て	部材の位置の許容差	・スケール ・レベル ・トランシット	・組立て中随時 ・組立て終了時	±20 mm	型枠工事担当者	2.7節	型枠の設計・施工指針7.2節
型枠の組立て	部材の断面寸法の許容差	・スケール	・組立て中随時 ・組立て終了時	部位／許容差 柱・梁・壁　−5〜+20 mm 床スラブ・屋根スラブ　−5〜+20 mm 基礎　−10〜+50 mm	型枠工事担当者	2.7節	型枠の設計・施工指針7.2節
型枠の組立て	打継位置,形状および構造スリット	・目視確認 ・スケール	・組立て中随時 ・組立て終了時	・施工図,型枠計画図および工作図に合致すること	型枠工事担当者	7.8節	型枠の設計・施工指針6.4節
型枠の組立て	設備配管,ボックス金物,スリーブの位置	・目視確認 ・スケール	・組立て中随時 ・組立て終了時	・施工図どおりであること	設備工事担当者		
鉄筋の組立て	鉄筋の位置	・目視確認 ・スケール	・組立て中随時 ・組立て終了時	・設計図書または施工図どおりであること	鉄筋工事担当者	11.8節	鉄筋コンクリート造配筋指針8.2節

解説表 8.2.7　打込み前の管理項目と方法（つづき）

作業項目	品質管理項目	管理方法	時期・回数	管理基準			管理分担	関係資料 JASS 5	その他
鉄筋の組立て	サポート，スペーサの配置，数量	・目視確認 ・材質の確認	・組立て時随時 ・全体数量の20%	部位		数　量	鉄筋工事担当者	—	鉄筋コンクリート造配筋指針5.2節
				スラブ		1.3個/m³程度			
				梁		1.5 m間隔程度，端部1.5 m以内			
				柱	上段	梁下から0.5 m程度			
					中段	柱脚と上段の中間			
					柱幅方向(1 m未満)	2個			
					柱幅方向(1 m以上)	3個			
				基礎	4 m²程度	8個			
					16 m²程度	20個			
				基礎梁		1.5 m間隔程度，端部1.5 m以内			
				壁・地下外壁	上段	梁下から0.5 m程度			
					中段	上段から1.5 m間隔程度			
					横間隔	1.5 m程度			
					端部	1.5 m以内			
	鉄筋相互のあき	・目視確認 ・スケール	・組立て中随時 ・組立て終了時 ・全体数量の20%	種類	あき	間　隔	鉄筋工事担当者	10.7節	鉄筋コンクリート造配筋指針3.2節
				異形鉄筋	・呼び名の数値の1.5倍 ・粗骨材最大寸法の1.25倍 ・25 mm のうち大きいほうの数値	・呼び名の数値の1.5倍+最外径 ・粗骨材最大寸法の1.25倍+最外径 ・25 mm+最外径 のうち大きいほうの数値			
				丸鋼	・鉄筋径の1.5倍 ・粗骨材最大寸法の1.25倍 ・25 mm のうち大きいほうの数値	・鉄筋径の2.5倍 ・粗骨材最大寸法の1.25倍+鉄筋径 ・25 mm+鉄筋径 のうち大きいほうの数値			
	設備配管，ボックス金物，スリーブの開口補強	・目視確認 ・スケール	・組立て中随時 ・組立て終了時	・必要な開口補強がなされていること			設備工事担当者		

解説表 8.2.7　打込み前の管理項目と方法（つづき）

作業項目	品質管理項目	管理方法	時期・回数	管理基準							管理分担	関係資料	
												JASS 5	その他
鉄筋の組立て	かぶり厚さ	・スケール	・組立て中随時 ・組立て終了時 ・全数の20％以上	部材の種類		短期	標準・長期		超長期		鉄筋工事担当者	3.11節 11.7節	鉄筋コンクリート造配筋指針3.1節
						屋内・屋外	屋内	屋外	屋内	屋外			
				構造部材	柱，梁，耐力壁	40	40	50	40	50			
					床スラブ・屋根スラブ	30	30	40	40	50			
				非構造部材	構造部材と同等の耐久性を要求する部材	30	30	40	40	50			
					計画供用期間中に維持保全を行う部材	30	30	40	(30)	(40)			
				直接土に接する柱・梁・壁・床および布基礎の立上り部分		50							
				基礎		70							
				（単位：mm） 管理する最小かぶり厚さは，設計かぶり厚さ（表中の数値）−10 mm以上とする									
打込み・締固め	打込み区画・順序・量	・施工計画の確認 ・目視確認	・打込み日の前日	・施工計画どおりであること							コンクリート工事担当者	7.2節	コンクリートポンプ工法施工指針2.3節
	単位打込み量	・搬入計画の確認	・打込みの前日	・施工計画どおりであること							コンクリート工事担当者	7.2節	コンクリートポンプ工法施工指針2.4節
	打込み・締固め機器の種類と数量	・目視確認	・打込みの前日 ・全数	・施工計画どおりであること							コンクリート工事担当者	7.3節	コンクリートポンプ工法施工指針2.4節
運搬	ポンプおよび配管の配置	・目視確認	・打込みの前日 ・打込み日 ・全数	・施工計画どおりであること							コンクリート工事担当者	7.4節	コンクリートポンプ工法施工指針2章
	先送りモルタル・不要なコンクリートの廃棄場所	・目視確認	・打込み日の前日 ・打込み日	・施工計画どおりであること							コンクリート工事担当者	7.4節	コンクリートポンプ工法施工指針5.4節

8.3 打込み中の管理

> a．コンクリートの打込み中，下記 (1)～(5) を確認する．
> (1) 打込み直前のコンクリートの品質や打込み状況（打込み能率）に異常がなく，作業の進捗が施工計画書どおりであること．
> (2) 打込み区画，打込み順序および打込み速度が施工計画書どおりであること．
> (3) 打重ね時間間隔の限度が施工計画書どおりであること．
> (4) 高いところからコンクリートを直接落下させていないこと．
> (5) 打込み中の降雨または降雪に対して適切な対策が実施されていること．
> b．コンクリートの締固め作業が適切に行われていることを，下記 (1), (2), (3) に基づいて確認する．
> (1) コンクリートに棒形振動機をかける時間は，セメントペーストが薄く浮き上がる程度の時間であること．
> (2) コンクリートを打ち重ねる場合，先に打ち込まれているコンクリート表面より約 10 cm 下まで振動機を挿入していること．
> (3) 外部（型枠）振動機をかける時間は 1 か所あたり約 15 秒前後であり，振動機をかける位置は，打ち込まれたコンクリートの表面から下に約 30 cm 以内であること．
> c．コンクリート表面仕上げにおいては，下記 (1), (2) を確認する．
> (1) 所定の仕上がり寸法が得られるようにならされていること．
> (2) 施工上不具合な現象は，コンクリートの凝結前に処理されていること．

a．打込み直前のコンクリートの品質については，荷卸し地点におけるコンクリートの受入れ試験結果を確認するとともに，運搬車のシュートから流れ落ちるコンクリートの状況を目視し，ワーカビリティーが良好であるかどうかを点検・管理する．このとき，コンクリートが軟らかすぎる，硬すぎる，粗骨材が目立つ，ブリーディングが多いなど，異常が認められたときは，ただちにコンクリートの打込みを一時中断し，フレッシュコンクリートの試験を行うとともに，レディーミクストコンクリート工場に連絡して，適切な処置をとるよう指示する．型枠や配筋に異常が認められた場合や，打込みが難しい部位でコンクリートの打込み能率が低下して運搬速度と打込みや締固めなどの速度が噛み合わないときはコンクリートの出荷時間間隔を調整するなど，円滑な情報伝達により管理しなければならない．

コンクリートの打込みにおいては，現在のコンクリートの打込み状況を数値と文書で管理することが重要である．解説図 8.3.1 に示すようなコンクリートの打込み管理図を作成し，打込みの進捗状況を記録するとともに，運搬車の配車，コンクリートの受取時間および運搬時間をチェックし，必要に応じてレディーミクストコンクリート工場に連絡して配車間隔を調整する．例えば，鉛直部材にスランプ 18 cm のコンクリートをコンクリートポンプ工法で打ち込む場合，十分な締固め作業をするためには 1 時間あたり 20～25 m^3 程度の打込み速度となり，その後水平部材を打ち込む場合には 1 時間あたり 30～40 m^3 程度の速度となる．

コンクリートは，あらかじめ計画した区画ごとに一体となるように打ち込む．区画の途中でコンクリートの打込みを中断すると，コールドジョイントの原因となるため，これは避けなければならない．コールドジョイントは，コンクリートの温度や凝結速度，打重ね時間間隔や締固め方法などに影響される．打込み継続中における打重ね時間間隔の限度に関して，外気温 25 ℃ 未満の場合は 150 分，25 ℃ 以上の場合は 120 分を目安とし，かつ，先に打ち込まれたコンクリートの再振動可能

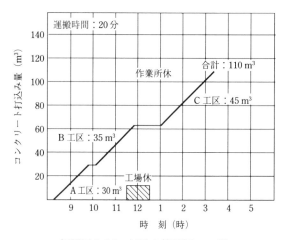

解説図 8.3.1 打込み管理図の一例

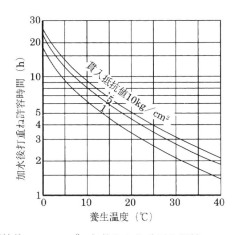

貫入抵抗値　$1\,{\rm kg/cm^2}$：打放しなど重要な部材
　　　　　　$5\,{\rm kg/cm^2}$：一般の場合
　　　　　　$10\,{\rm kg/cm^2}$：内部振動その他適当な処理をするとき

解説図 8.3.2　温度と打重ね時間間隔の限度の一例[1]

時間以内とする．JASS 5では，解説図8.3.2のような打重ね時間間隔の限度の一例を示している．

　コンクリートの自由落下高さが大きすぎると，コンクリートが勢いよく鉄筋やせき板に衝突するため，コンクリートが分離したり，鉄筋が動いたり，スペーサなどが外れたりする場合がある．コンクリートは低い位置から横流しをしないように打ち込み，均一なコンクリートとなるよう留意しなければならない．型枠の高さが高い場合は，たて型のシュートなどを用いてコンクリートの自由落下高さを小さくする工夫が必要である．

　打込み中に降雨や降雪が予想される場合は，コンクリートの打込みを行わないのが原則である．やむを得ず打ち込む必要がある場合には，コンクリートに影響を及ぼさないような措置を講ずる．万が一，打込み中に降雨や降雪となった場合には，雨や雪の混じったコンクリートは健全なコンクリートよりも品質が劣る部分になることがあるので，適切な処置を行う．例えば降雨や降雪を受けたコンクリートは，次の打込みまでにその部分をはつり取り，適切な打継ぎ処置をした後で，その

部分に同等以上の品質のコンクリートを再度打ち込む．

b．振動機を適切に使用し，十分に締め固められた構造体コンクリートは，その組織がち密となり，表面上の美観だけでなく，構造耐力や耐久性も高くなり，品質の高いコンクリートとなる．振動機は，JIS A 8610（建築用機械及び装置—コンクリート内部振動機）に定めるものを使用する．十分に締め固めるための時間はコンクリートの種類やスランプなどによって異なるので，コンクリートの状態を観察しながら加振するように管理し，1か所に振動機を入れたままにして，部分的に材料分離が生じることがないように留意する．一般には，打ち込まれたコンクリート面が水平となり，振動機の周辺のコンクリート表面にセメントペーストが浮き上がる程度の振動時間が適切とされている．振動機を抜き取るときは，コンクリートに振動機の穴を残さないようにゆっくりと引き抜くようにする．

棒形振動機の振動部分の長さは直径 45 mm の場合で 60～80 cm 程度なので，コンクリートの一層の打込み高さはそれ以下とする．また，振動機の先端は，先に打ち込んだコンクリートの層に約 10 cm の深さまで挿入し，コールドジョイントや豆板を防止する．直径 45 mm の振動機の場合は振動機の挿入間隔を 60 cm 以下となるよう，また径の小さい棒形振動機の場合は，振動締固めの有効範囲が小さくなるので，挿入間隔も小さくするよう管理する．振動機の先端が鉄筋に当たると，鉄筋も振動し，鉄筋の周囲に脆弱な層ができて鉄筋の付着力を低下させるおそれがあるので，振動機の先端は，鉄筋や型枠などになるべく接触しないようにしなければならない．打込みの条件にもよるが，例えば直径 45 mm の振動機の場合，十分な締固めができる打込み速度は，振動機 1 台あたり毎時 15 m^3 程度が限界であり，これ以上の打込み速度の場合は，振動機の台数を増やすよう計画しなければならない．

型枠振動機は，主に高い壁，柱などの鉛直部材において棒形振動機の補助として使用する．型枠振動機の取付け間隔は，通常は水平方向に 2～3 m 置きを標準とし，スランプ 18 cm 程度のコンクリートでは 1 か所あたりの振動時間はおおよそ 15 秒前後である．振動機の使用によってフォームタイのねじが緩んだり，せき板がはらまないように，管理する必要がある．

c．コンクリートの表面仕上げは，所定の仕上がり寸法が得られるようにならさなければならない．コンクリートの仕上がりの平たんさの標準値を JASS 5 では解説表 8.3.1 のように示している．

解説表 8.3.1 コンクリートの仕上がりの平たんさの標準値[1]

コンクリートの内外装仕上げ	平たんさ （凹凸の差） （mm）
仕上げ厚さが 7 mm 以上の場合，または下地の影響をあまり受けない仕上げの場合	1 m につき 10 以下
仕上げ厚さが 7 mm 未満の場合，その他かなり良好な平たんさが必要な場合	3 m につき 10 以下
コンクリートが見え掛りとなる場合，または仕上げ厚さが極めて薄い場合，その他良好な表面状態が必要な場合	3 m につき 7 以下

沈みひび割れ，プラスチック収縮ひび割れなどの施工上の不具合は，コンクリートの凝結前に表面をたたき締めて処理する．

以上のa～c項の内容を解説表8.3.2にまとめて示す．

解説表 8.3.2 打込み中の管理項目と方法

作業項目	品質管理項目	管理方法	時期・回数	管理基準		管理分担	関係資料	
							JASS 5	その他
運搬	ポンプおよび配管の整備と配置	・目視確認	・打込み日	・施工計画どおりであること		コンクリート工事担当者	7.2節	コンクリートポンプ工法施工指針5.4節
	先送りモルタル	・目視確認	・部材への打込み前	・先送りモルタルの品質変化した部分は，型枠内に打ち込まない		コンクリート工事担当者	7.4節	コンクリートポンプ工法施工指針5.4節
コンクリートの受入検査	コンクリートの品質	・スランプ，空気量，温度の試験 ・目視	・圧縮強度試験用供試体の採取時 ・打込み中，品質変化が認められたとき	・施工計画どおりであること		コンクリート工事担当者	11.5節	
打込み	打込み区画・順序・速度	・目視確認	打込み中随時	・施工計画どおりであること		専門工事業者	11.6節	
	自由落下高さ	・目視確認	打込み中随時	・施工計画どおりであること		専門工事業者	11.6節	
	練混ぜから打込み終了までの時間	・目視確認	打込み中随時	・施工計画どおりであること		専門工事業者	11.6節	
	打重ね時間間隔	・時間計測	打込み中随時	外気温	打重ね時間間隔の上限	コンクリート工事担当者	11.6節	
				25℃未満	150分			
				25℃以上	120分			
				上記時間を目安に先に打ち込まれたコンクリートの再振動可能時間以内				
	打継ぎ位置・形状	・目視確認	打込み中随時	・施工計画どおりであること		専門工事業者	7.8節	
締固め	振動機をかける時間	・目視確認 ・時間計測	打込み中随時	・セメントペーストが浮く程度		専門工事業者	7.6節	
	振動機をかける位置	・目視確認 ・スケール	打込み中随時	・挿入間隔は60 cm以下 ・コンクリート表面から30 cm以内		専門工事業者	7.6節	
表面仕上げ	仕上がり状態・寸法	・目視確認 ・レベル棒 ・スケール	打込み中随時	・施工図どおりであること		コンクリート工事担当者	11.6節	

8.4 打込み後の管理

a．コンクリートの打込み後，下記（1）～（4）を確認する．
(1) コンクリート表面の湿潤養生の方法および期間が計画どおり実施されていること．
(2) コンクリートの急激な乾燥または温度変化を防止する適切な対策が実施されていること．
(3) 所定の養生期間中，コンクリート部材に有害な振動や衝撃を与えないよう，適切な対策が実施されていること．
(4) 所定の養生期間中，コンクリートスラブの上に重量物の積載を防止する適切な対策が実施されていること．
b．型枠の取外しにおいては，下記（1）～（5）を確認する．
(1) せき板および支保工の取外しが仕様書および品質管理計画書に定められた存置期間以降であること．
(2) 型枠の取外し時期をコンクリートの圧縮強度を確認して決定する場合は，現場水中養生した供試体の圧縮強度が，所定の値を満足することを確認すること．圧縮強度試験は，JASS 5 T-603（構造体コンクリートの強度推定のための圧縮強度試験方法）によって行う．
(3) 型枠の取外し作業にあたっては，安全対策，作業区域，解体方法，材料の最終の集積場所などを定め，構造体コンクリートに損傷を与えないように行うこと．
(4) 型枠の取外し後，a項に基づいて適切な養生が実施されていること．
(5) 型枠の取外し後，有害な欠陥の有無が調査され，適切な措置が施されていること．

a．コンクリート本来の性能が発揮できるよう，打込み後の十分な養生とその管理が必要である．コンクリートの初期養生の原則は，適度な水，温度，時間を与え，風，光，力を与えないようにすることである．養生不足のコンクリートは圧縮強度の発現が劣るだけでなく，中性化など耐久性の面でも劣ることになる．

湿潤養生には，透水性の小さいせき板による被覆，養生マットまたは水密シートによる被覆，散水・噴霧，膜養生剤の塗布などいくつかの方法がある．施工計画書の中でいずれの養生方法を採用するかを明示しなければならない．養生期間はセメントの種類や計画供用期間の級によって異なり，JASS 5 では解説表 8.4.1 に示すように，3～10 日間以上としている．

解説表 8.4.1 湿潤養生の期間[1]

セメントの種類	計画供用期間の級 短期および標準	長期および超長期
早強ポルトランドセメント	3 日以上	5 日以上
普通ポルトランドセメント	5 日以上	7 日以上
中庸熱および低熱ポルトランドセメント 高炉セメント B 種，フライアッシュセメント B 種	7 日以上	10 日以上

風や夏の陽射しなどはコンクリートを急速に乾燥させるため，例えば，床スラブやひさしのように薄い部材では，ひび割れや表面の硬化不良を招きやすいので，散水養生やシート養生を施すなど，特に注意が必要である．

コンクリートは凝結・硬化後も材齢とともに圧縮強度は増大している途中であり，打込み翌日な

どは，まだ強度がほんのわずか出たばかりである．床スラブのコンクリートであれば，その上に重量物を置いたり振動を与えないよう，少なくとも材齢1日間，できれば3日間程度は養生期間として，立入りを禁止することが望ましい．

b．型枠はコンクリートの形状寸法を定めるだけでなく，コンクリートの表面乾燥を防いだり，保温や緩衝材などの役割も併せ持っている．JASS 5では，計画供用期間の級が短期および標準の場合は圧縮強度が5 N/mm^{2}以上，計画供用期間の級が長期および超長期の場合は圧縮強度が10 N/mm^{2}以上であることを確認した後，型枠を取り外すこととなっている．ただし，型枠の存置期間中の平均気温が10℃以上の場合には，JASS 5では解説表8.4.2に示す期間以上であれば取り外してもよいとしている．この型枠の存置期間と湿潤養生期間の間は，別途の湿潤養生対策をとるか，そのまま型枠を存置しておかなければならない．

解説表 8.4.2 型枠の存置期間[1]

セメントの種類 平均気温	早強ポルトランドセメント	普通ポルトランドセメント 高炉セメントA種 シリカセメントA種 フライアッシュセメントA種	高炉セメントB種 シリカセメントB種 フライアッシュセメントB種
20℃以上	2	4	5
20℃未満10℃以上	3	6	8

（コンクリートの材齢（日））

支保工の取外しは，取外し後にコンクリートに有害な変形やひび割れなどが生じないことが原則である．このため，構造体コンクリートの圧縮強度試験を行い，スラブ下や梁下の場合は設計基準強度以上でなければ，原則として支保工を取り外してはならない．また，これより早く支保工を取り外す場合は，適切な構造計算方法により得られた必要強度以上の強度を確認した上で行う．

以上のaおよびb項の内容を解説表8.4.3にまとめて示す．

参 考 文 献
1) 日本建築学会：建築工事標準仕様書・同解説　JASS 5　鉄筋コンクリート工事，2009

解説表 8.4.3　打込み後の管理項目と方法

作業項目	品質管理項目	管理方法	時期・回数	管理基準				管理分担	関係資料 JASS 5	その他
養生	湿潤養生の方法・期間	・目視確認	・打込み後所定の期間	セメントの種類 \ 計画供用期間の級		短期および標準	長期および超長期	コンクリート工事担当者	8.2節	
				早強ポルトランドセメント		3日以上	5日以上			
				普通ポルトランドセメント		5日以上	7日以上			
				中庸熱および低熱ポルトランドセメント，高炉セメントB種，フライアッシュセメントB種		7日以上	10日以上			
	乾燥・温度の急激な変化の防止	・目視確認 ・温度測定	・打込み後2日間	・コンクリート表面温度2℃以上				コンクリート工事担当者	8.3節	
	有害な振動や衝撃の防止	・目視確認	・打込み後1日間	・施工計画どおりであること ・1日間は作業をしない				コンクリート工事担当者	8.4節	
	重量物の積載防止	・積載量の測定 ・目視確認	・打込み後所定の期間	・施工計画どおりであること				コンクリート工事担当者	8.4節	
	降雨・降雪の対策	・天気予報の確認 ・降雨量の測定 ・目視確認	・打込み日 ・打込み後	・施工計画どおりであること				コンクリート工事担当者		
型枠の取外し	せき板の存置期間（基礎・梁側・柱・壁）	・打込み後の気温 ・打込み後の日数 ・圧縮強度	・せき板取外し前	セメントの種類	H	N, BA, SA, FA	BB, SB, FB	型枠工事担当者	9.10節	型枠の設計・施工指針8.1節
				20℃以上	2	4	5			
				20℃未満 10℃以上	3	6	8			
				・圧縮強度が5 N/mm² 以上（短期および標準） ・圧縮強度が10 N/mm² 以上（長期および超長期）						
	せき板の存置期間（スラブ下・梁下）	・圧縮強度（JASS 5 T—603） ・計算書の確認 ・圧縮強度	・せき板取外し前	・圧縮強度が設計基準強度の100 % 以上* ・原則として支保工を取り外した後に取り外す				型枠工事担当者	9.10節	型枠の設計・施工指針8.1節
	支保工の存置期間	・圧縮強度 ・計算書の確認	・支保工取外し前	・圧縮強度が設計基準強度の100 % 以上* ・圧縮強度が12 N/mm² 以上				型枠工事担当者	9.10節	型枠の設計・施工指針8.2節
	支保工の盛替え	・圧縮強度 ・盛替え範囲の確認	・支保工取外し前	・支柱の盛替えは原則として行わない				型枠工事担当者	9.11節	現場打コンクリートの型わく及び支柱の取外しに関する基準（建設省告示）
	有害な欠陥の調査と措置	・目視確認 ・スケール	・せき板取外し後	・施工計画どおりであること				コンクリート工事担当者	11.9節	

［注］＊適切な計算方法および強度測定において安全性を確認した場合は，この限りでない．
関係資料
建築工事標準仕様書・同解説　JASS 5　鉄筋コンクリート工事（2009年改定）
型枠の設計・施工指針（2011年改定）
鉄筋コンクリート造配筋指針・同解説（2010年改定）

9章　コンクリートの仕上がりの検査

9.1　総　　則

> a．構造体コンクリートの仕上がりの検査は，所定の施工管理がなされ，所要の仕上がり品質を確保していることを確認するために行う．
> b．構造体コンクリートの仕上がりの検査は，仕上がり状態およびかぶり厚さについて行う．
> c．施工者は，構造体コンクリートの仕上がりの確認方法を定め，工事監理者の承認を得る．
> d．検査の結果，不適合となった部分の措置は，工事監理者の指示に従う．また，その状況および処置方法を記録し，再発防止に努める．

　　a．b．構造体コンクリートの検査は，躯体のでき上がり状況についての最終的な検査であり，JASS 5の11節「品質管理・検査」によれば，構造体コンクリートの検査として，次の3項目があげられている．

　①　仕上がり状態の検査

　②　かぶり厚さの検査

　③　構造体コンクリート強度の検査

　JASS 5の2節で規定されている構造安全性，耐久性，耐火性，使用性，部材の位置・断面寸法の精度および仕上がり状態等の各種要求品質のうち，構造体コンクリートについては，上記3項目が相当する．これは，コンクリートの使用材料，調合，製造および施工がJASS 5の諸規定に従ったプロセス管理が行われたとすれば，構造体コンクリートとしては，これら3項目の検査・確認を行うことでJASS 5が求める品質の構造体コンクリートが実現できていると見なせるからである．本章は，構造体コンクリートの検査のうち，コンクリートの仕上がり状態の検査とかぶり厚さの検査を合わせて構造体コンクリートの仕上がりの検査とし，検査方法および判断基準の考え方について示したものである．なお，解説図1.3.1に示したように，構造体コンクリートの検査が終了した後，施工者が工事監理者の躯体検査を受けることになる．

　施工者は，構造体コンクリートが設計図書で要求している事項に適合していることについて客観的に説明できるように，3.4節で作成した品質管理計画書に従って，すべての検査・試験を実施しなければならない．

　　c．構造体コンクリートの仕上がりに関する品質については，あらゆる箇所について対象となりうるが，建物，用途ごとに重要となる箇所が異なるため，一律に試験・検査する箇所や判定基準等を定めることは困難である．したがって，不合格となった場合も含め，これらの詳細事項については工事監理者と事前に協議して定めておくことが重要である．

　　d．判定基準から外れた場合，施工者はまず第一に構造体コンクリートが所要の構造安全性，耐久性，耐火性などの性能を保有しているかについて検証することが重要である．検証の結果をふま

9.2 仕上がり状態の検査

a．仕上がり状態の検査項目は，部材の位置・断面寸法，表面の仕上がり状態，仕上がりの平たんさおよび打込み不具合とする．

b．コンクリート部材の位置および断面寸法の試験の方法は，事前に工事監理者と協議して定めた方法による．また判定基準は，表9.1に示す許容差の標準値を参考にして工事監理者と協議して定める．

表9.1　JASS 5におけるコンクリート部材の位置および断面寸法の許容差の標準値

項　目		許容差（mm）
位　置	設計図に示された位置に対する各部材の位置	±20
構造体および部材の断面寸法	柱・梁・壁の断面寸法	−5，+20
	床スラブ・屋根スラブの厚さ	
	基礎の断面寸法	−10，+50

c．コンクリートの表面の仕上がり状態（表面性状，床のひび割れ，壁のひび割れ，たわみ，コールドジョイント，豆板，砂すじなど）の試験方法は，事前に工事監理者と協議して定めておく．

d．コンクリートの仕上がりの平たんさの試験方法は，事前に工事監理者と協議して定めておく．また，判定基準は，表9.2に示す標準値を参考にして工事監理者と協議して定める．

表9.2　JASS 5におけるコンクリートの仕上がりの平たんさの標準値

コンクリートの内外装仕上げ	平たんさ（凹凸の差）（mm）
仕上げ厚さが7mm以上の場合または仕上げの影響をあまり受けない場合	1mにつき10以下
仕上げ厚さが7mm未満の場合その他かなり良好な平たんさが必要な場合	3mにつき10以下
コンクリートが見え掛りとなる場合，または仕上げ厚さがきわめて薄い場合，その他良好な表面状態が必要な場合	3mにつき7以下

a．JASS 5では，構造体コンクリートの仕上がりについての要求品質項目として，部材の位置・断面寸法，表面の仕上がり状態，仕上がりの平たんさおよび打込み不具合を規定し，その検査方法を定めている．部材の位置・断面寸法，表面の仕上がり状態および仕上がりの平たんさは，構造設計図または特記などにより定められており，設計図書で要求されている品質を有していることを検査・試験によって確認しなければならない．また，打込み不具合は，設計図書に明示されるケースは多くないものと思われるが，本来鉄筋コンクリート構造物にあってはならないものである．

b．JASS 5では1997年の改定時に，部材の位置・断面寸法を構造体および部材が具備すべき要求性能として位置づけている．これは，でき上がりの寸法自体が製品のもっとも基本的な要求性能

であり，その精度はその製品の他の要求性能にも大きく影響するだけではなく，生産プロセスの効率にも大きく影響することを考慮したものである．従来，鉄筋コンクリート構造物は，一般の工業製品に比べると，きわめて大きい寸法の部分から微細な部品寸法を持つ部分までが混在し，現場で一品生産されるものであることから現場合わせの考え方が強く，生産現場で寸法精度を重視して作業を管理する意識が希薄であった傾向がある．しかし，部材の位置・断面寸法は，建築物のデザイン上の見栄えまたは構造安全性，常時における使用性，耐火性，耐久性などの基本的な要求性能にとって重要であるばかりではなく，内外装仕上材，建具，非構造部材，設備部品などとの寸法整合性の上からも重要である．さらに，先組み鉄筋工法，プレキャスト複合コンクリート工法，システム型枠工法，機械化施工，各種部材の部品化などの施工の合理性を推進するためには，鉄筋コンクリート工事における寸法精度の確保および高度化は，不可欠の条件となる．

建築物におけるコンクリート部材の位置および断面寸法の許容差は，建築物の種類・用途・形状，コンクリート部材の種類・部位・仕上方法などによってさまざまであり，一様に定めることはできない．したがって，JASS 5 では，設計要求事項の許容差は，設計者が個々の設計において，各部材ごとに定めることとしている．表9.1 は現在の技術の水準で可能な範囲で，かつ建築物の必要な性能が確保されると考えられる値を標準値として示したものである．また，ここでの寸法精度は2次元の平面内での精度だけでなく，3次元空間内の所定の位置を意味しており，壁や柱などの鉛直部材の鉛直性（倒れ），梁やスラブなどの水平部材の水平度や勾配，部材間のあき寸法なども含んでいるものとして理解する必要がある．

部材の寸法や位置，平たんさなどの計測について，本指針の改定にあたって実施した施工者に対するアンケートの結果では，10 % または 25 % 以内程度のサンプル調査による場合，もしくは全数検査による場合に分かれ，物件および工事監理者ごとに検査数量や対象が異なっている状況であった．したがって，一律に基準を定めることは困難であるが，施工者は建築物に要求される精度，仕上げなどを考慮し，測定する箇所や測定面，位置などについても，あらかじめ工事監理者と協議し定めておく必要がある．

　　ｃ．コンクリートの表面の仕上がり状態を規定する要素は，大きく分けて2つある．1つは表面の凹凸の状態を示す平たんさおよび表面の色むらや気泡痕など，コンクリート面の肌合い（テクスチャ）に関するもの，1つは，コンクリートの打上がりに現れる表面の密実さの度合いや，豆板，コールドジョイントなどの打込みに伴って生じる不具合の有無である．また，コンクリートの表面としては，せき板に接して硬化する面とスラブ上面のこて仕上面などのせき板に接しない面に分けられる．さらに特殊なせき板や型枠を用いて打上がり面に凹凸模様をつけたり，骨材露出仕上げ，びしゃん叩き仕上げなどの特殊仕上げもある．したがって，コンクリートの仕上がり状態の検査・試験方法および判定基準は，工事監理者と協議して事前に定める必要がある．

打込み不具合としては，空洞，豆板，打継ぎ欠陥，気泡，砂すじ，硬化不良・コールドジョイント，ひび割れなどがある．特に過大なひび割れや打継ぎ欠陥などは構造体コンクリートとしての一体性を損ない，耐久性上の問題も引き起こすおそれがあるので，工事監理者と事前に検査・試験方法，判定基準，補修方法を決めておき，打込み不具合が生じた場合には，確実に補修を行うことが

重要である．打込み不具合の補修方法については，国土交通省大臣官房官庁営繕部監修「公共建築工事監理指針」[2]などを参考にするとよい．

　仕上がり状態の検査を実施する箇所，時期，頻度等についても事前に工事監理者と協議しておく．特に打込み不具合については，せき板取外し後などの適当な時期にその全数を検査することが望ましい．また，特に開口部周辺や隅角部，階段状となる部分，セパレータ周辺など充填が困難な部分について重点的に検査を行う．ひび割れについては，せき板および支保工を取り外した後の適当な時期に，ひび割れの有無を確認し，数量，幅，長さや形状なども記録しておく．

　d．コンクリートの仕上がりの平たんさは，コンクリート表面に施す内外装仕上げに応じて変化するので，JASS 5 では特記により定めることを原則としている．表 9.2 は，特記する場合または事前に工事監理者と協議して判定基準を定める場合の参考のために示したものである．また，解説表 9.2.1 に，国土交通省大臣官房官庁営繕部監修「公共建築工事標準仕様書（建築工事編）」[3]に示されている仕上がり状態の平たんさの基準値を示す．ここでは，仕上げの条件等が，より具体的に示されているので，判定基準を定める場合の参考にするとよい．

　仕上がりの平たんさの測定方法について，JASS 5 では，特記，JASS 5 T-604（コンクリートの仕上がりの平たんさの試験方法）または工事監理者の承認を受けた方法とされている．しかしながら，JASS 5 T-604 に示されている平たんさの試験器具については，市販されているものがないことや扱いが容易でないことなどが指摘されており，一般的にはレベル，トランシット，下げ振り，スケールなどによって測定されているようである．最近では，自動的に水平や垂直にレーザー光線を出す墨出し機が一般化しており，床面や壁面から一定の高さや距離の水平・垂直なレーザー光線をスケールや定規等に当てて，その数字を読み取ることで凹凸を測定することが可能である．

解説表 9.2.1　公共建築工事標準仕様書における仕上がりの平たんさの標準値[3]

コンクリートの内外装仕上げ	平たんさ	適用部位による仕上げの目安	
		柱・梁・壁	床
コンクリートが見え掛りとなる場合または仕上げ厚さが極めて薄い場合その他良好な表面状態が必要な場合	3 m につき 7 mm 以下	・化粧打放しコンクリート ・塗装仕上げ ・壁紙張り ・接着剤による陶磁器質タイル張り	・合成樹脂塗床 ・ビニル系床材張り ・床コンクリート直ならし仕上げ ・フリーアクセスフロア（置敷式）
仕上げ厚さが 7 mm 未満の場合，その他かなり良好な平たんさが必要な場合	3 m につき 10 mm 以下	・仕上塗材塗り	・カーペット張り ・防水下地 ・セルフレベリング材塗り
仕上げ厚さが 7 mm 以上の場合または下地の影響をあまり受けない仕上げの場合	1 m につき 10 mm 以下	・セメントモルタルによる陶磁器質タイル張り ・モルタル塗り ・胴縁下地	・タイル張り ・モルタル塗り ・二重床

9.3 かぶり厚さの検査

a．かぶり厚さの検査は，次の方法により実施する．
(1) コンクリートの打込み後，床面および水平・垂直打継ぎ面での鉄筋位置を確認する．
(2) せき板取外し後，コンクリート表面のかぶり厚さ不足の兆候の有無を確認する．
(3) かぶり厚さ不足が懸念される場合は，かぶり厚さの非破壊検査を行う．非破壊検査が不合格の場合は，破壊検査によってかぶり厚さを確認する．

b．非破壊検査の方法，合否判定基準，破壊検査による確認方法および不合格時の措置は，c〜iを参考に事前に工事監理者と協議して定めておく．

c．非破壊検査は，JASS 5 T-608（電磁誘導法によるコンクリート中の鉄筋位置の測定方法）または同等の精度で検査を行える方法によって行う．

d．検査箇所は，同一打込み日，同一打込み工区の柱，梁，壁，床または屋根スラブから，設計図および施工図を基にかぶり厚さ不足が懸念される部材をおのおの10％選択し，測定可能な面についておのおの10本以上の鉄筋のかぶり厚さを測定する．なお，測定結果に疑義がある場合は，ドリルによる穿孔などの破壊検査によって確認する．

e．測定結果に対する合否判定基準は，表9.3による．

表9.3 JASS 5におけるかぶり厚さの判定基準

項　目	判 定 基 準
測定値と最小かぶり厚さとの関係	$X \geq C_{min} - 10$ mm
最小かぶり厚さに対する不良率	$P(x < C_{min}) \leq 0.15$
測定結果の平均値の範囲	$C_{min} \leq X \leq C_d + 20$ mm

ただし，x　：個々の測定値（mm）
　　　　X　：測定値の平均値（mm）
　　　　C_{min}：最小かぶり厚さ（mm）
　　　　C_d　：設計かぶり厚さ（mm）
　　　　$P(x < C_{min})$：測定値がC_{min}を下回る確率

f．測定値と最小かぶり厚さの関係または最小かぶり厚さに対する不良率が不合格となった場合，不合格になった部材と同一打込み日，同一打込み工区の同一種類の部材からさらに20％を選択してかぶり厚さを測定し，先に測定した結果と合わせて最小かぶり厚さに対する不良率を求め，不良率が15％以下であれば合格とする．

g．f項の非破壊検査で不良率が15％を超える場合は同一種類の部材の全数検査を行い，不良率が15％以下であれば合格とする．

h．g項の検査で不良率が不合格となった場合は，耐久性，耐火性および構造性能を検証し，必要な補修を行う．

i．e項の検査で測定結果の平均値の範囲が不合格になった場合は，不合格となった部材の鉄筋が部材断面の中心部に偏って配置されていないことを確かめ，鉄筋が部材断面の中心部に偏って配置されているおそれのある場合は，構造性能を検証し，必要な措置を講じる．

a．かぶり厚さの検査は，一般にコンクリートの表面からの目視では行えない．しかし，極端な場合，例えば，鉄筋が露出するほどにかぶり厚さが小さい場合や，かぶり厚さが非常に小さくて少し時間が経つとコンクリートの表面にさび（錆）やひび割れが現れてくる場合には，コンクリートの表面からの目視によってもかぶり厚さの検査ができることがある．また，下階から上階まで鉄筋が伸びている柱，壁または増築を予定していたり，次回の打継ぎ用に鉄筋を伸ばしている場合など

は，その断面から出ている鉄筋によってかぶり厚さが推定できる．かぶり厚さの検査では，上記に述べたように，せき板を取り外した後，すみやかにコンクリート表面について目視による外観調査を行い，また，ある時間を経過した後に，絶えずコンクリートの表面の変化に注意し，かぶり厚さ不足の兆候の有無について調べることが必要である．

　JASS 5 では 2009 年の改定によって，かぶり厚さの検査の方法として，電磁誘導法による非破壊検査方法（JASS 5 T-608）を提示し，かぶり厚さ不足が懸念される場合には，非破壊検査による検査を行い，そこで不合格となったものについては，破壊検査によって確認することとされた．本指針においても，その考え方にならい，外観検査によるかぶり厚さ不足の兆候が見られる場合や，かぶり厚さ不足が懸念される場合について，非破壊検査を行うこととした．

　b．前述のとおり，かぶり厚さの検査方法および判定基準については JASS 5 に示されており，それを参考に検査の箇所，数量，方法，判定基準および不合格となった場合の措置について，事前に工事監理者と協議の上で決定する必要がある．特に，非破壊試験による検査方法については，試験機器の種類や適用範囲，測定精度なども考慮し，測定結果の補正方法も含めて決定することが重要である．

　c．かぶり厚さを測定するための非破壊試験法は，JASS 5 T-608 に示された電磁誘導法によるほか，電磁波レーダ法が一般的である．電磁誘導法には，コンクリートの含水状態の影響を受けないという利点があり，せき板取外し後のようなコンクリートの含水状態が一様でない場合でも適用が比較的容易な方法である．ただし，近接する鉄筋の影響を受けることや測定装置に設定した鉄筋径と実際の鉄筋径が異なると測定結果に誤差が生じることなどから，JASS 5 T-608 に示されるように，適切な補正を行って近接鉄筋の影響を補正することや測定対象となる鉄筋径を適切に設定することが重要である．一方，電磁波レーダ法は，比誘電率（真空中の電磁波速度と測定媒体中の電磁波速度の比）および鉄筋からの電磁波の反射時間によってかぶり厚さが計測される．測定の方法は，非破壊検査協会規格（NDIS 3429：2011　電磁波レーダ法によるコンクリート構造物中の鉄筋探査方法[4]）などが参考にできるが，比誘電率がコンクリートの含水状態の影響を受けることから，測定箇所のコンクリートの含水状態を考慮して比誘電率を適切に設定する必要がある．

　また，非破壊試験の場合，適切な測定を行うためには，測定方法および測定装置だけでなく測定技術者の技量が特に重要になる．現在，JASS 5 T-608 に基づく技術講習・資格認証として解説表 9.3.1 のような講習が実施されており，これらの受講者など，一定の技量や経験を有する者が測定を行うことが望ましい．また，公益社団法人日本コンクリート工学会が認定するコンクリート診断士の有資格者は，かぶり厚さの調査および鉄筋コンクリート構造に関する知識や経験を有するものとして考えられる．

解説表 9.3.1　JASS 5 T-608 に基づく技術講習の例

講　習　名	主　催　者
電磁誘導法による鉄筋探査測定実務講習会	一般財団法人建材試験センター
コンクリート現場試験技能者認定制度（電磁誘導法によるコンクリート中の鉄筋のかぶり厚さ測定方法）	一般財団法人日本建築総合試験所
「鉄筋コンクリート造建築物の電磁誘導法による鉄筋位置測定技術者」講習会 「コンクリート構造物の配筋探査技術者資格認証試験」	一般社団法人非破壊検査工業会

　d．かぶり厚さの検査を行う箇所および数量についても，事前に工事監理者と協議の上，定めておく．かぶり厚さ不足が懸念される箇所として，JASS 5 では，①部材の下面とその隅角部や端部，②部材が交差する配筋密度が高い部位，③鉄筋の継手・接合箇所および定着筋周辺，などの部位・箇所が例示されている．検査実施の頻度（箇所数）について，本指針改定にあたって施工者に対して実施したアンケート結果によれば，おおむね同一工区や同一打込み日などの単位ごとに 10 % 程度の部材を抽出して実施されており，JASS 5 の規定どおりとなっているようである．また，ここでの測定は非破壊試験であり，測定結果が完全に信頼できるデータであるとは限らない．特に，設計図書と異なる配筋が行われている場合，異物が混入されている場合，セパレータの近傍で測定を行った場合など，設計図書の値や他の測定値とは極端にかけ離れた値が測定される場合がある．このように測定結果に疑義が生じた場合には，ドリル削孔などの局部的な破壊検査によって状況を確認することが望ましい．

　e．かぶり厚さの測定結果に対する合否判定基準は，JASS 5 の規定に従うこととした．すなわち，①測定値が少なくとも各部材の最小かぶり厚さから 10 mm を差し引いた値を上回っていること，②最小かぶり厚さを下回る不良率が 15 % 以下であること，③測定部材ごとの測定結果の平均値が最小かぶり厚さ以上で設計かぶり厚さに 20 mm を加えた値を超えないこと，を判定基準としている．ここで，かぶり厚さのばらつきを正規分布と仮定して標準偏差を 10 mm とした場合に，設計かぶり厚さを最小かぶり厚さに対して 10 mm 加えた値とした場合の最小かぶり厚さを下回る確率は約 15 % となる．

　最近の建築物のかぶり厚さのばらつきについて，18 棟の実建物を対象とした西村らの調査結果[5]によれば，部材の種別および建物別に見た場合の標準偏差は，スラブ下面が 10 mm 以下であるものの，それ以外の柱，壁，梁などでは，標準偏差は 10～20 mm の範囲にあることが示されている〔解説図 9.3.1，9.3.2〕．ただし，ここでのばらつきには，設計段階でのかぶり厚さの割増しや施工段階での打増しによる影響が含まれているため，施工における誤差を表す指標として同一測定面における部材内の標準偏差を考えた場合には，スラブ下面が 3.4 mm，その他の部材でも 5～8 mm の範囲にあることが示されている〔解説図 9.3.3，9.3.4〕．また，28 棟を対象とした濱崎らによる調査結果[6]においても，非破壊試験により実測したかぶり厚さから設計かぶり厚さを差し引いた値の標準偏差は，部材別には 10～20 mm 程度となっているものの，部材内偏差の平均値は 3～6 mm 程度となっている．JASS 5 では，鉄筋コンクリート造建築物のかぶり厚さの"目標とする標準偏差"を 10

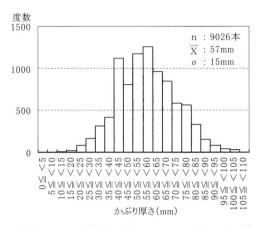

解説図 9.3.1 部位別（柱）のかぶり厚さの分布[5]

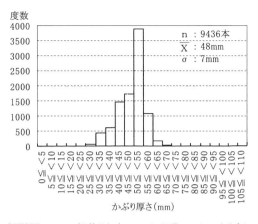

解説図 9.3.2 部位別（スラブ下面）のかぶり厚さの分布[5]

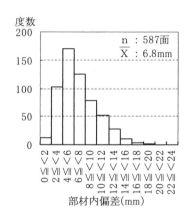

解説図 9.3.3 部材内偏差の分布（柱）[5]

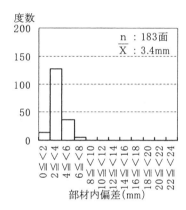

解説図 9.3.4 部材内偏差の分布（スラブ下面）[5]

mm と設定しており，品質管理の目標としては，標準偏差が 10 mm 以下となるような管理を目標とすべきである．

また，かぶり厚さが極端に小さい箇所では，鉄筋の腐食によるかぶりコンクリートのはく落を生じたり，鉄筋とコンクリートの付着強度を確保するためのかぶり厚さが不足することなどが懸念される．このようなことが生じないよう，最小かぶり厚さより 10 mm 小さい値を個々の測定値の判定基準としている．

かぶり厚さが大きすぎる場合には，部材の反対側のかぶり厚さが小さくなっている可能性や，鉄筋位置が内側に寄りすぎて所要の構造性能を得られなくなることが懸念される．そのため，測定値の平均値が，設計かぶり厚さに対し 20 mm 以上大きくならないような判定基準が定められている．しかしながら，最近では鉄筋交差部の納まりや目地深さの確保，タイルの割付け等を考慮して，設計上の断面よりも部材断面を大きくする"打増し"が行われている場合も多く，解説図 9.3.5[6]からも打増しを大きくすることによって設計かぶり厚さよりも実際のかぶり厚さが大きくなっていることがわかる．したがって，打増しを行った場合には，設計かぶり厚さに，打増しした寸法を加えた値に対して評価を行うことが妥当であろう．ただし，打増し等を行った場合にその寸法に応じたス

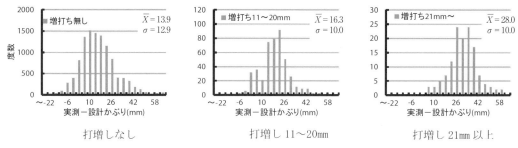

打増しなし　　　　　　　　打増し 11〜20mm　　　　　　打増し 21mm 以上

解説図 9.3.5　柱部材における増し厚の影響によるかぶり厚さ分布の比較[6]

ペーサを選択していない場合には鉄筋の倒れやあばれが大きくなり，ばらつき（標準偏差）が大きくなる可能性があることも指摘されている[7),8)]ため，その点についても注意が必要である．

　f．g．h．本指針では，JASS 5との整合性を考慮し，かぶり厚さの検査のサンプリングの考え方についても同様の考え方とすることを標準とした．検査の結果，最小かぶり厚さとの関係，または最小かぶり厚さに対する不良率が不合格となった場合は，さらにサンプル数を20％追加して合計30％で判定する．この場合，かぶり厚さの最小値の規定のみが不合格となった場合についても，サンプル数を30％とした上で不良率の判定を行う．それでも，不良率が15％を超える場合には全数検査により判定する．

　g項の検査において不良率が不合格となった場合には，一般的な施工誤差の範囲を超えてその建築物のかぶり厚さが小さいことが懸念される．したがって，耐久性，耐火性および構造安全性の観点から所要の性能を満たしているかを検証し，必要に応じて補修を行う．かぶり厚さの最小値の規定が不合格であった場合も同様に所要の性能を満たしているかを検証する．検証にあたっては，JASS 5の3.11「かぶり厚さ」の解説において耐久性上，防火上，構造性能上で必要なかぶり厚さの考え方が示されているのでこれらを参考にするとよい．

　かぶり厚さを確保するための補修方法については，建築基準法および関係法令の規定を満足する必要があり，法令の規定および所要の性能を満足する補修方法について工事監理者と協議して定める．鉄筋コンクリート造建築物のかぶり厚さは，建築基準法施行令第79条に規定されており，ここでのかぶり厚さを構成するコンクリートは，JIS A 5308に適合するものまたは国土交通大臣の認定を受けたものでなくてはならない．ただし，2001年国土交通省告示第1372号において，上記施行令第79条第1項を適用しない鉄筋コンクリート部材について定められており，この中でポリマーセメントモルタルなどのコンクリート以外の材料を使用する部材の構造方法が定められている．また，耐火構造が要求される場合には，2000年旧建設省告示第1399号に規定されているように防火上支障のないことが求められることになる．このときの具体的な材料の選択方法，補修工法および補修部材の耐火性能の評価方法等については，独立行政法人建築研究所においてとりまとめられた「建築研究報告　No.147」[9)]が参考にできる．

　i．e項の検査で不合格となった場合，当該部材の別の面が測定可能な場合には必ず測定を行い，かぶり厚さ不足を生じていないかどうかを確認する．また，部材の断面寸法の測定を行い打増しの有無や大きさを確認し，鉄筋が部材内部や一部の面に偏って配置されていないかどうかを確認する．

鉄筋が一部の面に偏って配置され，かぶり厚さが極端に小さくなっている場合には，付着割裂破壊に対する検証が必要となる．また，鉄筋が中央部に寄っている場合には鉄筋の有効幅や有効せいが小さくなる．これらの検証方法等については，前述のJASS 5のほか，本会「鉄筋コンクリート構造計算規準・同解説」[10]等を参考にするとよい．

参考文献

1) 日本建築学会：建築工事標準仕様書・同解説　JASS 5　鉄筋コンクリート工事，2009
2) 国土交通省大臣官房官庁営繕部監修：建築改修工事監理指針　平成25年版（上巻），pp.454-460，2014
3) 国土交通省大臣官房官庁営繕部監修：公共建築工事標準仕様書　平成25年版（建築工事編），公共建築協会，豊文堂，2013
4) 日本非破壊検査協会：NDIS 3429：2011　電磁波レーダ法によるコンクリート構造物の鉄筋探査方法，2011
5) 西村進，桝田佳寛，松崎育弘，園部泰寿：実際の鉄筋コンクリート造建築物におけるかぶり厚さの分布に関する調査と分析，日本建築学会構造系論文集，第75巻，第649号，pp.491-497，2010.3
6) 濱崎仁，加納嘉，神代泰道，吉岡昌洋，住学，土屋芳弘，三枝輝昭，山岸直樹，閑田徹志，安田正雪：RC建築物のかぶり厚さ確保に関するアンケートおよび実測調査結果　その2　かぶり厚さの分布に関する調査結果，日本建築学会大会学術講演梗概集　A-1，pp.635-636，2012.9
7) 西村進，桝田佳寛，松崎育弘，園部泰寿：鉄筋コンクリート造建築物の柱・梁側面におけるかぶり厚さの分布に及ぼす割増しや打増しの影響，日本建築学会構造系論文集，第75巻，第657号，pp.1941-1946，2010.11
8) 西村進，桝田佳寛，松崎育弘，園部泰寿：鉄筋コンクリート造建築物の壁・梁・スラブにおけるかぶり厚さの分布に及ぼす割増しや打増しの影響，日本建築学会構造系論文集，第75巻，第658号，pp.2079-2085，2010.12
9) 濱崎仁，鹿毛忠継，萩原一郎，吉田正志，茂木武，根本かおり，日本建設業連合会かぶり厚さ確保研究会：鉄筋コンクリート造建築物のかぶり厚さ確保に関する研究，建築研究報告，No.147，2013.3
10) 日本建築学会：鉄筋コンクリート構造計算規準・同解説，2010

10章　コンクリートの圧縮強度の検査

10.1　総　　則

> a．コンクリートの圧縮強度は，レディーミクストコンクリートの受入れ時，型枠取外し時，湿潤養生の打切り時および構造体コンクリート強度の確認時に検査する．
> b．コンクリートの圧縮強度の検査のための試験は，JIS A 1108（コンクリートの圧縮強度試験方法）による．ただし，供試体の寸法はφ100×200 mmを標準とする．また，供試体の養生方法は，10.2節以降による．
> c．供試体は，原則として，工事現場の荷卸し地点で採取する．
> d．受入検査は，レディーミクストコンクリートが発注した条件に適合していることを確認するために行う．
> e．型枠取外し時および湿潤養生の打切り時の検査は，構造体コンクリートが所要の強度に達していることを確認するために行う．
> f．構造体コンクリート強度の検査は，構造体に打ち込まれたコンクリートの圧縮強度が設計基準強度および耐久設計基準強度を確保していることを確認するために行う．試験は，第三者試験機関で行う．
> g．構造体コンクリートの圧縮強度の検査用の供試体の養生方法を標準養生とする場合は，受入検査用の供試体と併用することができる．併用する場合は，品質管理計画書に明記し，工事監理者の承認を得る．

a～f．JASS 5では，コンクリートの圧縮強度の検査を下記の3種類に分けて規定している．

① 使用するコンクリートの圧縮強度：コンクリートが本来発揮し得る受入れ時のポテンシャルの圧縮強度

② 型枠の取外し時および湿潤養生打切り時の構造体コンクリートの圧縮強度

③ 構造体コンクリートの圧縮強度：構造体に打ち込まれたコンクリートの圧縮強度

本章は，①としてのレディーミクストコンクリートの受入れ時の検査，②としての型枠取外し時および湿潤養生の打切り時の検査，③構造体コンクリート強度の検査の考え方について示すものである．

強度試験用供試体の寸法は粗骨材の最大寸法によって異なるが，建築工事では，最大寸法が20～25 mmのものが多いので，供試体の寸法は原則，φ100×200 mmとしている．なお，基礎などで最大寸法が40 mmの粗骨材を用いる場合には，φ125×250 mmまたはφ150×300 mmの寸法の供試体を用いる．

工事現場に納入されるレディーミクストコンクリートが発注した圧縮強度を満たしているものであるかどうかをチェックすることは，コンクリート工事における品質管理を行う上で非常に重要なプロセスの1つである．一方，レディーミクストコンクリート生産者は，JIS A 5308（レディーミクストコンクリート）に適合した製品を出荷していることを保証するため，この品質を確認する義務がある．前者はJASS 5に基づく受入検査であり，施工者は，設計図書や工事監理者によって示

されるコンクリートの圧縮強度を確保するためにレディーミクストコンクリートの受入れ時にこの品質を確認することが要求されている．後者はJIS A 5308に基づく製品検査であり，生産者側の立場で行う検査であることから，他の現場のコンクリートのデータも併せて扱われることがある．また，複数の打込み日にまたがって1回の検査ロットを構成することもある．本小委員会で行ったレディーミクストコンクリート工場を対象としたアンケート調査によると，「建築工事の場合，コンクリートの受入試験・検査と製品検査を兼用して製造者側で行いますか，同時に行うことが多いですか．」の問いかけに対しては，約半数（45 %）が「ほとんど行っている」または「半数程度行っている」との回答であり，この2つが混同されているケースが数多く見られた．ただし，両者は本来，別の試験・検査であることに注意しなければならない．

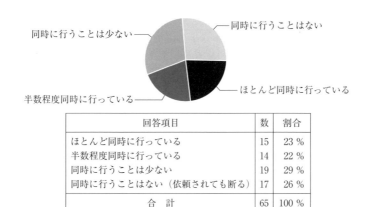

回答項目	数	割合
ほとんど同時に行っている	15	23 %
半数程度同時に行っている	14	22 %
同時に行うことは少ない	19	29 %
同時に行うことはない（依頼されても断る）	17	26 %
合計	65	100 %

解説図 10.1.1　受入検査と製品検査の併用の割合に対するアンケート結果

　型枠の取外し時および湿潤養生の打切り時の検査は，構造体に打ち込まれたコンクリートが型枠の取外し時および湿潤養生打切り時の強度を確保しているかどうかを確認するために行うものである．なお，型枠は，せき板と支保工またはせき板と支柱からなり，せき板と支柱について，おのおのの取外し時の基準が定められている．

　構造体コンクリートの圧縮強度の検査は，構造体に打ち込まれたコンクリートが設計基準強度および耐久設計基準強度を確保しているかどうかを推定するために行うものである．したがって，これらの検査は，後述するように試験方法や合否の判定基準が異なっている．

　g．本指針においては，構造体コンクリートの圧縮強度の検査用の供試体の養生方法を標準養生とする場合は，受入検査用の供試体と併用することができるとした．ただし，この場合は，あらかじめ品質管理計画書にこのことを明記した上，工事監理者の承認を受ける必要がある．

　解説表10.1.1に，構造体コンクリートの圧縮強度の検査用の供試体と受入検査用の供試体を併用した場合の試料採取のパターンを示す．パターン①は受入検査用の供試体と構造体コンクリート強度の検査用の供試体を分ける従来型の方法，パターン②は今回の改定において，構造体コンクリート強度の検査用の供試体と受入検査用の供試体を完全併用する場合の試料採取方法の目安を示したものである．

解説表 10.1.1 試料採取における「併用」,「併用しない」場合の比較

1日の打込み量の目安	試料採取	従来の方法（パターン①）				合計個数	完全併用型（パターン②）		個数
		受入検査		構造体コンクリート検査			検査ロット	構造体（標準養生）＝受入検査	
		検査ロット	標準養生	検査ロット	現場水中養生 現場封かん養生				
0〜450 m³	0〜150 m³	450 m³	○○○[1]	150 m³	○	18	450 m³	○○○	9
					○				
					○				
	150〜300 m³		○○○	150 m³	○			○○○	
					○				
					○				
	300〜450 m³		○○○	150 m³	○			○○○	
					○				
					○				

[注] (1) ○：供試体1個を示す

解説表 10.1.1 のうち，パターン①と②の試料採取数と受入検査と構造体コンクリート強度の検査の相違点を解説表 10.1.2 に示す．

解説表 10.1.2 レディーミクストコンクリートの受入検査と構造体コンクリートの圧縮強度の検査の相違点

項 目	受入検査（使用するコンクリート）	構造体コンクリートの検査		
		従来型		完全併用型
		管理材齢28日	管理材齢28日を超え91日以内	管理材齢28日
検査の主体	施工者			
検査ロットの大きさ	450 m³ 以下	打込み工区，打込み日ごとかつ150 m³ 以下		打込み工区，打込み日ごとかつ450 m³ 以下
試験・検査回数	・試験は約150 m³ に1回 ・検査は3回の試験で1ロットを構成	1回の試験で1検査ロットを構成		・試験は約150 m³ に1回 ・検査は3回の試験で1ロットを構成
供試体の採取（1回の検査）	任意の1運搬車から3個ずつ	任意の3運搬車から1本ずつ，計3個[1]	任意の3運搬車から1本ずつ，計3個	任意の1運搬車から3個ずつ
供試体の養生	標準養生	標準養生または現場水中養生[2]	現場封かん養生	標準養生
試験材齢	調合強度を定めるための基準とする材齢（28日）	28日[3]	28日を超え91日以内のn日	28日
試験機関	施工者または第三者試験機関	第三者試験機関		
判定の基準	呼び強度の値（F_N）	品質基準強度（F_q）		調合管理強度（F_m）
合格判定の条件式	① $x_{28,i} \geq 0.85 F_N$ かつ ② $\bar{x}_{28} \geq F_N$	Ⅰ．標準養生の場合 $\bar{x}_{28} \geq F_q + {}_{28}S_{91}$ Ⅱ．現場水中養生の場合 $\bar{x}_{28} \geq F_m$（20℃以上） $\bar{x}_{28} \geq F_q + 3$（20℃未満）	$\bar{x}_n \geq F_q + 3$	① $x_{28,i} \geq 0.85 F_m$ かつ ② $\bar{x}_{28} \geq F_m$

[注] (1) 予備供試体として，さらに3個採取しておくとよい
(2) 予備供試体は，現場封かん養生とする
(3) 予備供試体の試験材齢は，28日を超え91日以内のn日とする

10.2 受入れ時の検査

a．1回の圧縮強度試験は，打込み工区ごと，打込み日ごとに行う．ただし，1日の打込み量が150 m³を超える場合は，150 m³以下にほぼ均等に分割した単位ごとに行う．
b．1検査ロットは，3回の試験で構成する．
c．採取した試料について，スランプ，空気量，コンクリート温度を測定する．
d．圧縮強度試験の方法は，下記①～⑥による．
　① 供試体作製のための試料は，7.4節で採取した試料と同一の試料とする．
　② 1回の試験のために同一試料から採取した3個の供試体を用いて行う．
　③ 供試体の作製は，JIS A 1132（コンクリートの強度試験用供試体の作り方）による．
　④ 供試体の養生方法は，標準養生とする．
　⑤ 圧縮強度試験の材齢は，調合強度を定めるための基準とする材齢とする．
　⑥ 圧縮強度試験は，JIS A 1108（コンクリートの圧縮強度試験方法）による．
e．圧縮強度の判定は，3回の試験結果が下記①および②を満足する場合に合格とする．
　① 1回の試験結果は，購入者が指定した呼び強度の強度値の85％以上であること．
　② 3回の試験結果の平均値は，購入者が指定した呼び強度の強度値以上であること．
f．検査の計画段階で，早期材齢で圧縮強度試験を行うことを定めた場合は，28日の場合と同様に圧縮強度の検査を行う．

　a～d．JASS 5 によれば，受け入れ時の圧縮強度の検査は，150 m³ に1回試験し，3回の試験結果によって合否を判定することになっている．したがって，検査ロットの大きさは，通常は450 m³ ということになる．しかし，1回の打込み量がちょうど450 m³ になるとは限らないので，そのような場合の検査ロットの大きさは，この値を目安として施工者が決めることになる．

　検査ロットの取り方をどのように決めるかについては2通りの考え方がある．1つは同一打込み日で実施する場合，もう1つは，複数の打込み日・打込み工区にまたがって検査ロットを構成する場合である．ただし後者の場合，できるだけ短い期間内に行われた試験結果をまとめるべきである．なお，3回の試験結果をまとめるとすると小規模工事では1つの階が1回の打込み量になるので，3階分のコンクリートで1検査ロットになる．合否の最終的な判定は，1階の工事期間は10日程度とすると20日後の打込みを行ってからということになる．

　ところで，一般のコンクリート工事の1日の打込み量は100～300 m³ が多いことを勘案すると，レディーミクストコンクリートの受入検査は同一日のロットで構成することができず，場合によっては複数の日数にわたる検査となることが考えられる．これを避けるには，受入検査も構造体コンクリート強度の検査と同じロットの取り方をすればよい．試験回数は JASS 5 や JIS A 5308 の規定より多くなるが，検査に対する精度が向上し，かつ同一打込み日内の判定が可能になる．したがって，通常よく製造されている呼び強度・スランプのレディーミクストコンクリート以外のときには，ほかの打込み日・打込み工区と組み合せて検査ロットを構成するよりも，1日の打込みで検査ロットを構成するほうが望ましいといえよう．

　解説図 10.2.1～10.2.3 は，本会コンクリート施工品質管理研究小委員会の調査結果を示したものであるが，解説図 10.2.1 によると1日の打込み量は100～200 m³ の現場が最も多く約30％あり，次いで200～300 m³ が多く，100 m³ 未満が約16％ある．また解説図 10.2.2 および 10.2.3 は，検査ロッ

トの大きさと検査回数を調べたものである．検査ロットの大きさは 150 m³ が最も多く，次いで 450 m³ が多い．また，検査回数は 100〜150 m³ に 1 回というのが最も多く，次いで 50〜100 m³ に 1 回というのが多い．

検査ロットの大きさを 150 m³ とすると，その中で 3 回の試験が必要であるので検査は 50 m³ に 1 回行わなければならず，その点から考えるとこの結果には矛盾がある．しかし，いずれにせよ打込み量が 100〜150 m³ の場合は 1 回の検査を行い，150 m³ を超えると 2 回の検査を行う場合と 1

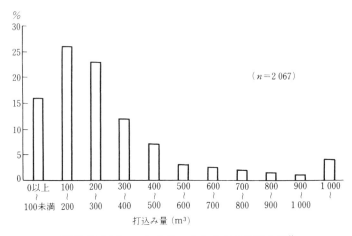

解説図 10.2.1 コンクリートの 1 日の打込み量[1)]

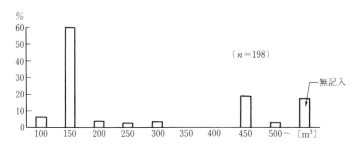

解説図 10.2.2 レディーミクストコンクリートの圧縮強度の検査ロットの大きさ[1)]

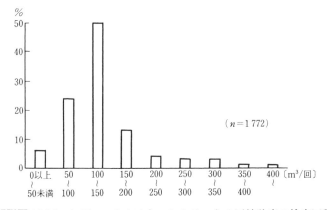

解説図 10.2.3 レディーミクストコンクリートの圧縮強度の検査回数[1)]

回の打込みに対して1回の検査を行う場合があることが推察される．1回の検査あたりのコンクリート打込み量が150 m³ を超えるものが20 % あるが，これが後者の例と推察される．一方で1回の打込み量が100 m³ より少ない場合は，少なくとも1回の検査は行っているようである．

1回の圧縮強度試験に用いる供試体は，1運搬車から3個採取する．その他に早期判定試験を行う場合は，3個を追加して（計6個）採取する．供試体を採取するコンクリートについては，ワーカビリティー，スランプ，空気量，コンクリート温度などの試験を行い，フレッシュコンクリートとしての性状を把握しておく．1検査ロットではこれを3回行う．

採取した供試体は，その当日は現場内の採取試料置場に乾燥しないように湿布等を掛けて保管しておく．供試体は，翌日，標準養生を行う場所に移動してキャッピングを行うか，端面を研磨する場合は，翌日に脱型して標準養生を行う．なお，その間は，なるべく外気温の影響を受けないようにする．工事現場に標準養生水槽を設けていない場合には，レディーミクストコンクリート工場または試験を委託した第三者試験機関の試験室に運び，試験日まで養生する．供試体の運搬に際しては，供試体に損傷を与えたり，乾燥させたりしないように注意する．

圧縮強度試験は材齢28日で行うが，呼び強度を保証する材齢を指定した場合には，その材齢で行う．また，早期材齢で予備的な判定を行うには，その材齢（通常は7日）で試験を行う．

1日の打込み量の目安が50 m³ 以下となるような場合の受入検査用の検査ロットについては，工事監理者と協議の上，例えば一検査ロットを3回ではなく，3個の供試体を用いた1回の試験で構成し，試験結果が，購入者が指定した呼び強度の強度値以上であることを確認するなどの方法もある．

e．受入検査における合否の判定基準を式で表すと，次のとおりである．

$$x_i = \frac{\sum_{j=1}^{3} x_{ij}}{3} \geqq 0.85 F_N \tag{解 10.2.1}$$

$$\bar{x} = \frac{\sum_{i=1}^{3} x_i}{3} = \frac{\sum_{i=1}^{3}\sum_{j=1}^{3} x_{ij}}{9} \geqq F_N \tag{解 10.2.2}$$

ここで，x_{ij}：i 回目の試験における j 番目の試験結果（N/mm²）

F_N：呼び強度（N/mm²）

（解 10.2.1）式は，3回の試験結果の平均値が呼び強度以上であれば，そのうちの各1回の試験結果は呼び強度の85 % 以上であればよいということを示している．しかし，これは解説図10.2.4 に示すように，3回の試験のうちの個々の試験によって代表される150 m³ のコンクリートの圧縮強度が常に呼び強度の85 % の近傍にあってもよいというわけではない．JIS A 5308 の圧縮強度の規定は，解説図10.2.5 に示すようなロット全体としては正常な生産状態であっても，任意の1群からサンプルを抽出して検査する場合には呼び強度を下回ることもあることを考え，その場合の最小強度を保証するためのものである．（解 10.2.1）式および（解 10.2.2）式は，コンクリートの生産が安定していることを前提とするものであり，解説図10.2.4 のような場合には，合格と判定されるにしても好ましい生産状態とは言いがたい．

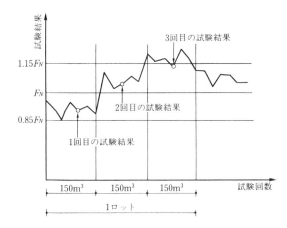

解説図 10.2.4 （解 10.2.1）式および（解 10.2.2）式を満足しているが望ましくない例[1]

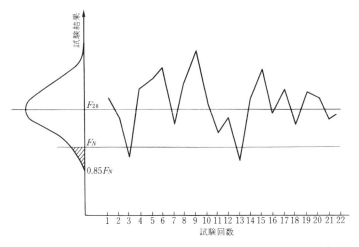

解説図 10.2.5 JIS A 5308 の規定を満足しているといえる例[1]

解説表 10.2.1 および解説図 10.2.6 は，一般財団法人日本建築総合試験所での 1997 年度のコンクリート圧縮強度試験結果を集計したものである．解説表 10.2.1 によれば，実強度の平均値の割合は，呼び強度の 23～41 ％増とかなりの割増率になっている．また，解説図 10.2.6 の季節別コンクリート圧縮強度ヒストグラムを見ると，各季節とも呼び強度の 85 ％を下回るものはないが，冬期は他の季節に比較して圧縮強度の平均が高く，変動係数も大きくなっている．

f．コンクリートの圧縮強度の検査結果は，試験の材齢日（一般的に 28 日）までわからないが，その間にも工事は進行している．後になって圧縮強度試験の結果が不合格となっても適切な対応が困難になるため，できるだけ早い段階で検査結果を予想することが望ましい．圧縮強度の早期判定方法としては，本会「鉄筋コンクリート造建築物の品質管理および維持管理のための試験方法」において各種の方法が示されている．また，JASS 5 T-602（工事現場練りコンクリートの調合強度の管理試験方法）には，材齢 7 日の圧縮強度から材齢 28 日の圧縮強度を推定する式（解 10.2.3）が示されている．

解説表 10.2.1 呼び強度に対する実強度平均値の例

呼び強度 (F_N)	総平均値 ($\overline{X}$) N/mm^2	$\overline{X}/F_N$	件数
18	25.3	1.41	1 196
21	28.1	1.34	6 241
22.5	30.7	1.36	210
24	31.3	1.31	3 934
27	34.9	1.29	2 283
28.5	39.1	1.37	102
30	38.0	1.27	409
33	42.6	1.29	30
36	43.3	1.23	31

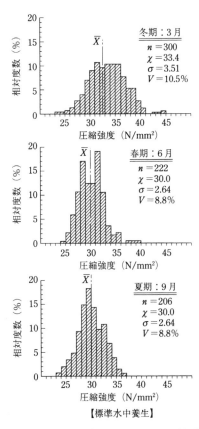

解説図 10.2.6 季節別コンクリート圧縮強度ヒストグラムの例（呼び強度：24，材齢 4 週）[1]

$$F_{28} = A \times F_7 + B \quad (\text{N/mm}^2) \qquad (解 10.2.3)$$

ここに，F_{28}：材齢28日の圧縮強度の推定値（N/mm²）

F_7：材齢7日の圧縮強度（N/mm²）

A，B：係数〔解説表10.2.2〕

解説表 10.2.2　係数 A および B の値

普通ポルトランドセメント		早強ポルトランドセメント		高炉セメント A 種 フライアッシュセメント B 種		高炉セメント B 種	
A	B	A	B	A	B	A	B
0.97	8.82	1.0 (1.0)	8.0 (5.0)	1.35 (1.25)	3.0 (0.0)	0.57	23.34

［注］（ ）内は高炉スラグ砕石を用いた場合

　このような早期判定を行うことは義務ではないが，日常の品質管理業務の作業の中に取り入れることが望ましい．この計算結果から不適格が予想される場合には，次に打ち込まれるコンクリートの調合を調整するなどの処置をすみやかに行わなければならない．なお，受入検査の計画段階で早期材齢による圧縮強度試験を行うことを定めた場合には，その材齢で本節 d 項の「圧縮強度の検査」の各項に準じた試験・検査を行う．

　早期材齢の圧縮強度試験を行って28日強度を推定し，その強度が呼び強度を満足しないと判断された場合には，10.5 a 項に示すような対策を講じる．ただし，この早期判定の試験結果だけでそのレディーミクストコンクリートを不適格と判定するものではない．

10.3　型枠取外し時・湿潤養生打切り時の検査

a．スラブ下および梁下を除く型枠取外し時・湿潤養生打切り時の検査ロットは，構造体コンクリート強度の検査ロットと同一とし，1検査ロットについて1回の試験を行う．
b．圧縮強度試験の方法は，JASS 5 T-603（構造体コンクリートの強度推定のための圧縮強度試験方法）による．
c．スラブ下および梁下を除く型枠は，計画供用期間の級が短期および標準の場合は5 N/mm² 以上，長期および超長期の場合は10 N/mm² 以上の場合に取り外すことができる．
d．湿潤養生は，計画供用期間の級が短期および標準の場合は10 N/mm² 以上，長期および超長期の場合は15 N/mm² 以上の場合に打ち切ることができる．ただし，所定の圧縮強度が得られるまで湿潤養生をしない場合は，それぞれ10 N/mm² 以上，15 N/mm² 以上となるまで型枠を存置するものとする．

　a～d．型枠脱型時・湿潤養生打切り時の検査ロットは構造体コンクリート強度の検査ロットと同一とし，1検査ロットについて1回の試験を行う．すなわち，後述する構造体コンクリートの圧縮強度検査用供試体と同じ時期に採取するのがよい．150 m³ を超す量がわずかである場合には，構造体コンクリート強度の検査と同様に，150 m³ 前後の量でほぼ均等になるように区分するとよい．圧縮強度試験の方法は，JASS 5 T-603（構造体コンクリートの強度推定のための圧縮強度試験方法）による．

　スラブ下および梁下を除く型枠（せき板）の存置は，計画供用期間の級が短期および標準の場合

は 5 N/mm² 以上，長期および超長期の場合は 10 N/mm² に達するまで行う．また，湿潤養生打切り時は，計画供用期間の級が短期および標準の場合は 10 N/mm² 以上，長期および超長期の場合は 15 N/mm² に達するまで行う．ただし，耐久性確保の観点からは，型枠（せき板）の存置期間および湿潤養生期間は可能な範囲で長くとることが望ましい．これらの圧縮強度の根拠については JASS 5 に詳細に記述されているので，参照するとよい．

10.4　構造体コンクリート強度の検査

a．構造体コンクリート強度の検査は，以下の A 法（構造体コンクリート強度の検査と受入検査を併用しない場合）および B 法（構造体コンクリート強度の検査と受入検査を併用する場合）のいずれかによる．

b．A 法（構造体コンクリート強度の検査と受入検査を併用しない場合）による構造体コンクリート強度の検査は，以下による．
(1) 1 検査ロットは，1 回の試験で構成する．
(2) 1 回の圧縮強度試験は，打込み工区ごと，打込み日ごとに行う．ただし，1 日の打込み量が 150 m³ を超える場合は，150 m³ 以下にほぼ均等に分割した単位ごとに行う．また，高強度コンクリートの場合は，打込み量 100 m³ を超える場合は，100 m³ 以下にほぼ均等に分割した単位ごとに構成する．
(3) 圧縮強度試験の方法は，下記①～④による．
① 1 回の試験における供試体は，適当な間隔をおいた任意の 3 台の運搬車から 1 個ずつ採取した合計 3 個の供試体を用いる．
② 供試体の作製は，JIS A 1132（コンクリートの強度試験用供試体の作り方）による．
③ 供試体の養生方法は，標準養生または試験材齢が 28 日の場合は現場水中養生，28 日を超え 91 日以内の場合は現場封かん養生とする．
④ 圧縮強度試験は，JIS A 1108（コンクリートの圧縮強度試験方法）による．
(4) 構造体コンクリート強度の検査における圧縮強度の判定は，1 回の試験ごとに表 10.1 により行う．

表 10.1　A 法における構造体コンクリート強度の判定基準

供試体の養生方法	試験材齢[1)]	判定基準
標準養生	調合強度を定めるための基準とする材齢	$X \geq F_q + {}_mS_n$
現場水中養生	28 日	平均気温が 20 ℃ 以上の場合：$X \geq F_q + {}_mS_n$ 平均気温が 20 ℃ 未満の場合：$X \geq F_q + 3$
現場封かん養生	28 日を超え 91 日以内	$X \geq F_q + 3$

X　：1 回の試験における 3 個の供試体の試験結果の平均値（N/mm²）
F_q　：コンクリートの品質基準強度（N/mm²）
${}_mS_n$：標準養生した供試体の材齢 m 日における圧縮強度と構造体コンクリートの材齢 n 日における圧縮強度の差による構造体強度補正値（N/mm²）

c．B 法（構造体コンクリート強度の検査と受入検査を併用する場合）による構造体コンクリート強度の検査は，以下による．
(1) 1 回の試験は，1 検査ロットをほぼ均等に 3 分割して行う．
(2) 1 検査ロットは，打込み工区ごと，打込み日ごとに構成する．ただし，1 日の打込み量が 450 m³ を超える場合は，450 m³ 以下にほぼ均等に分割した単位ごとに構成する．また，高強度コンクリー

トの場合は，1日の打込み量300 m³ を超える場合は，300 m³ 以下にほぼ均等に分割した単位ごとに構成する．
(3) 採取した試料について，スランプまたはスランプフロー，空気量，コンクリート温度を測定する．
(4) 圧縮強度試験の方法は，下記①～⑥による．
① 供試体作製のための試料は，7.4節で採取した試料と同一の試料とする．
② 1回の試験のための供試体は，同一試料から3個採取する．ただし，1日の打込み量が150 m³ 以下の場合は，1個とすることができる．
③ 供試体の作製は，JIS A 1132（コンクリートの強度試験用供試体の作り方）による．
④ 供試体の養生方法は，標準養生とする．
⑤ 圧縮強度試験の材齢は，調合強度を定めるための基準とする材齢とする．
⑥ 圧縮強度試験は，JIS A 1108（コンクリートの圧縮強度試験方法）による．
(5) 構造体コンクリート強度検査における圧縮強度の判定は，表10.2 により行う．

表10.2 B法における構造体コンクリート強度の判定基準

養生方法	試験材齢	判定基準	
		1台の運搬車から3個ずつ採取した場合	1台の運搬車から1個ずつ採取した場合
標準養生	調合強度を定めるための基準とする材齢（28日）	① 1回の試験結果は，調合管理強度の85%以上であること． ② 3回の試験結果の平均値は，調合管理強度以上であること．	3回の試験結果の平均値は，調合管理強度以上であること．

(6) 構造体コンクリート強度の検査が合格の場合は，受入検査も合格とする．
d．1日の打込み量の目安が15 m³ 以下の場合は，上記の方法によらないことができる．

a．構造体コンクリート強度の検査は，以下の2通りのいずれかにより実施する．
　A法（構造体コンクリート強度の検査と受入検査を併用しない場合）
　B法（構造体コンクリート強度の検査と受入検査を併用する場合）
　A法によるかB法によるかは，あらかじめ品質管理計画書に明記し，工事監理者の承認を受けておかなければならない．

b．A法はいわゆる従来型の方法である．構造体コンクリートの検査ロットは打込み工区ごと，打込み日ごととし，コンクリート打込み量が150 m³（高強度コンクリートの場合は100 m³）を超えるときは150 m³ 以下にほぼ均等に分割して複数の検査ロットとする．なお，解説図10.4.1に示すように150 m³ を超す量がわずかである場合には，150 m³ 前後の量でほぼ均等になるように分割するとよい．

コンクリート施工品質管理研究小委員会が行った調査結果によると，1日のコンクリート打込み量の分布は解説図10.2.1に示したように，ほぼ70%が300 m³ 以下であるため，同一工区であれば，打込み日ごとに1回または2回の検査を行えばよいことになる．

1984年版以前のJASS 5 では，構造体コンクリートの検査のための試料は打込み直前のコンクリートから採取することになっていたが，1986年版のJASS 5 では，レディーミクストコンクリートの荷卸し地点で採取するように改定された．これにより，構造体コンクリートの検査もレディー

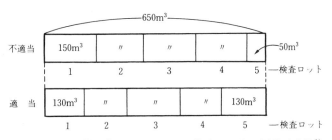

解説図 10.4.1 構造体コンクリートの検査ロットの区分け方法[1]

ミクストコンクリートの検査と同じ場所で試料採取を行うことができるようになった．

1回の試験に用いる供試体は，適当な間隔をおいた任意の3台の運搬車（そのうちの1台はレディーミクストコンクリートの受入検査を行った運搬車と同一にしておくと後からチェックするときに役立つ）からそれぞれ1個ずつ計3個採取すればよいが，現場水中養生に加えて現場封かん養生による検査を行う場合を考慮して，1個ずつ追加して計6個採取するとよい．また，材齢7日の圧縮強度も調べたいときには，さらに1個ずつ追加して計9個採取する必要がある．

レディーミクストコンクリートの受入検査の場合には，1台の運搬車内のばらつきをなくすため，1台の運搬車から3個の供試体を採取していたが，従来型のA法では1個だけなので，運搬車を代表するようにコンクリートを採取しなければならない．なお，JASS 5 T-603（構造体コンクリートの強度推定のための圧縮強度試験方法）では3個以上の供試体を採取することになっているが，判定のレベルを揃えるため，本指針では3個で行うように決めた．

採取した供試体のうち3個は標準養生または現場水中養生を行うが，予備に採取した3個の供試体は現場封かん養生することになっているので，注意が必要である．養生期間中は1日3～4回の頻度で養生水槽，養生棚および外気温を測定し，養生期間中の積算温度を求めておく．現場水中養生の設備や現場封かん養生用の棚は工事現場内に設けることを原則とするが，工事監理者の承認を得て温度条件が類似の場所に置いて行うこともできる．

圧縮強度試験結果の判定には，表10.1に示すように3通りの方法が規定されているが，通常は標準養生または現場水中養生を用いた方法で判定される．

現場水中養生の場合は標準養生と比べて温度の変動による強度発現にばらつきがあり，予想よりも低くなることがある．しかし，5.2節の解説でも述べたように，レディーミクストコンクリートの調合は安全側に定められているので，一般に設計基準強度よりかなり高い強度が得られる．また，水セメント比や単位セメント量の限度に対する規定を満足させるために呼び強度を大きくした場合にも，当然設計基準強度を上回ることになる．解説図10.4.2は本会コンクリート施工品質管理研究小委員会の調査における構造体コンクリートの圧縮強度試験結果をまとめたものであるが，不合格となる事例はほとんどない．

それでも，現場水中養生による場合，調合計画のときに想定した予想平均気温より実際の気温の方が低かった場合は，所要の強度に達せずに不合格となることがある．その場合には，28日を超え91日以内の材齢で現場封かん養生した予備の供試体を用いて圧縮強度試験を行い，表10.1の条件を満足すれば合格とする．この予備の供試体の試験材齢（n日）は，予想平均気温と養生水槽の

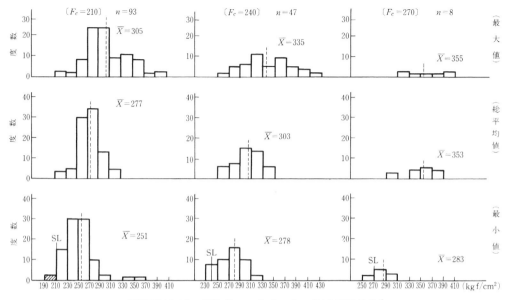

解説図 10.4.2 構造体コンクリートの強度試験結果[1]

水温との積算温度の差から推定して定める．試験結果の判定は，1回の試験ごとに，表10.1により行う．

c．構造体コンクリート強度の検査と受入検査を併用する場合の構造体コンクリート強度の検査方法をB法として新たに定めた．

この場合の構造体コンクリートの検査ロットは，打込み工区ごと，打込み日ごととし，コンクリート打込み量が450 m³を超えるときは450 m³以下にほぼ均等に分割して複数の検査ロットとする．なお，450 m³を超す量がわずかである場合には，工事監理者と協議の上，その量で検査ロットを構成してほぼ均等になるように分割してもよい．B法においては，試料の採取は受入検査と同じ運搬車から，1回の試験のために3個の供試体を作製する．レディーミクストコンクリートの受入検査の場合には，1運搬車内のばらつきをなくすため，1運搬車から3個の供試体を採取し，構造体コンクリート強度の検査のA法では，構造体の打込みに用いられる運搬車全体を代表するように，各運搬車から試料を採取することとしているが，近年のレディーミクストコンクリート工場の製造設備の性能やトラックアジテータの性能，その他の品質管理が従前よりも向上しており，JIS A 5308の製品認証を受けているレディーミクストコンクリート工場などの適切な品質管理の下においては，同一工場で同一日に製造されるレディーミクストコンクリートの圧縮強度の場合，運搬車内のばらつき（実験誤差/1台の運搬車から同時に採取した複数個の供試体の圧縮強度のばらつき）と運搬車間のばらつき（因子によるばらつき）とに大きな違いは見られない．解説図10.4.3は，同一日に製造されたレディーミクストコンクリート（打設総量が約100 m³）を対象に，約5台ごとに運搬車から3個ずつ供試体を採取し材齢28日（標準養生）で圧縮強度試験を行った結果で，運搬車内のばらつきに対する運搬車間（3個の平均値）のばらつきの分散比は2.02，F境界値（棄却確率5%）は3.48であり，運搬車間には有意差がないことがわかる．

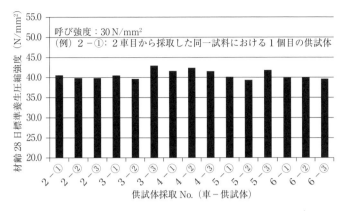

解説図 10.4.3 運搬車より採取した供試体強度の変動[2]

　A 法および B 法の試料採取方法と試料採取数をまとめると，解説表 10.4.1，10.4.2 のようになる．
　よって，今回の改定では，1 台の運搬車から採取した 3 個の供試体によって構造体コンクリートを代表できると考えてよいこととした．なお，受入検査と併用するため，B 法における供試体の養生方法は標準養生，圧縮強度試験の材齢は 28 日とする．

　圧縮強度試験用の供試体を採取するときは同時にスランプまたはスランプフロー，空気量，コンクリート温度も測定し，フレッシュコンクリートとしての基本的性質を把握しておく．その他，単位容積質量も測定しておくとよい．

解説表 10.4.1　試料の採取方法の目安

1日の打込み量の目安	試料採取	従来の方法（パターン①）				本数	検査ロット	完全併用型（パターン②）	本数	従来（2009 年版 JASS 5）の方法 一部併用型（パターン③）				本数
		受入検査		構造体コンクリート検査				受入検査＝構造体（標準養生）		受入検査		構造体コンクリート検査		
		検査ロット	標準養生	検査ロット	標準養生 現場水中養生 現場封かん養生					検査ロット	標準養生	検査ロット	標準養生（△）現場水中養生 現場封かん養生	
0〜450 m³	0〜150 m³	450 m³	○○○ (1)	150 m³	○ ○ ○	18	450 m³	●●● (2)	9	450 m³	○△○	150 m³	○ △ (3) ○	15
	0〜150 m³		○○○	150 m³	○ ○ ○			●●●			○△○	150 m³	○ △ ○	
	0〜150 m³		○○○	150 m³	○ ○ ○			●●●			○△○	150 m³	○ △ ○	
0〜150 m³	〜50 m³	150 m³	○○○	150 m³	○ ○ ○	6	150 m³	● ● ●	3	150 m³	○△○	150 m³	○ △ ○	5
	〜50 m³													
	〜50 m³													

［注］(1)　○：供試体 1 個
　　(2)　●：完全併用型における供試体 1 個
　　(3)　△：一部併用型における供試体 1 個
　　(4)　二重線に囲まれた部分が 1 検査ロット

解説表 10.4.2　試料採取数

1日の打込み量の目安	従来の方法（パターン①）	完全併用型（パターン②）
150 m³ 以下	6 本	3 本
150 m³ を超えて 300 m³ 以下	12 本	9 本
300 m³ を超えて 450 m³ 以下	18 本	9 本

　圧縮強度試験は，JIS A 1108（コンクリートの圧縮強度試験方法）による．なお，受入検査は製品検査を兼ねることができるため，供試体端面の処理方法として JIS A 5308 の 9.2.1 に規定されるアンボンドキャッピング（両面アンボンドキャッピング）を構造体コンクリート強度の検査に用いることも可能であるが，この場合は，両面アンボンドキャッピング方法による試験結果が，構造体強度の検査で通常用いられている研磨方法や片面アンボンドキャッピング方法等による試験結果と差異がないことをあらかじめ十分確認し，工事監理者の承認を得ておく．試験結果は，3 個の供試体の平均値で表し，圧縮強度の判定は，1 回の試験ごとに，表 10.2 により行う．なお，受入検査においては，圧縮強度の判定は 3 回の試験結果が次式を満足する場合に合格としている．

$$x_i = \frac{\sum_{j=1}^{3} x_{ij}}{3} \geq 0.85(F_q + {}_mS_n) \tag{解 10.4.1}$$

$$\bar{x} = \frac{\sum_{i=1}^{3} x_i}{3} = \frac{\sum_{i=1}^{3}\sum_{j=1}^{3} x_{ij}}{9} \geq F_q + {}_mS_n \tag{解 10.4.2}$$

ここで，x_{ij}：i 回目の試験における j 番目の試験結果（N/mm²）
　　　　F_q：コンクリートの品質基準強度（N/mm²）
　　　　${}_mS_n$：コンクリート打込みから 28 日までの予想平均気温によるコンクリート強度の補正値

　構造体コンクリート強度の検査が合格の場合は，受入検査も合格としてよい．

　d．1 日の打込み量がきわめて少なく，運搬車数台程度となるような場合が近年増えつつある．このような場合の構造体コンクリート強度検査用の供試体の試料採取方法については，上記 b 項，c 項によらないで，適宜，工事監理者と協議の上，採取方法を定めてもよい．

　少量ロットとしては 15 m³ 程度が目安となる．この場合，例えば任意の 1 車から 3 個の供試体を採取して，その試験結果が調合管理強度値以上であることを確認すれば，c 項の扱いと同様，構造体コンクリート強度の検査および受入検査ともに合格ととすることができる．

10.5　不合格の場合の処置

　a．受入検査におけるコンクリート強度の試験結果が不合格の場合は，構造体コンクリート強度の結果と併せて総合的に判断する．早期材齢強度から 28 日強度を推定し，不合格が予想される場合は，コンクリートの調合を調整するなどの処置を行う．
　b．型枠の取外し時および湿潤養生打切り時のコンクリート強度の試験結果が不合格の場合は，型枠ま

たはせき板の脱型の時期および湿潤養生打切りの時期を工事監理者と協議して決める．
c．構造体コンクリート強度の試験結果が表 10.1 または 10.2 を満足しない場合は，品質管理責任者は下記①〜③に関する計画書を作成し，工事監理者の承認を受ける．
① 原因推定のための調査
② 構造体コンクリートが保有する圧縮強度を推定するための調査
③ 再発防止対策
　上記①，②の調査の結果の判定および今後の処置については，工事監理者と協議して決める．

　a．母集団からある試料を抽出して検査を行うかぎり，検査結果が合格となるか不合格となるかは常にある確率を伴っている．検査結果が合格の場合でも 100 % 間違いないとは言えないのと同時に，検査結果が不合格の場合でも，本来は合格のものを不合格と判断している可能性がある．前者の危険を消費者危険，後者の危険を生産者危険と言う．

　試料の抽出を繰返し何回もできる場合は，再度試料を抽出して，その結果を見て判断することもできるが，コンクリートの圧縮強度については，同じレディーミクストコンクリートから再度試料を採取して試験することができない．したがって，受入検査における圧縮強度試験の結果が不適格の場合は，早期判定の結果およびほぼ同時に採取している構造体コンクリートの圧縮強度試験の結果と併せて判断するとよい．

　上記のようなことが発生しないようにするためには，日頃からの試験結果の管理と検討が重要である．

　試験および検査の結果は，コンクリートの種類別に解説図 7.6.1 に示すような一覧表を作って集計，整理することが有効である．データの整理は，最後に一括して行うのではなく，ある間隔を決めて継続して行うようにするのがよい．随時データを整理することによって不備なデータも判明し，それを常に行うことによって変動に対する対応も早くできる．

　データは，表だけでなく図で示すことも重要である．データを図示化した後は，次のような点に気をつける．

(1) 下方管理限界（呼び強度）を下回る点がある場合
(2) 連続した 7 点以上が平均値の上または下のみにある場合，そのような連続した点が 6 点以下の場合でも，連続 11 点中 10 点，連続 14 点中 12 点または連続 20 点中 16 点が平均値の上または下にある場合
(3) 点が連続して上昇または下降する場合および小さい上昇と下降とを繰り返しながら全体として上昇または下降している場合
(4) 平均値と下方管理限界の間を 3 等分したとき，下方管理限界に近い 3 分の 1 の区域に連続する 3 点の中の 2 点が入る場合
(5) 周期的に同じ値の点の集合がある場合

　上記 (1)〜(5) のような点の動きが見られた場合は，その原因を追求して対応を図ることが必要である．特に (1) の場合には不合格になるおそれがあり，迅速な対応が望まれる．試験データの数が多くなってくると，その工場の全体像がつかめてくる．その工場の標準偏差の見直しや異なる呼び強度の傾向を見る場合の参考にすることができる．

データの処理については，付1を参照するとよい．

b．型枠またはせき板の取外し時および湿潤養生打切り時のコンクリート強度の試験結果が不合格の場合は，型枠またはせき板の取外しの時期および湿潤養生打切りの時期を工事監理者と協議して決める．予備の供試体を確保していない場合は，解説表10.5.1に示されるJASS 5に規定される型枠（基礎，梁側，柱および壁のせき板）存置期間および解説表10.5.2に示される湿潤養生期間を参考にその脱型時期および潤養生打切り時期を決定する．

解説表10.5.1　型枠の存置期間

セメントの種類　　　　平均温度	コンクリートの材齢（日）		
	早強ポルトランドセメント	普通ポルトランドセメント 高炉セメントA種 シリカセメントA種 フライアッシュセメントA種	高炉セメントB種 シリカセメントB種 フライアッシュセメントB種
20℃以上	2	4	5
20℃未満10℃以上	3	6	8

解説表10.5.2　湿潤養生の期間

セメントの種類　　　計画供用期間の級	短期および標準	長期および超長期
早強ポルトランドセメント	3日以上	5日以上
普通ポルトランドセメント	5日以上	7日以上
その他のセメント	7日以上	10日以上

なお，予後的な対策として，想定した期間内に強度が発現しない場合は，c項の構造体コンクリート強度が不足する原因として考えられる項目について調査を行い，工事監理者と協議し，適切な処置を行う．

c．構造体コンクリートの圧縮強度の検査に不合格となった場合の処置についてはあらかじめ工事監理者と協議して定めておかなければならないが，実際には多様なケースが考えられるので，ただちにその原因を調査するとともに，次回のコンクリートの打込みに支障がないように，レディーミクストコンクリートの生産者と協議して水セメント比を多少小さくするなどの応急の対策を講じる．

強度不足の原因を推定するため，通常は①～⑥の項目について調査を行う．

① 試験した供試体にキャッピング不良などの欠陥がなかったか，3個のばらつきに異常はなかったか[1]．

［注］(1) 3個の供試体のうち，1個の試験結果が他の2個の結果と大きく離れている場合，その値が異常値かどうかを判断する方法として，統計的手法による棄却検定が有効である．例えば，スミルノフ・グラブス検定を用いた場合，（解10.5.1）式に示すように左辺の値

が 1.41 を超せば異常値と判断できる．

$$\left|\frac{x_i - \bar{x}}{\sqrt{u}}\right| \geq 1.41 \qquad (解 10.5.1)$$

$$u = \frac{\sum_{i=1}^{n}(x_i - \bar{x})^2}{n}$$

ここに，x_i：個々の試験結果　　$\bar{x}$：これまでの試験結果の平均値
　　　　u：これまでの試験結果の分散値　　n：データ数

② 養生期間中の気温や養生温度が調合設計時に予測していた温度と比較して低くなかったか，養生中に凍結などの異常がなかったか．

③ 供試体を作製する際に採取したフレッシュコンクリートのスランプやスランプフローおよび空気量は所定の値であったか．

④ レディーミクストコンクリートの製品検査で呼び強度は満足していたか．また，同一運搬車から採取した供試体が他にある場合，その試験結果はどうであったか．

⑤ これまでに実施した構造体コンクリートの強度試験結果の平均値やそのばらつきに異常はないか．管理図にプロットした場合，通常の値とどの程度外れているか．

⑥ レディーミクストコンクリート工場での管理試験結果のデータは適正かどうか．

原因推定のためのフローの一例を解説図 10.5.1 に示す．

調査の結果，供試体の養生や試験方法に特別な異常が認められず，その原因がレディーミクストコンクリートに原因があると判断された場合には，生産者と協議し，使用材料の品質，調合，細骨材の表面水率，計量値の印字記録，練混ぜ時間，運搬時間などを詳しく調査する．レディーミクストコンクリートの製品検査でも不合格であった場合には，明らかにコンクリートの品質に原因があると言えるが，呼び強度が満足されているのに構造体コンクリートの強度検査が不合格となることもある．その原因としては下記のような事項が考えられるので，専門家等の判断を仰ぐとよい．

① 検査ロットの大きさが違う
② 供試体の採取方法が違う
③ 供試体の養生方法が違う
④ 標準偏差の大きさが違う

しかし，上記の調査をしても，簡単に原因が推定できるとは限らない．そこで，構造体コンクリートが現在保有する圧縮強度を，コア供試体による強度試験や非破壊試験によって調べておくことが重要である．非破壊試験の方法としては，反発度や超音波による方法などがある．

検査で不合格となった箇所のコンクリートの処置は，これらの調査結果をどう判断するかによって異なる．そこで，これらの処置は，工事監理者の承認を得てその指示によることにした．

参考までに，構造体コンクリート強度の検査で仮に不合格となった場合の処置としては以下が考えられる．

・他の供試体の強度と比較検討する

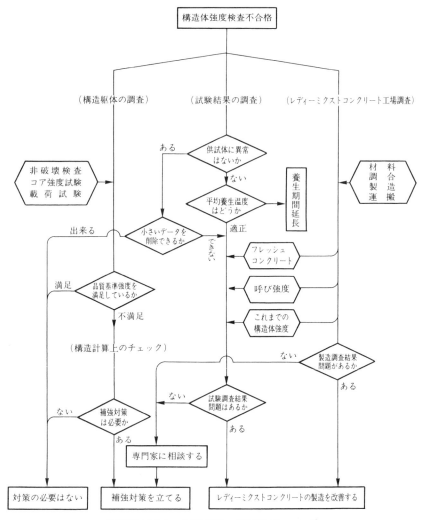

解説図 10.5.1 強度不足の原因推定フロー[1]

・平均養生温度を調べて検討する

・コアを採取する

・コア強度試験と併用して反発度法を実施する

・構造計算をしてチェックする

　検査結果がある程度まとまったら，ヒストグラムや管理図を作成し，コンクリート工事全体としての管理状態を調べる．コンクリート工事が終了した段階で，工事の工区ごとまたは全体の構造体コンクリートの強度を評価しておくことが重要かつ不可欠である．評価の方法は，下記による．

　　圧縮強度の総平均値 $\bar{x}$ (N/mm^2) 　　　　　　　　　　　　　　　　　　　　(解 10.5.2)

$$\bar{x} = \sum x_{ij}/3n \quad (\text{N/mm}^2) \qquad (解\ 10.5.3)$$

　　全体の標準偏差の推定値

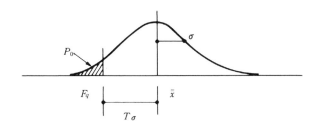

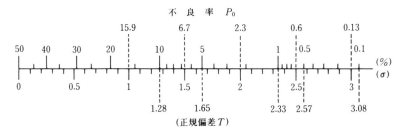

解説図 10.5.2 正規分布における正規偏差と不良率[1]

$$s = \sqrt{\sum(x_{ij}-\bar{x})^2/(3n-1)} \quad (\text{N/mm}^2)$$

ここに，x_{ij}：各回の試験における1個ずつの試験値　　n：試験の回数

全体の圧縮強度の不良率（P_0 %）

下式から正規偏差（T）を求め，解説図 10.5.2 より T に対応する不良率を求める．
$$T = (\bar{x} - F_c)/s \tag{解 10.5.4}$$

10.6 検査結果の保管と集計

> コンクリートの圧縮強度の検査結果の保管と集計は，7.6 節による．

　検査結果は，記録用紙に記入したものを電子媒体として整理し，工事監理者に提出して承認を受ける．また，建物の瑕疵担保期間が最長10年となる場合もあることから，その対応として，品質記録は少なくとも10年間は施工者または施工者の委託した第三者が保管し，施主および工事監理者の求めに応じて閲覧できるようにしておくことが重要である．これらの検査結果の保管と集計は，7.6 節を参考にするとよい．

参考文献

1) 日本建築学会：コンクリートの品質管理指針・同解説，1991
2) 日本建築学会材料施工委員会　コンクリートの品質管理指針改定小委員会資料

付　　　録

付1. データの整理と実例

1. 品質管理の目的および原則

　コンクリート工事において品質管理を行う目的は，設計図書に示された所要の品質のコンクリートを適切なコストで実現することにある．コンクリートの品質管理を行うためには，まず，構造物に必要なコンクリート強度および耐久性などの品質を明らかにし，それを具体的に表す特性値とその特性値の範囲とを定める必要性がある．特性値は，本来でき上がった構造体コンクリートについて定義するのが望ましいが，それを行うのは実際上きわめて困難であるため，コンクリートの品質管理では一般に供試体による圧縮強度やフレッシュコンクリートのスランプなどを特性値として用いている．

　コンクリートの品質は種々の要因によって変動し，品質の特性値である圧縮強度やスランプの試験結果（データ）は，あるばらつきを示す．同じ調合のコンクリートでも，バッチごとに圧縮強度やスランプは異なった値を示し，また同一バッチ内の供試体でも，その圧縮強度は一般に同じではない．このようにデータには全てばらつきがあるため，そのばらつきが日常的に起こり得る範囲内にあるのか，あるいは異常に大きな（小さな）値であるのかを統計的に判断し，品質管理上，異常な原因によると考えられる場合には，原因を追求して再発防止の処置をとらなければならない．

2. データのばらつき・ヒストクラム・平均値・標準偏差・範囲

　レディーミクストコンクリート工場や工事現場では工程管理や検査のために種々の試験を行ってデータをとり，これを付図1.1のようなヒストグラムに表してデータの全体的な分布の状況を調べたり，平均値や標準偏差を計算して数値化をすることが行われる．ヒストグラムを作成する時のビン数（区画の数）は，データ数の平方根を超える整数とする．付図1.1では，データ数が54個であるため，ビン数は8となる．また，ヒストグラムのビンの幅は，データの最大と最小の差をビン数マイナス1とした数（ここでは，8-1で7）で割って決定する．

　ところでデータには，個々の供試体について試験した結果をいう場合と，一組の供試体について試験してその平均値を計算した結果をいう場合とがある．例えば，構造体コンクリートの圧縮強度試験における1個のデータは1個の供試体の圧縮強度の試験結果であるが，レディーミクストコンクリートの受入検査時の圧

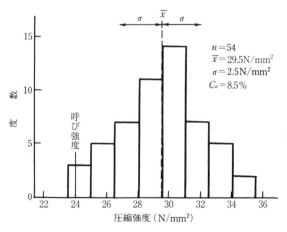

付図1.1 圧縮強度のヒストグラムの例

縮強度試験における一個のデータは1車から採取した3本の供試体の圧縮強度の平均値である．いずれにせよ，ここでは品質管理のために分布の状況や平均値・標準偏差などを求める場合に対象とする単位をデータと呼ぶ．

さて，ある特性値についてn個のデータがあり，その値をx_i（$i=1, 2, \cdots, n$）とし，x_iから母集団の平均値や標準偏差などを推定する場合，それらの統計値は，一般に以下のように計算される．

(1) 平均値 $(\bar{x}) = \dfrac{データの総和}{データ数} = \dfrac{x_1 + x_2 + x_3 + \ldots + x_n}{n} = \dfrac{\sum x_i}{n}$

(2) 不偏分散 $(V) = \dfrac{個々のデータと平均値の差の2乗和}{データ数-1}$

$= \dfrac{(x_1 - \bar{x})^2 + (x_2 - \bar{x})^2 + \ldots + (x_n - \bar{x})^2}{x - 1} = \dfrac{\sum_{i}^{n}(x_i^2 - \bar{x})^2}{n-1} = \dfrac{\sum x_i^2 - n\bar{x}^2}{n-1}$

(3) 標準偏差 $(s) = \sqrt{不偏分散} = \sqrt{V} = \sqrt{\dfrac{\sum x_i^2 - n\bar{x}^2}{n-1}}$

(4) 変動係数 $(C_v) = \dfrac{標準偏差}{平均値} \times 100 = \dfrac{s}{\bar{x}} \times 100 \ \%$

(5) 範囲 $(R) = データ中の最大値 - データ中の最小値 = x_{\max} - x_{\min}$

3. 正 規 分 布

データx_iの変動が全く偶然の原因による場合，x_iについての度数分布曲線は，下式で表される曲線で近似できる．ただし，μは母平均，σは母標準偏差を表す．

$$p(x) = \dfrac{1}{\sigma\sqrt{2\pi}} e^{-\dfrac{(x-\mu)^2}{2\sigma^2}}$$

この式で表される分布を正規分布といい，その形状は左右対称である．長さ，重さ，強度などのように連続した値をとる測定値（計量値）について度数分布をとると，正規分布で近似できる場合が多く，コンクリートのスランプや圧縮強度なども，材料，調合，練混ぜ方法などが一定であれば正規分布するとして差しつかえない場合が多い．

正規分布のもつ特徴的な性質のうち，いくつかを次に示す．

(1) 正規分布は，平均値（μ）と標準偏差（σ）によってその形が決まる．そして平均値が変化するとグラフの中心が移動し，標準偏差が変化するとグラフの高さと幅が変化する．

(2) 正規分布では，$x \leq (\mu - k \cdot \sigma)$ または $x \geq (\mu + k \cdot \sigma)$ となる確率が定数kによって定まる．

その確率は，付図1.3に示される斜線部分の面積の全面積に対する割合として計算され，正規分布表として示される（付表1.1にその一部を示す）．またkを正規偏差と呼ぶことがある．

(3) 正規分布は，平均値を中心にその両側に標準偏差の値を尺度にしてその比で考えると1つの正規分布に対応づけられる．すなわち

$u = (x - \mu)/\sigma$（ただし，x：任意の値，μ：母平均，σ：母標準偏差）の数値変換を行うと，平均値$=0$，標準偏差$=1$の規準型正規分布になる．

規準型正規分布については，上記の正規分布表によって

$u = (x - \mu)/\sigma$

またはこの式を変形した

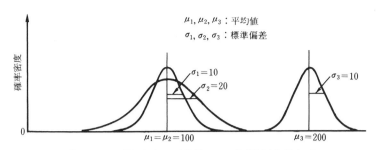

付図 1.2 正規分布の平均値および標準偏差分布形

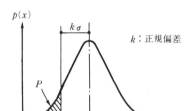

付図 1.3 正規分布と正規偏差

付表 1.1 正規分布表

k	P	k	P
0.0	0.500	1.645	0.0500
0.253	0.400	1.960	0.0250
0.5	0.3085	2.0	0.0228
0.524	0.300	2.326	0.0100
0.6745	0.2500	2.5	0.0062
0.842	0.200	2.576	0.0050
1.0	0.1587	3.0	0.0013
1.282	0.1000	∞	0.0000
1.5	0.0668		

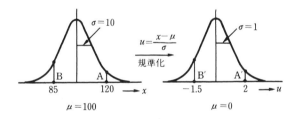

付図 1.4 正規分布の規準化

$$x = u + \mu \cdot \sigma$$

の関係を用い,x より内側または外側の部分の確率を求めることができる.

(4) 正規分布する母集団から n 個のデータ x_i を抽出し,平均値 $\bar{x}_n$ を求めることを繰り返した場合,$\bar{x}_n$ の分布における平均値は元の母集団の平均値に等しく,標準偏差は母集団の標準偏差の $1/\sqrt{n}$ となる.

(5) 正規分布する母集団から n 個のデータを抽出し,範囲 R を求めることを繰り返した場合,R の分布における平均値および標準偏差は,以下の式で推定できる.

平 均 値 $= d_2 \sigma$

標準偏差 $= d_3 \sigma$

ここで,d_2,d_3 は n によって変わる定数である〔付表 1.2〕.

付表1.2 データ数 n による d_2, d_3 の値

n	d_2	d_3
2	1.128	0.853
3	1.693	0.888
4	2.059	0.880
5	2.326	0.864
6	2.534	0.848
7	2.704	0.833
8	2.847	0.820
9	2.970	0.808
10	3.078	0.797

4. 管　理　図

　品質管理においては，品質の変動状況を迅速にかつ直接的に判断するために管理図が用いられることが多い．管理図は，データを時間の経過順にプロットした一種の折れ線グラフであり，品質の中心を表す中心線とこれの上下に品質の許容される定常的なばらつきの幅を表す管理限界線とが示される．データが管理限界線の外に出たときには，何らかの原因によって異常が発生したものと判断し，その原因を調べて，必然的な原因があれば，これを取り除く処置を講ずる．

(1) 管理限界線

　管理限界線は，日常的に起こる比較的小さなばらつきと異常な原因によると考えられる大きなばらつきとを識別して工程が安定した状態にあるかどうかをチェックし，工程を安定した状態に保つために設定される．管理限界線は，通常は中心線に対して $\pm 3\sigma$ の位置に引くが，$\pm 2\sigma$ の要注意の線が併記されることも多い．データが正規分布している場合，3σ の限界の外にプロットされる確率は $0.0013 \times 2 \fallingdotseq 0.0025$，すなわち0.25％以下となる．また，$2\sigma$ 限界の外にプロットされる確率は，$0.0228 \times 2 \fallingdotseq 0.046$，すなわち4.6％となる．

　レディーミクストコンクリートの場合のように平均値（μ）および標準偏差（σ）が過去の実績からわかっている場合には，上記の方法が適用できる．しかし，現場練りコンクリートの場合は，工事の初期には平均値や標準偏差は一般には未知であり，そのような場合には，工事開始後なるべく早く20～30個のデータをとり，これから母集団の平均値（μ）および標準備差（σ）を推定して上記の方法を適用する．

　母集団の平均値は，2.(1) に示したようにデータの平均値によって推定することができる．また，標準偏差は 2.(3) に示したデータの標準偏差（不偏分散の平方根）によって計算することもあるが，通常は母集団の分布を正規分布と仮定し，3.(5) に示した関係により R/d_3（R：標本範囲の平均値，d_3：定数）によって推定することが多い．

　コンクリートの品質管理においては，工事が進行した時点で平均値や標準偏差を推定しなおし，管理限界線を変更していくことが重要である．

(2) データ数と管理限界線

　高い信頼度で品質の変化を判定するために，数個のデータの平均値を用いて品質管理を行うことがある．この場合の管理図では中心線は μ，管理限界線は $\mu \pm 3/\sqrt{n}$ のところに引く．この管理図を用いれば，以下の例に示すように品質変化が高い信頼度で判定できる．

　今，平均値が $50\,\mathrm{N/mm^2}$，標準偏差が $5\,\mathrm{N/mm^2}$ の工程があり，何らかの原因で工程が変化して平均値が $40\,\mathrm{N/mm^2}$，標準偏差が $4\,\mathrm{N/mm^2}$ に変化したとする．3σ 限界線を用い，1個のデータで工程管理している場合にデータが管理限界線の外に出る確率は，付図1.5に示すように10％である．この場合，工程の異常に気付くのは少なくとも10個以上の他のデータが必要である．しかし，5個のデータの平均値で管理して

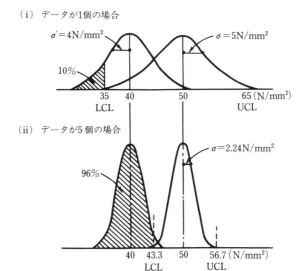

付図 1.5 データ数が多くなった場合の管理限界線

いる場合は，3σ 限界線の外に出る確率は 96 % あり，1〜2 個の平均値で変化を知ることができる．

(3) 管理図の種類

コンクリートの品質管理に用いられる管理図（一般には計数管理図と区分して計量管理図という）には，

　ⅰ) x 管理図（x：サンプルの特性値）
　ⅱ) $\bar{x}$ 管理図（$\bar{x}$：平均値）
　ⅲ) R 管理図（R：範囲）
　ⅳ) R_s 管理図（R_s：移動範囲）

などがあり，一般に $\bar{x}-R$ 管理図，$x-R_s$ 管理図が用いられる．

$\bar{x}$ 管理図は品質の平均値の変化を見るためのものであり，R 管理図は品質の幅の変化を見るためのものである．また $\bar{x}-R$ 管理図は工程の解析，工程能力の検討などに有効である．

$\bar{x}$ 管理図は管理限界の幅が大きくなり，母平均の偶然でない変化を検出しにくいが，測定終了後ただちにプロットでき，処置が早くとれる利点がある．x 管理図は，連続する 2 個のデータの差（$|x_{i+1}-x_i|$）をとった R_s 管理図と併用するのがよい．

付図 1.6 は，$x-R_s$ 管理図の一例である．

(4) 管理状態の判定

　ⅰ) 特性値が中心線を中心に 2σ 限界線内にランダムに配列している場合には，管理状態にあると判断してよい．
　ⅱ) 特性値が中心線の上下に交互にランダムに分布せず，中心線の同じ側に点が連続して現れたり，点が上または下に連続的に移動していくような場合には，注意を要する．

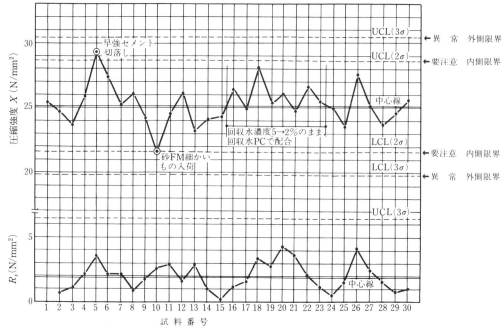

付図 1.6 $x-R_s$ 管理図 (呼び強度 21, 調合強度 = 25 N/mm² の例)

(i) 管理状態にある場合

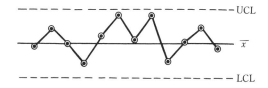

(ii) 注意を要する場合
① 中心線の同じ側に点が連続して現われている

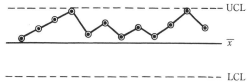

② 点が上に連続的に移動していく場合

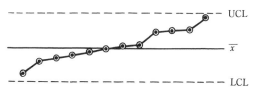

付図 1.7 管理状態の良い例と悪い例

5. 全数検査と抜取検査

　全数検査は対象物をすべて検査する方法で，レディーミクストコンクリートの場合の工場におけるスランプの目視検査などがそれにあたる．

　抜取検査は母集団から代表的な試料（サンプル）を採取し，その試料の測定値（データ）から母集団の状態を推定する方法で，レディーミクストコンクリートの荷卸し地点におけるスランプ，空気量，圧縮強度，塩化物イオン量の検査などがそれにあたる．

　全数検査は比較的容易に測定が行えるもの，あるいは絶対に不合格品があっては困る場合に用いられる．また，抜取検査は少量の試料からロット全体を推定するため，合格品を不合格品と判断する危険（生産者危険率）と不合格品を合格と判断する危険（購入者危険率）を伴うが，これらの危険率と抜取方法を適切に定めれば合理的検査方法となるので，広く用いられている．なお，レディーミクストコンクリートの受入検査においては，購入者危険率は定められていない．

6. データの整理および総合判断の例

　実際の工事現場において発生したレディーミクストコンクリートについて，受入検査および構造体コンクリートの検査のデータ整理および品質の総合判断をした例を以下に紹介する．

(1) コンクリートの調合管理強度および呼び強度

　この現場におけるコンクリートの品質基準強度は 21 N/mm² であり，コンクリートの施工時期は，構造体強度補正値 $_{28}S_{91}$ の値が 3 N/mm² の時期で設計したものである．

　調合管理強度は，(1) 式によって算出される値とする．

$$F_m = F_q + {_mS_n} \ (\text{N/mm}^2) \cdots\cdots\cdots (1)$$

　ここに，F_m：コンクリートの調合管理強度（N/mm²）

　　　　　F_q：コンクリートの品質基準強度（N/mm²）

　　　　　　　品質基準強度は，設計基準強度もしくは耐久設計基準強度のうち，大きい方の値とする．

　　　　　$_mS_n$：標準養生した供試体の材齢 m 日における圧縮強度と構造体コンクリートの材齢 n 日における圧縮強度の差による構造体強度補正値（N/mm²）．ただし，$_mS_n$ は 0 以上の値とする．

　調合強度は，標準養生した供試体の材齢 m 日における圧縮強度で表すものとし，(2) 式および (3) 式を満足するように定める．調合強度を定める材齢 m 日は，原則として 28 日とする．

$$F'_{28} \geq F_m + 1.73\sigma \ (\text{N/mm}^2) \cdots\cdots\cdots (2)$$

$$F_{28} \geq 0.85 F_m + 3\sigma \ (\text{N/mm}^2) \cdots\cdots\cdots (3)$$

　ここに，F：コンクリートの調合強度（N/mm²）

　　　　　F_m：コンクリートの調合管理強度（N/mm²）

　　　　　σ：使用するコンクリートの圧縮強度の標準偏差（N/mm²）

　コンクリートの調合強度 F_{28} は JASS 5 の調合条件式を用い，構造体強度補正値を $S = 3$ N/mm² とし，標準偏差 σ には，レディーミクストコンクリート工場の実績 2.5 N/mm² を用いて算定した．

$$F_{28} \geq 0.85(F_q + S) + 3\sigma = 0.85 \times (21 + 3) + 3 \times 2.5 = 27.9 \cdots\cdots\cdots (4)$$

$$F_{28} \geq (F_q + S) + 1.73\sigma = 21 + 3 + 1.73 \times 2.5 = 28.3 \cdots\cdots\cdots (5)$$

　(4)，(5) 式より $F_{28} = 28.3$ N/mm² とした．

一方，発注予定のレディーミクストコンクリート工場では，呼び強度 F_N に対して調合強度 F_{28} は (6), (7) 式を用いて定めている．

$$F_{28} \geqq 0.85 F_N + 3\sigma \quad \cdots\cdots\cdots\cdots\cdots\cdots\cdots\cdots\cdots\cdots\cdots\cdots\cdots\cdots\cdots\cdots\cdots\cdots\cdots\cdots\cdots\cdots\cdots\cdots\cdots\cdots (6)$$

$$F_{28} \geqq F_N + 1.73\sigma \quad \cdots\cdots\cdots\cdots\cdots\cdots\cdots\cdots\cdots\cdots\cdots\cdots\cdots\cdots\cdots\cdots\cdots\cdots\cdots\cdots\cdots\cdots\cdots\cdots\cdots\cdots\cdots (7)$$

ここで，JASS 5 で求めた調合管理強度（F_m）が呼び強度 F_N に対応するため，$F_N = 24\,\text{N/mm}^2$，$\sigma = 2.5\,\text{N/mm}^2$ を代入して

$$F_{28} \geqq 0.85 \times 24 + 3 \times 2.5 = 27.9 \quad \cdots\cdots\cdots\cdots\cdots\cdots\cdots\cdots\cdots\cdots\cdots\cdots\cdots\cdots\cdots\cdots\cdots\cdots\cdots\cdots (8)$$

$$F_{28} \geqq 24 + 1.73 \times 2.5 = 28.3 \quad \cdots\cdots\cdots\cdots\cdots\cdots\cdots\cdots\cdots\cdots\cdots\cdots\cdots\cdots\cdots\cdots\cdots\cdots\cdots\cdots\cdots\cdots (9)$$

(8), (9) 式により，呼び強度 24 のコンクリートの調合強度は $28.3\,\text{N/mm}^2$ となり，JASS 5 の調合条件式で求めた値と同等となる．したがって，この工事では呼び強度 24 のレディーミクストコンクリートを発注する．

(2) 試験結果の一覧

レディーミクストコンクリートの受入検査および構造体コンクリートの検査における圧縮強度，スランプおよび空気量の試験結果を付表 1.3 に示す．なお，付表 1.3 では，8 回目以降の試験結果は省略した．受入検査における圧縮強度，スランプおよび空気量の試験結果の変化は，付図 1.8～1.10 に示したとおりである．付図 1.11 は受入検査における圧縮強度試験結果を度数分布で表したものであり，付図 1.12, 1.13 はスランプおよび空気量の度数分布を表したものである．付図 1.11 では 1 回ごとの試験結果とロットごとの平均値とを示している．

付図 1.14 は構造体コンクリートの検査における圧縮強度試験結果を度数分布で表したものであり，付図 1.15, 1.16 は構造体コンクリートの検査におけるスランプおよび空気量の試験結果を度数分布で表したものである．付図 1.14 では，供試体 1 個ごとの試験結果と 1 回ごとの試験結果とを示している．

(3) 工事中の試験結果の判断

付図 1.8 によると，この工事を開始した当初は，受入検査におけるコンクリートの圧縮強度試験の結果は変動幅が大きいことに気付く．そこで，試験回数で 7 回までの標準偏差を JASS 5 によって下式で計算した．

$$\text{平均値} \quad m_7 = \sum_{i=1}^{7}\sum_{j=1}^{3} F_{ij}/(3 \times 7)$$

$$\text{標準偏差} \quad \sigma' = \sqrt{\sum_{i=1}^{7}\sum_{j=1}^{3}(F_{ij} - m_7)^2/(3 \times 7 - 1)}$$

計算結果は $m_7 = 30.9\,\text{N/mm}^2$，$\sigma' = 3.7\,\text{N/mm}^2$ であった〔付図 1.17 参照〕ので，さらに 10 回目まで様子を見ることとした．10 回までの平均値 m_{10} は $30.2\,\text{N/mm}^2$ であり，標準偏差は $3.7\,\text{N/mm}^2$ となった〔付図 1.18 参照〕．

このまま工事が推移すると呼び強度の強度値 $21\,\text{N/mm}^2$ に対する正規偏差は，7 回目までは $(30.9 - 24.0)/3.7 = 1.86$，10 回目までが $(30.2 - 24.0)/3.7 = 1.68$ となるため，$24\,\text{N/mm}^2$ を下回る確率はそれぞれ 3.11，4.69 % となる．また，呼び強度の 85 % を下回る確率は，$(30.9 - 0.85 \times 24.0)/3.7 = 2.65$ より 0.5 % 以下となる．

以上の検討により，呼び強度を下回って不合格となることはほとんどないと考えられるが，これは圧縮強度の平均値が 30.9～30.2 N/mm^2 となって，調合強度の $28.3\,\text{N/mm}^2$ よりもかなり高い値であったためである．しかし，このようにばらつきが大きい場合は，工場の管理状態に問題があると考えられたため，工場に注意を喚起した．

最終的な結果は付図 1.11 に示すようであり，平均値は $30.1\,\text{N/mm}^2$，標準偏差は $3.1\,\text{N/mm}^2$ であった．試

験結果の平均値は調合強度より 4 % 高いが，ほぼ計画どおりである．

しかし，標準偏差は 3.1/2.5 = 1.24 で，計画よりも 25 % 大きい値となった．しかし，呼び強度の強度値 24 N/mm^2 を下回る確率は，正規偏差が (30.1 − 24.0)/3.1 = 1.97 であるので，ほぼ計画どおりであったと判断された．

付表1.3 検査結果リストの例

ロット	試験回数	受入検査									構造体検査						
		圧縮強度 (N/mm²)						スランプ (cm)		空気量 (%)		ロット	圧縮強度 (N/mm²)				ロット合否 ($f≧24$)
		F_{i1}	F_{i2}	F_{i3}	$\overline{F_{ij}}$	合否 ($F_{ij}≧20.4$)	$\overline{F_i}$	ロット合否 ($F_i≧24$)	測定値	合否	測定値	合否		f_1	f_2	f_3	$\overline{f}$	
1	1	28.0	25.1	25.2	26.1	合	29.1	合	16.0	合	4.2	合	1	27.0	27.5	29.5	28.0	合
	2	27.5	25.9	25.9	26.4	合			16.0	合	4.5	合	2	27.5	27.0	27.8	27.4	合
	3	35.9	32.5	35.7	34.7	合			16.0	合	3.8	合	3	37.0	35.0	37.4	36.8	合
2	4	35.3	37.0	32.0	34.8	合	31.8	合	16.0	合	3.5	合	4	34.5	32.3	35.6	34.1	合
	5	29.3	31.6	31.3	30.7	合			16.5	合	4.2	合	5	37.3	30.3	35.3	34.3	合
	6	30.7	28.5	30.7	30.0	合			14.5	合	3.9	合	6	38.5	31.0	34.8	34.8	合
	7	33.7	33.9	33.9	33.8	合			15.0	合	4.1	合	7	37.0	35.7	38.0	36.9	合

付1. データの整理と実例　－193－

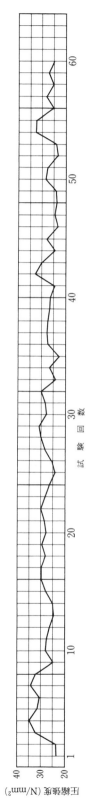

付図 1.8　受入検査における圧縮強度試験の結果

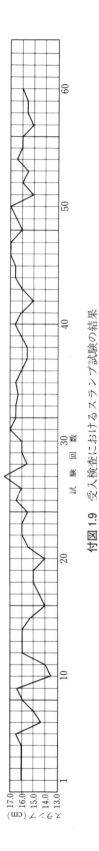

付図 1.9　受入検査におけるスランプ試験の結果

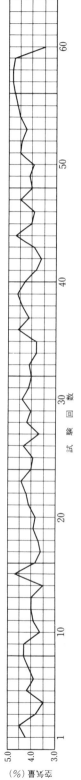

付図 1.10　受入検査における空気量試験の結果

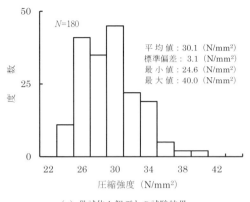
(a) 供試体1個ごとの試験結果

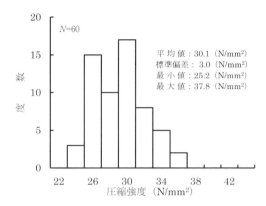
(b) 3個の供試体の平均値による1回の試験結果

付図 1.11　受入検査における圧縮強度試験結果

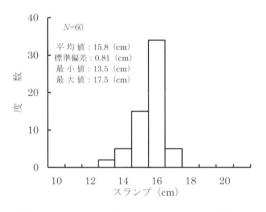
付図 1.12　受入検査におけるスランプ試験結果

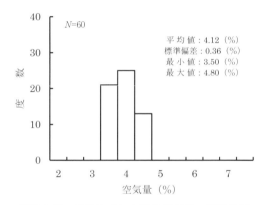
付図 1.13　受入検査における空気量の試験結果

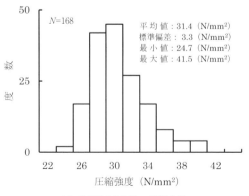
(a) 供試体1個ごとの試験結果

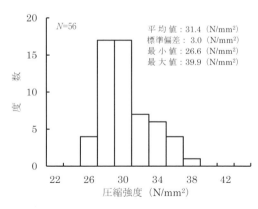
(b) 3個の供試体の平均値による1回の試験結果

付図 1.14　構造体コンクリート検査における圧縮強度試験の結果

付1. データの整理と実例 −195−

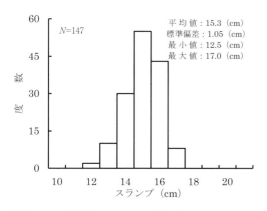

付図1.15 構造体コンクリート検査におけるスランプ試験結果

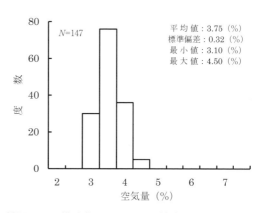

付図1.16 構造体コンクリート検査における空気量試験結果

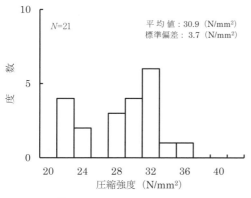

付図1.17 7回目までの結果

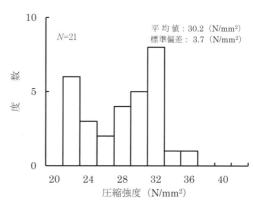

付図1.18 10回目までの結果

付2. 工事現場におけるコンクリートの受入検査の手順

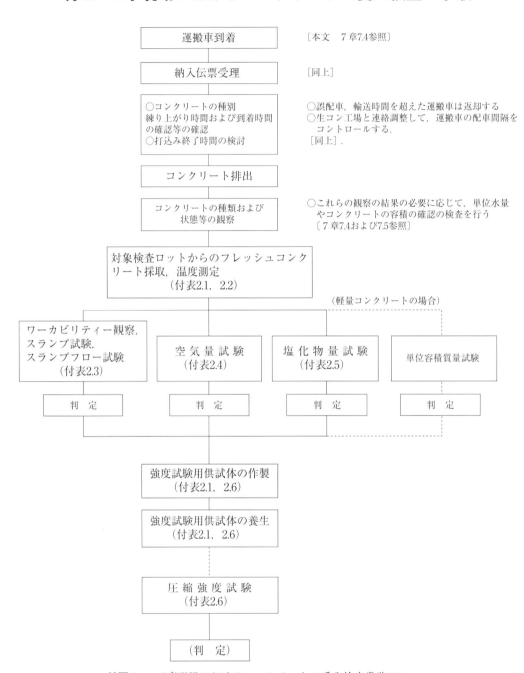

付図2.1　工事現場におけるコンクリートの受入検査業務のフロー

付2. 工事現場におけるコンクリートの受入検査の手順 －197－

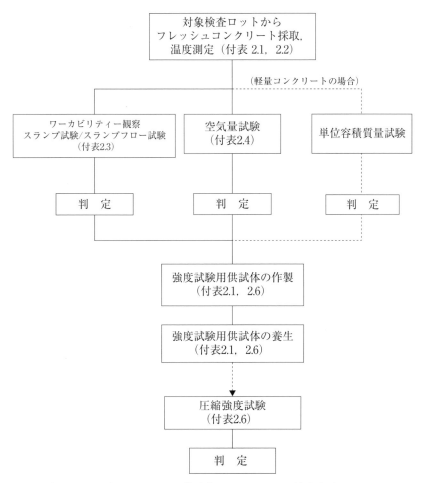

付図2.2 工事現場における構造体コンクリートの検査業務のフロー

付表 2.1 フレッシュコンクリートの採取（JASS 5，JIS A 1115）〔本文 7章 7.4参照〕

フレッシュコンクリート採取のフロー	備　考
1　検査の目的に応じた採取箇所を決定 (1) 使用するコンクリートの品質管理検査の場合 　　（JASS 5　11.5，JIS A 5308） | 採取箇所	試験項目
荷卸し地点	強度試験 温度試験 スランプ試験 スランプフロー試験 空気量試験 塩化物量試験 その他 | (2) 構造体コンクリートの品質検査の場合 　　（建築基準法施行令第74条，JASS 5　11.5および11.9） | 採取箇所	試験項目
荷卸し地点または打込み場所[注1]	強度試験 スランプ試験 スランプフロー試験 空気量試験 その他 | (注1) 採取箇所 　JASS 5では，特に支障のない限り荷卸し地点で採取するとしている．軽量コンクリート，流動化コンクリートその他の場合など，圧送によりコンクリートの品質が変化するおそれのある場合は打込み場所で採取する必要がある．	・運搬車は一般にミキサ車と呼ばれることが多いが，トラックアジテータが正しい呼称． ・運搬車をトラックミキサとして使用し，コンクリートの練混ぜを行うことを JIS A 5308 では認めていない．JIS 製品認証を受けていない工場などで，トラックミキサとして使用する例も聞かれるので注意が必要． 構造体コンクリートの検査には，下表の種類がある． | 検査の目的	試験時供試体の材齢 （強度管理材齢）
①構造体強度の確認	28日，n 日[注2]
②型枠の取外し時期および湿潤養生打切り時期の決定	取外し予定日以前
③プレストレス導入時期の決定	導入日以前
④養生打切り時期の決定 　（寒中コンクリート）	打切り前 | (注2) 強度管理材齢 　強度管理材齢は，28日または28日を超え91日以内の n 日とする（昭和56年建設省告示第1102号，JASS 5）．
2　分集試料の採取 (1) 荷卸し地点における採取例  	①　検査ロットおよび試験回数 　使用するコンクリートおよび構造体コンクリートの圧縮強度の検査のための検査ロットと試験回数は，解説表10.4.1に示す「B法：完全併用型」の場合は以下のとおり． |	検査ロット	試験回数
---	---	---
a．使用するコンクリート	450 m³ ごと	150 m³ ごとに1回（＝3回）
b．構造体コンクリート　基本仕様	1日の打込み量または150 m³ ごと	1回
高強度	1日の打込み量または100 m³ ごと	1回 | ②　1回の試験のために採取する供試体の数 | a．使用するコンクリート	任意の1台の運搬車からまとめて3個採取する．
b．構造体コンクリート	同上	

付2. 工事現場におけるコンクリートの受入検査の手順　−199−

<table>
<tr><td colspan="3">③　試料の量
　試料として採取するフレッシュコンクリートの量は，20 l 以上かつ，試験に必要な量よりも 5 l 以上多くなるようにする．
④　試料の採取は JIS A 1115（フレッシュコンクリートの試料採取方法）による．ただし，荷卸し地点でトラックアジテータ（運搬車）から採取する場合は，30秒間高速かくはんした後，採取に排出されるコンクリート 50〜100 l を除きその後のコンクリートから定間隔に 3 個以上採取する．</td></tr>
</table>

3　試験用試料の作製	2. により採取した分取試料を集めて，一様になるまでシャベルスコップまたはこてで練り混ぜる． 	この試験用試料を，温度試験，スランプ試験，スランプフロー試験，空気量試験，塩化物量試験および強度試験用供試体作製等に用いる． 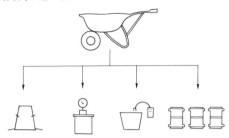

付表 2.2　温度試験（JASS 5　11.5，JIS A 1156）〔本文　7章 7.4 参照〕

	温度測定のフロー	備　考
温度計	接触方式の温度計．0〜50℃の測定範囲で目量が 1℃以下のもの．	アルコール温度計は，JIS に適合するものがなく，トレーサビリティーの確保が困難なことから推奨されないが，建設現場での使用実績が多いことから「付属書（参考）温度計の取扱い方法」により認められている．
容器	密なものとし，内径（一辺）および高さが 14 cm 以上かつ容量が 2 l 以上とする	・ポリ容器・バケツが使われることが多い ・一輪車を用いてもよい
試料採取	試料を容器に採取する．	
測定	・日陰で測定する． ・温度計周囲の試料表面を軽く押しならす． ・示度の安定を確認． ・採取から 5 分以内，差したままで読み取る 1℃単位で表示	※スランプ試験を行ったコンクリートで測定してはいけない ・外気温も測定するとよい

付表 2.3 スランプ・スランプフロー検査（JASS 5　11.4，11.5，JIS A 1108）〔本文　7章 7.4参照〕

スランプ・スランプフロー試験および検査のフロー（図例）	備　考
1　試料をコーンに入れる	①　スランプ試験 ・スランプコーンは，内面を湿布などでふいて水平に置く． ・試料をほぼ等しい量の3層に分けて入れ，各層は突き棒でならして25回均等に突く． ・突き棒の先端は前の層にほぼ達する程度とする． ・スランプコーンにコンクリートを詰め始めてからスランプコーンの引上げを終了するまでの時間は，3分以内とする． ②　スランプフロー試験 ・スランプコーンは，内面を湿布などでふいて水平に置く． ・試料を突起固めや振印を与えない一尺詰めとするか，ほぼ等しい量の三層に分けて入れ，各層は突き棒で5回均等に突く． ・突き棒の先端は前の層にほぼ達する程度とする． ・スランプコーンにコンクリートを詰め始めてからスランプコーンの引上げを終了するまでの時間は2分以内とする． （単位：cm） スランプ試験用器具
2　スランプコーンを引き上げる	・詰めたコンクリート上面をスランプコーンの上端に合わせてならし，ただちに，スランプコーンを静かに偏らないよう垂直に引き上げる． ・引き上げる時間は，ワン・ツー・スリー（2〜3秒）の感じで行う．
3　スランプを測定する	スランプは 0.5 cm まで測定する． ［注］スランプの測り方を参照のこと

4 スランプフロー・温度を測定する	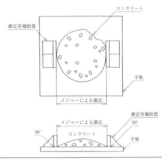スランプフロー＝$\dfrac{a+b}{2}$ スランプ測定後にコンクリートの広がり（フロー）を長辺（a）とその直角方向の長さ（b）の2方向について測定し、その平均値を求めておく。 ・スランプは温度によってかなり変化するので，コンクリーの温度も測定しておく．暑中コンクリートやマスコンクリートの場合は，荷卸し時で35℃を超えるものは原則として受け入れないこと．また，冬期における「打込み時」のコンクリート温度は約10℃程度以上であることが必要とされている． ・スランプフローは，通常のスランプ（18 cm 程度）の普通コンクリートで，スランプの15〜18倍，人工軽量骨材コンクリートで16〜19倍程度が目安となる． ・JASS 5 16節「高流動コンクリート」，18節「鋼管充填コンクリート」の場合はスランプフローによる管理が重要であり，JIS A 1150「コンクリートのスランプフロー試験方法」によって実施する．
5 試験の結果を判定する	① スランプ検査 試験の結果が下表の許容差以内であるか否かを判定する． スランプの許容差（単位：cm） | スランプ | スランプの許容度 | |---|---| | 2.5 | ± 1 | | 5 および 6.5 | ± 1.5 | | 8 以上 18 以下 | ± 2.5 | | 21 | ± 1.5 [a] | ［注］(a) 呼び強度27以上で，高性能AE減水剤を使用する場合は，±2とする． ② スランプフロー検査 試験の結果が下表の許容差以内であるか否かを判定する． スランプフローの許容差（単位：cm） | スランプフロー | スランプの許容度 | |---|---| | 50 | ±7.5 | | 60 | ±10 | (JIS A 5308 表3)

[注] スランプの測り方（全生工組連試験方法 ZKT-201（2007）より〔図1～9参照〕.）

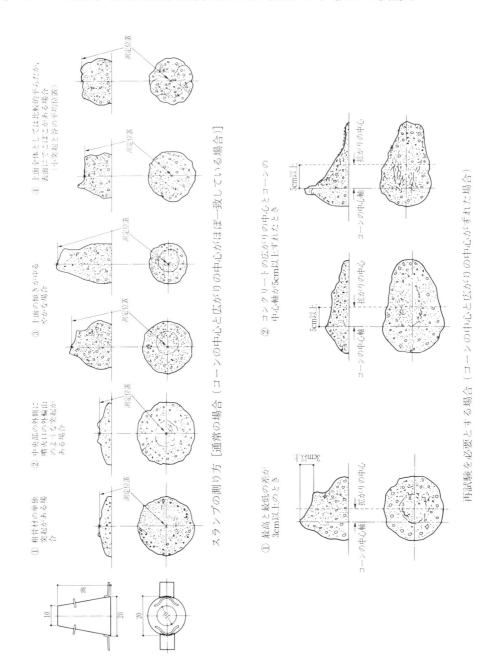

付表2.4 空気量の検査（JASS 5 11.4, 11.5, JIS A 5308）〔本文 7章7.4参照〕

空気量試験および検査のフロー（図例） （空気室圧力方法 JIS A 1128 による場合）	備　考
1 試料を容器に入れる 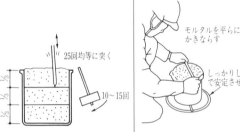	・装置のキャリブレーションを必要に応じて行う． ・試験では，コンクリート中に含まれるすべての空気量が測定される．このため，AE剤によって連行されるエントレインドエアー（ワーカビリティーや耐久性に有効）と自然に含まれている大きめの気泡のエントラップドエアー（ワーカビリティーや耐久性に無効ないし有害）との区別ができない． 　したがって，コンクリートが適切に締め固められた状態で測定することが重要である． ① エアー・メーター容器を水平に置く． ② 試料をほぼ均等に3層に分けて詰める． ③ 1層ごとに，突き棒で25回均等に突き，容器の外側を木づちで10〜15回叩く． ④ 上端面より多めに詰めたモルタルを定規でかきならす． ⑤ 容器のフランジについたモルタルをきれいにふく．
2 空気量を測定する (1) 容器にふたを取り付け，空気が漏れないように締め付ける．  (2) 注水する． 	・ふたの注水口と排気口は，開いておく． ・注水しない場合は，容器にふたを取り付けた後に，全ての弁を閉じる．工程(3)に進む． ・注水口から注水して，コンクリートとふたの間から完全に空気を追い出し，排気口から水があふれたら，すべての弁を閉じる． 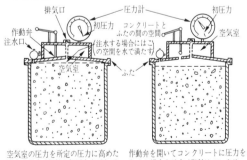 空気量試験器

	(3) 空気室内の気圧を初圧力に一致させる．	・すべての弁を閉じたら，空気ポンプで空気室の圧力を初圧力よりわずかに大きくする． ・約5秒後に調節弁を除々に開いてゆき，圧力計の指針を初圧力の目盛（0に調節しておく）に一致させる． 　これは，空気室内の気圧を初圧力に一致させるということである．このとき圧力計を軽く叩きながら行う．
	(4) コンクリートに加圧し，見かけの空気量を読み取る．	・約5秒後に，作動弁を十分に開いてコンクリートに圧力をかけ，作動弁を閉じる． ・容器の側面を木づちでたたく（コンクリートの各部に圧力を行きわたらせるようにするため）． ・再び作動弁を十分に開き，圧力計を軽くたたき，指針が安定してから圧力計の空気量の目盛を読む（空気量 A_1）．
4 空気量を計算する	コンクリートの空気量 A は，次式で求める $A = A_1 - G$ （%） A：コンクリートの空気量（%） A_1：コンクリートの見かけの空気量（%） G：骨材修正係数	・読みとった空量量 A_1 から，骨材修正係数 G を引いたものが求める空気量 A． ・骨材修正係数 G は，骨材によって変わるので，使用するコンクリートの細骨材および粗骨材について，あらかじめ空気量試験により求めておくのがよい[2],[3]．
5 結果の検討	3．で求めた空気量 A が，指定した空気量に対して下表の許容値かどうかを検討する． （単位：%） 	コンクリートの種類	空気量	許容差
普通コンクリート	4.5	
軽量コンクリート	5.0	±1.5
舗装コンクリート	4.5	
高強度コンクリート	4.5	| （JIS A 5308 表4）	JIS A 5308 では空気量を，普通コンクリート4.5 %，軽量コンクリート5.0 %としている． したがって，通常の場合は下表の範囲にあればよい． （単位：%） | 区分	空気量の範囲
---	---
普通コンクリート	3～6
軽量コンクリート	3.5～6.5	

［注］（1）装置のキャリブレーション
　① 圧力計の目盛のキャリブレーションを定期に行う．
　② 初圧力の決定は，あらかじめ行っておく．
（2）普通骨材の骨材修正係数
　普通骨材の調合，実務上は骨材修正係数を考慮していない場合が多い．したがって，一般に空気量が多めに測定されることになる（通常の場合で0.1～0.3程度）．
　凍結防止のためなど，コンクリートの空気量をより正確に知る必要がある場合には，あらかじめ骨材修正係数を測定しておくことが必要である．
（3）人工軽量骨材の骨材修正係数
　① 人工軽量骨材などの多孔質の骨材の場合は，骨材修正係数が正確に求められないので，空気室圧力方法によらず，容積方法（JIS A 1118）によることとされている．
　② 現場では人工軽量骨材の場合でも，骨材修正係数を用いて，空気室圧力方法を採用することが多い．
　　この場合は，あらかじめ見かけの空気量と骨材修正係数の相関関係を同一試料について行った容積方法による結果とを比較しておくことが必要．
　③ いずれの場合にしても，人工軽量骨材のプレウェッティングを十分に行っておくことが前提である．

付表 2.5 工事現場における塩化物量の検査（建設省住宅局建築指導課長通達，JASS 5 11.4，11.5）

〔本文 7章7.4参照〕

	塩化物量試験および検査のフロー（図例） （簡易試験方法 JASS 5 T—502 による場合）	備　考
1 準備	使用する測定器に応じて，必要なキャリブレーションを行う．	① 測定器は，旧国土開発技術研究センターの技術評価を受けたものを使用する（建設省住宅局建築指導課長通達） ② 電極を用いて測定するタイプのものは，標準液による初期較正が必要である． ③ 使い捨て型の検知管タイプの測定器は，キャリブレーションが不要．
2 試料の分取	付表 2.1 により採取したフレッシュコンクリートの試料を 3 つに取り分ける[(1)]． ［注］(1) 付属の加圧ろ過器により，ブリージング水を採取する方式もある．	① 測定する回数は，使用するコンクリートに予想される塩化物量を考慮して，次のいずれかとする． | (1) 海砂などの塩化物を含むおそれのある骨材を用いる場合 | 打込み当初および150 m³ に 1 回以上 | |---|---| | (2) その他の場合 | 1 日に 1 回以上 | ② 1 回の判定に用いる「測定値（C_W）」は，付表 2.1 により採取した試料（JIS A 1115）を 3 個に取り分けて測定した値の平均値とする．
3 塩化物イオン濃度の測定	(1) 検知管タイプの測定器による場合の例	メーカーの取扱要領書による．
	(2) 電極を用いるタイプの測定器による場合の例	メーカーの取扱要領書による．
4 塩素イオン量の計算	(1) 使用するコンクリートの単位水量（W）を推定する． (2) 測定値（C_W）と単位水量（W）から，コンクリート中の塩素イオン量を次式により計算する． $$C_C = C_W \times W \times \frac{1}{100} \quad (\text{kg/m}^3)$$	単位水量は，計画調合に用いた数値とする． ただし，計算の結果が合否ラインに近いようなケースでは，実際の単位水量の変動を考慮しなければならない場合もある． 単位水量（W）を入力すれば，コンクリート中の塩素イオン量（C_C）を表示する測定器もある．

5 結果の検討	計算によって得られた数値（C_C）が，0.30 kg/m³ 以下であることを確認する． 0.30 kg/m³ を超えた場合は，コンクリートを棄却（返却）するか，または，右表の条件を満たしていることを確認する．	表 建設省住宅局建築指導課長通達による合否判定			
		コンクリート中に含まれる塩化物の総量 (kg/m³)			
			0.30 以下の場合	0.30 を超え 0.60 以下の場合	0.6 を超える場合
		令第72条第1号の適否	適合する	次に掲げる（1）および（2）の条件を満足するものについては適合するものとして取り扱う． (1) コンクリートは，次のイからニまでに適合すること． 　イ　水セメント比が 55 % 以下であること． 　ロ　AE 減水剤が使用され，かつスランプが 18 cm 以下（流動化コンクリートにおいては，ベースコンクリートのスランプが 15 cm 以下，流動化後のコンクリートのスランプが 21 cm 以下）であること． 　ハ　適切な防せい剤が使用されていること． 　ニ　床の下端の鉄筋のかぶり厚さが 3 cm 以上であること． (2) AE 減水剤については，JIS A 6204（コンクリート用化学混和剤）に適合するものが，防せい剤については（財）日本建築センターの評定を受けたものが使用されていること．	適合しない （離島などの場合の特例措置あり）
		[注]　建設省住宅局建築指導課長通達（昭和 61 年 6 月 2 日 建設省住指発第 142 号）			

付表 2.6 使用するコンクリートおよび構造体コンクリートの検査〜強度試験
（令第 74 条・告示第 1102 号，JASS 5 T—603）〔本文 10 章参照〕

		備 考
1 供試体の作製	(1) シリンダー型枠へのコンクリート充填 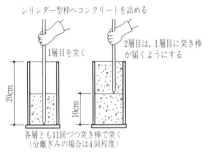	① 供試体は JIS A 1132（コンクリートの強度試験用供試体の作り方）によって作製する． ② 建築用のコンクリートでは，粗骨材の最大寸法が，25 mm 以下が一般的なので，供試体は直径 10 cm，高さ 20 cm の円柱形が用いられる． 　マスコンクリート等で用いることのある，最大寸法が 40 mm の粗骨材の場合は，直径 125 cm，高さ 25 cm または直径 15 cm，高さ 30 cm の供試体とする．  符せんは，障子紙程度の厚さの和紙が適する．大きさは，3×2cm 程度がよい．工事名，打設日，打設部位，ロット番号，責任者名などを記入する．
	(2) a 室内放置（標準養生の供試体）  (2) b 室外放置（標準養生以外の供試体） 	① 型枠に詰めた直後のコンクリートは，振動の生じない棚などの平面に置き，養生する． ［室外放置の場合］ 　室外放置の場合は，人荷の通る床面は避け，日光の直射をさける（特に夏期は要注意）． 　冬期には，コンクリートが凍結しないように布などで覆っておく．ただし，暖めたり温室内に保存してはならない． ② 軟練りコンクリートの場合は，6〜24 時間おいてからキャッピングする．
	(3) キャッピング 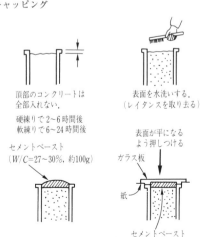	① 供試体の上面仕上げは，キャッピング，アンボンドキャッピングまたは研磨による． ② キャッピングの材料は，セメントペーストが一般的だが，型枠を取り外してから行う場合は，硫黄を用いることが多い． ③ キャッピング層の厚さは，2 mm 以下（供試体直径の 2 % 以内）

(4) a 室内放置（標準養生の供試体） 　　 b 室外放置（標準養生以外の供試体）	前掲．
(5) 脱型 キャッピングの平滑さの検査方法 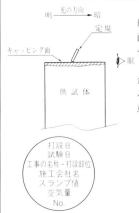 キャッピング上面に定規を当て，キャッピング面と定規との間の隙間をチェックする．特に凸になっている場合は，圧縮強度が低下する傾向が大きいので要注意． キャッピング上面への記入事項	① キャッピング用押し板およびシリンダー型枠を外し，供試体の精度を検定する． 　キャッピングの良否は，強度に影響するので要注意． ② 供試体の精度は直径で0.5%，高さで5%とし，平面度はアンボンドキャッピングの場合を除き直径の0.05%とする． ③ この時にキャッピング上面に，シリンダー型枠に取り付けてあった荷札等に書いてある工事の名称（棟別，工区別），打設年月日，打設階（部位），検査ロット番号，スランプ，空気量等を転記する． ④ 現場封かん養生の場合は，ただちにポリエチレンシート等で厳重にくるみ，水分の蒸発を防ぐようにしなければならない．
2 供試体の養生 (1) 標準養生（使用するコンクリート用および構造体コンクリート用の供試体） 	標準養生とは，20±3℃にコントロールされた水中または飽和湿気中で供試体を養生することをいい，一般には標準養生水槽が用いられる．
(2) 現場水中養生（構造体コンクリート用の供試体） 	現場水中養生とは，工事現場において水温が気温の変化に追随する水中で供試体を養生することをいう． 　現場水中養生の注意点は，以下のとおり． ① 試験のときまで構造体コンクリートになるべく近い温度になるよう養生する． ② 養生水槽の水温と気温を記録しておく． ③ 急激な温度低下による凍結を避け，かつ直射日光の当たらない場所を選んで養生する．

	(3) 現場封かん養生（構造体コンクリート用の供試体） 	現場封かん養生とは，工事現場において，コンクリート温度が気温の変化に追随し，かつ，コンクリートからの水分の逸散がない状態で供試体を養生することをいう． 通常は，ポリエチレンフィルム等で厳重に包装する方法が用いられる． ① 試験のときまで構造体コンクリートになるべく近い温度になるよう養生する． ② 現場封かん養生の場合は，原則として，当該打設階の風通しがよく直射日光の当たらない場所を選んで養生する． ③ 気温を記録しておく．
3 試験を依頼する	信頼できる試験機関に試験を依頼する． 	① 試験は，公正で技術的に信頼のおける試験所を選んで依頼する．特に，構造体コンクリートの強度推定のための検査の場合は，行政庁が公的機関等を指定している場合がある（大阪府等の場合は，特定の機関を指定しており，東京都では，要綱で試験機関の要件を定めている）． 使用するコンクリートの受入検査の場合は，工事監理者の承認を得て生コン工場の試験室等とする場合もある． ② 試験日（使用するコンクリートは材齢28日，構造体コンクリートの場合は，所定の強度管理材齢）の1～3日前に試験所へ搬入する． ③ 試験所へ運搬する際には，乾燥防止と衝撃防止を兼ねて適切な容器に入れるか，または布等でくるみ衝撃や損傷を与えないように運ぶこと．ショックを与えたりしないように注意する．
	① 供試体の寸法測定 その他のチェック ↓ ② 秤量の選択 ↓ ③ 加圧面の清掃 ↓ ④ 供試体の設置 ↓ ⑤ 加　　　圧 ↓ ⑥ 最大荷重の読み取り	・試験は，JIS A 1108（コンクリートの圧縮強度試験方法）による． ・所定の養生を終った直後の状態で試験する．特に，水中養生をした場合は供試体の表面を乾燥させないようにする． ・試験の手順は，以下のとおり． ① 供試体の検査 供試体の寸法精度，質量等の測定を行い，供試体の外観について，損傷あるいは欠陥について観察し，試験結果に影響すると考えられる場合は試験を行わないか，または内容を記録して報告する． コンクリートコア供試体の場合は，直径と高さを測定し，断面積を算出する．高さと直径との比が2以下の場合は，試験の結果に補正係数を乗じる必要がある． 標準供試体（シリンダー供試体）の場合は，寸法測定を省略してもよい． このときにキャッピング面の状態をチェックし，著しい凹凸や損傷がないことを確認する． ② 秤量の選択 圧縮試験機の秤量を最大荷重を予測して選択する．通常は，ϕ10 cm×20 cmの供試体で500 kN，ϕ15 cm×30 cmの供試体で1000 kNの秤量とする． ③ 加圧面の清掃 供試体および試験機の加圧面をへら，ウエス等を用いて付着物を取り除く． ④ 供試体の設置 加圧板の中心軸と供試体の中心軸が一致するように設置する．正しく設置されていないと偏心荷重となり，試験の数値が低下する場合がある．

		⑤ 加圧 供試体に衝撃を与えないように一様な速度で荷重を加える．最大予想荷重の1/2までは比較的早い速度で加圧してもよいが，以後は毎秒約 $0.6\,\mathrm{N/mm^2}$ に制御し，予想最大荷重付近では荷重速度の調整を中止して加圧し続ける． ⑥ 最大荷重の読取り 最大荷重を有効数字3桁まで読み取る． 軽量コンクリート，高強度コンクリート等の場合は，最大荷重後に供試体が破裂することがあるので，供試体の周囲を金網等で囲うとよい．
5 試験結果の判定	(1) 試験結果の整理	・最大荷重の読取り値を，四捨五入によって有効数字3桁に丸める．
	(2) 判定基準に基づき，試験結果を判定する．  （正常な加圧） 	① 試験の目的の確認 試験の目的を確認し，下記の目的に応じた適切な判定を行う． 　a．使用するコンクリートの受入検査 　b．構造体コンクリートの強度検査 ・せき板，支柱等の取外し時期決定 ・プレストレス導入時期決定 ・計画した管理材齢における構造体コンクリートの強度推定 ・その他 ② 使用するコンクリートの合否判定 使用するコンクリートの材齢28日における標準養生供試体の3回の試験結果が次のaおよびbを満足する場合に合格とする． 　a．1回の試験結果は，発注者が指定した呼び強度の値の85％以上であること． 　b．3回の試験結果の平均値は，発注者が指定した呼び強度の値以上であること． なお，構造体コンクリートの強度管理が，③bの長期管理材齢（29日を超え91日以内）によった場合であっても，使用するコンクリートの合否判定はこの方法で行う．ただし，呼び強度の構造体強度補正値が③aの場合とは異なるので，注意が必要である〔本文 5章参照〕． ③ 構造体コンクリート強度の合否判定 構造体コンクリートの1回の試験結果（3個の平均値）が次のa．bまたはc．dのいずれかを満足した場合に合格とする． 　a．標準養生供試体による場合は，材齢28日における圧縮強度試験の平均値（X_{28}）が調合管理強度（F_m）以上であること． 　b．コア供試体による場合は，材齢91日における圧縮強度試験の平均値（X_{91}）が品質基準強度（F_q）以上であること． 　c．現場水中養生供試体による場合は，材齢28日までの平均気温が20℃以上の場合は，材齢28日における圧縮強度試験の平均値（X_{28}）が，調合管理強度（F_m）以上であること．また，平均気温が20℃未満の場合は，品質基準強度（F_q）に $3\,\mathrm{N/mm^2}$ を加えた値以上であること．

(正常な加圧)　　(偏心加圧)

d．現場封かん養生供試体による場合は，材齢28日を超え91日以内の n 日における圧縮強度試験の平均値から $3\,N/mm^2$ を減じて圧縮強度値が，品質基準強度 (F_q) 以上であること．

④ 試験結果に下記に示すような事項に起因する異常の有無および検印の有無を確認する．
  a．偏心荷重
  b．キャッピングの不良
  c．供試体の変形，損傷，寸法のくるい
  d．骨材の偏り
  e．硬化不良
  f．その他

6 不合格の場合の処置	不合格の場合は，仕様書等に基づき，適切な処置をとる． 不合格成績書の例	試験の結果が不合格となった場合の措置は，次の①または②による． ① 使用するコンクリートの受入検査 　構造体コンクリートの強度検査の結果と併せて総合的に判断する． 　本文 10章10.5「不合格の場合の処置」を参照のこと ② 構造体コンクリートの強度検査 　本文 10章10.5「不合格の場合の処置」を参照のこと

試験結果：

供試体符号	スランプ(cm)	空気圧(%)	圧縮強度(kN/mm²)	試験担当者			
1-1	19.0	4.0	23.5	試験材齢	4週	強度管理材齢	4週
1-2	19.5	3.9	24.4	設計基準強度	$F_c = 24\,kN/mm^2$		
1-3	20.0	4.5	23.0				
圧縮強度の平均値 (F)	—	—	23.6	試験結果の判定	$0.7F_c \leq F \leq F_c$	不合格	

[注] 付2の各検査フロー等については，(財) 東京建築防災センター (現 公益財団法人 東京都防災・建築まちづくりセンター)「建築工事施工計画等の報告と建築材料試験の実務手引」を参考にして作成した．

付3. 東京都の建築物の工事における試験および検査に関する取扱い

1. 建築工事における試験および検査に関する東京都の取扱い

東京都では，建築工事における試験・検査に関する制度を設け，建築物の構造耐力上の安全の確保に関する建築基準法の円滑な運用を図っている．

建築主事等の行政機関は，従来から建築基準法第12条第3項に基づき，個々の建築工事の計画および施工の状況に関する報告を求めている．

一方，建築物の多種多様な構造種別のうち，比較的大規模な建築物に用いられるものは，RC造，S造およびSRC造が大半を占め，その工事施工も特定のものを除き標準的な工法によっているのが実情である．

そこで，報告の業務および審査を合理的にするために，これらの構造による一定規模の建築物の施工計画等については，定められたフォーマットにより報告を求めることにしている．

この制度を広く周知徹底させることを目的として，「東京都建築基準法施行細則（昭和25年東京都規則第194号）」第14条，第15条の4第1項の規程に基づき，さらにこの規程の運用を円滑に行うために，「建築物の工事における試験及び検査に関する東京都取扱要綱（以下，「要綱」という．）」を定めている（昭和61年6月18日制定，平成14年2月14日改正）．これらの制度の概要を付表3.1に示す．

2. 要綱における試験，検査および報告について

要綱では，工事監理者および工事施工者が，建築物の工事に関する試験および検査を実施する場合の取扱いならびに試験機関または検査機関が正確かつ公正な試験または検査を実施するための条件等を定めることにより，建築基準法および同施行令で規定する建築物の安全性を確保することを目的としている．

建築基準法が報告の対象にしているのは，工事監理者および工事施工者の責任おいて行う施工の状況等であるが，建築工事の品質を確保するために，この両者は次のような任務を分担することを前提としている．

- 建築工事の施工管理（一般に品質管理，工程管理，コスト管理，安全衛生管理等の総称）は，工事施工者の責任において実施する．
- 工事監理者は，設計図書（工事用図面および仕様書）との照合（検査）という業務を通じて工事施工者の施工管理を指導監督する．

つまり，建築基準法における品質管理の直接の当事者は，元請けである工事施工者である．しかしながら，近年は建築工事における技術と業務の分業化（下請け化）が進み，品質管理・検査の主体および責任の所在が不明確な場合が見られる．

このため，要綱では工事監理者および工事施工者が行う試験，検査および報告について明確に記すとともに，試験機関および検査機関について，その詳細を規定している．建築主事等の確認の審査または建築工事施工計画報告書の審査を合理的かつ効率的に行うために，あらかじめ試験機関または検査機関を登録することが要綱第12条で定められている．

付表 3.1 東京都における建築工事施工計画報告等の制度についての概要（細則14条および要綱）

項　目		適　用	備　考
対象建築物	構　造	RC造，S造，SRC造	左記以外の建築物については，建築基準法第12条第3項に基づき，建築主事が必要に応じて報告を求める．
	規　模	階数3以上で，かつ，延べ面積 500 m^2 を超えるもの	
報告の時期	施工計画報告書	建築確認通知後，着工前	
	施工結果報告書	躯体工事完了後，使用前	
報告の内容	施工計画報告書	・建築工事施工計画報告書 ・鉄骨工事施工計画報告書	
	施工結果報告書	・建築工事施工結果報告書 ・鉄骨工事施工結果報告書	
報　告　者		工事監理者および工事施工者	
行うべき試験・検査		当該建築物の工事について必要な試験に基づいて検査を行う	必要な試験・検査とは，(一社)日本建築学会が定めた基準，仕様書等，また，特記仕様書等に定められているもの
報告の対象となる試験・検査		要綱別表1に掲げるもの	構造耐力に関係する重要な試験
試験機関の指定		要綱第2条第4項に掲げる試験を行う場合	上記のうち，法令に試験・検査等の定めのある重要な試験
構造体の検査を行う者		工事監理者および工事施工者または登録試験機関	検査対象ロットの合否の判定に関することを行う主体
上記検査に伴う業務を行う者		工事施工者または登録試験機関	東京都都市整備局が定める試験機関および検査機関登録制度において登録されている試験機関（A類，B類）
試験機関の要件		要綱第4条に掲げる条件を満足すること	工事監理者または工事施工者が契約に基づき依頼する
代行業者の要件		登録試験機関が定める審査基準に適合する代行業者	工事施工者が契約に基づき依頼する

3. 試験機関および検査機関登録制度

東京都では，要綱に基づき試験機関および検査機関の東京都知事登録制度が設けられている．試験機関と検査機関を登録する制度に至った背景は，平成13年（2001年）5月1日付けで発行された「建築工事の品質確保について（依頼）」（13都市建指第13号　東京都都市計画局建築指導部長通知）により，検査システムのあり方について指定が行われたことにある．これは，検査会社から鉄骨用設備の検査内容に不合格の報告がされているにもかかわらず，工事監理者および工事施工者がその事実を把握していなかったことによる．この問題を解決するために，試験機関および検査機関を知事登録することによって，行政に対する不合格の報告などを義務づけ，公平で信頼のおける試験・検査結果を得る仕組みづくりが行われたものである〔付図3.1，3.2参照〕．

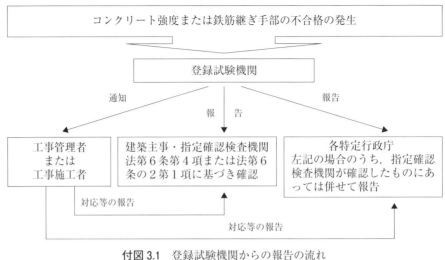

付図3.1 登録試験機関からの報告の流れ
（試験結果に不合格が発生した場合）

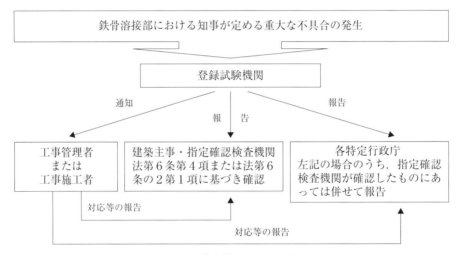

付図3.2 登録検査機関からの報告の流れ
（検査結果に重大な不具合が発生した場合）

4. 試験機関

試験機関とは，主にコンクリートの強度試験および鉄筋圧接部の引張試験を実施する機関である．試験機関にはA類とB類があり，試験が可能なコンクリートの設計基準強度で区分されている．区分の内容は，付図3.3のとおり．

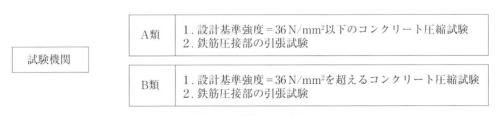

付図3.3 試験機関の区分

登録試験機関の一覧を付表3.2に示す．なお，登録試験機関は定期的に更新されるため，詳細は，東京都建築材料試験連絡協議会（東試協）のインターネットホームページを参照頂きたい．なお，都知事登録番号の前の分類（Ⅰ～Ⅳ）の詳細は，Ⅰ：団体（一般財団法人，一般社団法人など），Ⅱ：大学，Ⅲ：民間試験機関（株式会社など），Ⅳ：ゼネコン，である．現在の登録は，ⅠとⅢのみである．

5. 検査機関

　検査機関とは，主に鉄骨溶接部の外観検査，超音波探傷検査を実施する機関である．東京都では，鉄骨造建築物の溶接部の品質について定めた，建築基準法施行令第67条第2項の規定に基づく，平成12年（2000年）5月31日建設省告示第1464号二イ（1）および（2）に規定されるただし書きの適用にあたり，「食い違いずれの検査・補強マニュアル」（委員長：森田耕次　千葉大学教授）に基づいて運用している．登録された検査機関は，このマニュアルで示した外観検査方法などを遵守し，最新の技術基準で品質管理を行っている．

付表3.2 東京都知事の登録試験所

東試協構成機関一覧表

試A：通常のコンクリート［設計基準強度（F_c）が $36\,\mathrm{N/mm^2}$ 以下］を扱う試験機関（A類）
試B：高強度のコンクリート［設計基準強度（F_c）が $36\,\mathrm{N/mm^2}$ を超える］を扱う試験機関（B類）

都知事登録番号		試験機関の名称	所　在　地	電話番号	FAX番号
分類	番号				
Ⅰ－A	試A－14-(3)-1	公益財団法人東京都防災・建築まちづくりセンター	東京都品川区東大井 1-12-20	03-3471-2691	03-3471-1290
Ⅰ－B	試B－15-(3)-1				
Ⅰ－A	試A－14-(3)-3	一般財団法人建材試験センター工事材料試験所武蔵府中試験室	東京都府中市四谷 6-31-10	042-351-7117	042-351-7118
Ⅰ－B	試B－15-(3)-3				
Ⅰ－A	試A－14-(3)-4	一般財団法人建材試験センター工事材料試験所　浦和試験室	埼玉県さいたま市桜区中島 2-12-8	048-858-2790	048-858-2838
Ⅰ－B	試B－15-(3)-4				
Ⅰ－A	試A－14-(3)-5	一般財団法人建材試験センター工事材料試験所　横浜試験室	神奈川県横浜市港北区新吉田東 8-31-8	045-547-2516	045-547-2293
Ⅰ－A	試A－14-(3)-7	一般財団法人建材試験センター工事材料試験所　船橋試験室	千葉県船橋市藤原 3-18-26	047-439-6236	047-439-9266
	試B－20-(1)-14				
Ⅰ－A	試A－14-(3)-8	一般財団法人日本品質保証機構　関東機械試験所	東京都品川区東大井 1-8-12	03-3474-2525	03-3474-3021
Ⅰ－A	試A－14-(3)-9	一般社団法人建築研究振興協会　戸田試験所	埼玉県戸田市新曽 2213	048-420-5077	048-420-5066
Ⅰ－A	試A－14-(3)-10	一般社団法人建築研究振興協会　八王子試験所	東京都八王子市石川町 2683-12	042-645-7275	042-644-8465
Ⅰ－A	試A－14-(3)-11	一般社団法人東京都溶接協会	東京都江東区大島 3-1-11	03-3685-7984	03-3636-7650
Ⅲ－A	試A－14-(3)-14	株式会社複合材料研究所	東京都江戸川区東小松川 4-46-1	03-5662-2777	03-5662-2950
Ⅲ－B	試B－15-(3)-8				
Ⅲ－A	試A－14-(3)-16	株式会社日東コンクリート技術事務所	埼玉県三郷市谷口 221	048-952-5401	048-952-2260
Ⅲ－B	試B－15-(3)-9				
Ⅲ－A	試A－14-(3)-17	三友エンジニヤリング株式会社　構造材料試験所	千葉県市川市塩浜 2-1-3	047-306-7781	047-306-7788
Ⅲ－B	試B－15-(3)-10				
Ⅲ－A	試A－14-(3)-18	東京検査株式会社　建材研究所	東京都町田市金森 4-13-13	042-799-0992	042-799-0984
Ⅲ－B	試B－15-(3)-11				
Ⅲ－A	試A－14-(3)-19	株式会社テストサービス　材料試験所	東京都板橋区大山金井町 47-12	03-3959-5521	03-3959-6566
Ⅲ－B	試B－15-(3)-12				
Ⅲ－A	試A－14-(3)-20	株式会社建設材料研究所	東京都世田谷区玉堤 2-3-12	03-3702-8065	03-3702-8241
Ⅲ－A	試A－14-(3)-21	有限会社テーエス・コンサルタンツ	東京都江東区南砂 1-25-3	03-3648-5391	03-3648-5394
Ⅲ－A	試A－14-(3)-23	株式会社セイブ材料検査	埼玉県入間市大字二本木字下伊達1173番	04-2935-2531	04-2935-2533
Ⅲ－A	試A－14-(3)-24	コンクリートエンジニアリング株式会社　建築材料試験センター	神奈川県相模原市緑区橋本台 3-6-7	042-700-1811	042-700-1818
Ⅲ－A	試A－14-(3)-25	株式会社西東京建材試験所	埼玉県新座市畑中 2-16-15	048-480-6211	048-480-6212
Ⅲ－A	試A－14-(3)-26	城北建材試験株式会社	東京都板橋区高島平 3-2-6	03-5998-5590	03-5998-5591
Ⅲ－A	試A－14-(3)-27	有限会社京浜材料試験	神奈川県川崎市川崎区浅野町 6-16	044-366-5652	044-322-2611
Ⅲ－A	試A－14-(3)-28	株式会社クォリティー	東京都江戸川区臨海町 6-3-9	03-3869-8214	03-3869-8314
Ⅲ－B	試B－15-(3)-13				
Ⅲ－A	試A－14-(3)-29	株式会社東京建材検査サービス	埼玉県八潮市浮塚 899	048-999-0501	048-999-0502
Ⅲ－A	試A－14-(3)-30	東部建材協同試験所株式会社	埼玉県三郷市彦川戸 1-25-2	048-949-0261	048-949-0262
Ⅲ－A	試A－18-(2)-33	株式会社晃邦テクノ	東京都大田区仲池上 2-19-16	03-5748-3910	03-5748-3918

付4. 大阪府のコンクリート工事に関する取扱い

1.「コンクリート工事に関する取扱要領」及び解説

平成23年（2011年）4月1日に改正された『「コンクリート工事に関する取扱要領」及び解説』を以下に示す．

「コンクリート工事に関する取扱要領」及び解説

大阪府内建築行政連絡協議会
昭和52年8月 1日　制定
昭和62年7月22日　改正
平成 2年3月20日　改正
平成15年1月17日　改正
平成16年4月 1日　改正
平成18年4月 1日　改正
平成23年4月 1日　改正

第1　目的

この要領は，コンクリート工事に関し建築基準法（昭和25年法律第281号．以下「法」という．）第12条第5項の規定に基づき，工事監理者及び工事施工者に対して報告を求める場合において，その施工に関し必要な事項を定めることにより，法第20条及び建築基準法施行令（昭和25年政令第338号．以下「施行令」という．）第3章の構造強度に関する規定の適切な運用を図り，建築物の構造耐力上の安全性確保に資することを目的とする．

この要領の目的は，一定規模以上の建築物について，コンクリート工事におけるコンクリートの品質の確保を図り建築物の構造耐力上の安全性を確保することにある．

このため，本要領は，コンクリートの品質確保のための最低基準を定めたものであり，設計者・工事監理者・工事施工者等は，建築基準法等関係法令，日本建築学会の計算基準・標準仕様書・施工指針などを遵守して，建築物の質的向上を図ることが期待されるものである．

第2　適用範囲

この要領は，大阪府内においてコンクリートポンプ工法，その他のコンクリート打設方法でコンクリート工事を行う場合で，次の各号に該当するものに適用する．
(1) 鉄筋コンクリート造又は鉄骨鉄筋コンクリート造の建築物で3以上の階数を有し又は延べ面積が500 m² を超えるもの．
(2) その他大阪府内建築行政連絡協議会（以下「本協議会」という．）が特に必要と認めて指定するもの．

---

(1) コンクリートポンプを使用する場合，又はその他の方法でコンクリートを打設する場合で，鉄筋コンクリート造又は鉄骨鉄筋コンクリート造で階数が3以上（地階を含む）又は延べ面積が500 m² を超える建築物を対象としている．異種構造や増築などの場合は，この部分について対象か否かを判断するものとする．
(2) その他本協議会が特に必要と認めて指定するものとしては，具体の例として，高強度コンクリートや特殊なコンクリートを使用する建築物，一定量以上のコンクリートのコンクリートを使用する工作物などが考えられる．

なお，法第37条第1項（建築材料の品質）の規定に基づく平成12年建設省告示第1446号により，建築物の基礎，主要構造部等に使用するコンクリートは，JIS A 5308（レディーミクストコンクリート—2003）の規格品を使用することとなっており，本要領ではレディーミクストコンクリートを前提としている．なお，平成15年12月20日に JIS A 5308 が改正され，コンクリートの呼び強度45までを普通コンクリート，呼び強度50，55及び60は高強度コンクリートとして規定されたことから，平成12年建設省告示第1446号が平成16年4月2日に一部改正された．これに伴い，JISで示されている以外のコンクリートを使用する場合は，工事に先立って，国土交通大臣の認定が必要となったので注意されたい．

第3　工事監理及び工事施工管理

1. 工事監理者及び工事施工者は，コンクリート工事着手前に，コンクリート工事施工計画報告書（別に定める様式による）を法第7条若しくは法第7条の2の規定による完了検査又は法第7条の3若しくは法第7条の4の規定による中間検査を受けようとする機関に提出するものとする．
2. 工事監理者又は工事施工者は，コンクリート工事の監理又は施工管理について，自らの指揮監督のもとに，工事現場における工事監理又は工事施工管理に係わる実務を行わせるため，工事監理実務者又は工事施工管理実務者を定めることができる．
3. 工事監理者又は工事施工者は，工事監理実務者又は工事施工管理実務者を定めたときは，これをコンクリート工事施工計画報告書及びコンクリート工事結果報告書（別に定める様式による）に記載するものとする．
4. 工事現場で自ら工事監理を行おうとする工事監理者又は工事監理実務者並びに工事現場で自ら工事施工管理を行おうとする工事施工者又は工事施工管理実務者は，本協議会の指定する研修を受けたものであること．ただし，本協議会の認める者はこの限りでない．
5. 工事監理者及び工事施工者は，中間検査申請書及び完了検査申請書の提出時に，コンクリート工事施工結果報告書を，法第7条若しくは法第7条の2の規定による完了検査又は法第7条の3若しくは法第7条の4の規定による中間検査を受けようとする機関に提出するものとする．

（1）工事監理者及び工事施工者は，コンクリート工事着手前にコンクリート工事施工計画報告書を必ず提出しなければならない．この報告書は，法第7条若しくは法第7条の2の規定による完了検査，又は法第7条の3若しくは法第7条の4の規定による中間検査を受けようとする機関（特定行政庁又は法第77条の18に定める指定確認検査機関）に提出することを定めたものであり，その様式は本協議会で作成したものである．

　　なお，本要領でいう工事監理者，工事施工者は，法第2条に規定されており，建築確認申請書に記載された者である．

（2）工事監理者又は工事施工者が自ら現場でコンクリート工事の監理又は工事施工管理をする場合を除き，工事現場における工事監理又は工事施工管理の実務を行わせるために，工事監理実務者又は工事施工管理実務者を定めることができることとした．

（3）これらを定めた場合は，コンクリート工事施工（計画・結果）報告書に氏名，研修登録番号を記載させることとした．

（4）コンクリート工事現場で工事監理を行う者及び工事施工管理を行う者は，本協議会で指定する研修を受けた者であることが必要であり，各工事現場において常駐又は常時巡回する人は研修によるコンクリートに関する知見を発揮することを期待するものである．研修受講の義務付けの目的は，近年のコンクリート技術に対する研究や開発のめざましい進展に対し，コンクリートの品質管理や工事の施工における合理化，分業化が進み，職種別による技術が高まるにつれてコンクリート工事についての関係者の

認識が一般的に不足する恐れがあり，これを維持，向上させるため研修を義務付けたものである．したがって，1級建築士又は2級建築士も受講対象とすることとした．
　また，本協議会の認める者とは，次の①及び②に掲げる者で指定研修免除申請により承認された者並びに③及び④に掲げる者とする．
　①　コンクリートに関する学位（博士）を有する者．
　②　コンクリートに関する技術士の資格を有する者．（ただし，技術部門が「建設部門」，選択科目が「鋼構造及びコンクリート」であるものに限る．）
　③　コンクリート主任技士の資格を有する者．
　④　兵庫県が定める「コンクリート工法に関する指導要綱」に基づく研修を修了した者．
　なお，③コンクリート主任技士の資格を有する者については，本要領で指定する研修を受講したものとみなし，この場合においては，前項解説中の「氏名，研修登録番号を記載させること」とあるのは，「氏名，コンクリート主任技士の登録番号を記載し，当該免許の写しを添付させること」と読み替えるものとする．
　また，経過措置として改正前の「コンクリート工法に関する指導要領」による指定機関が実施した研修を受けた者は，改正後の要領による本協議会が指定する研修を受けた者とみなすこととした．
(5) 工事監理者及び工事施工者は，中間検査申請書及び完了検査申請書の提出時にコンクリート工事施工結果報告書を必ず提出しなければならない．このコンクリート工事施工結果報告書は，法第7条若しくは法第7条の2の規定による完了検査又は法第7条の3若しくは法第7条の4の規定による中間検査を受けようとする機関（特定行政庁又は指定確認検査機関）に提出することを定めたものである．

第4　コンクリートの圧送

コンクリートポンプの圧送従事者は，本協議会の指定する研修を受けたもの又は職業能力開発促進法（昭和44年法律第64号）に基づく技能検定試験「コンクリート圧送施工」に合格したものとする．

　コンクリートポンプの圧送従事者に対しても，本協議会の指定研修又は職業能力開発促進法に基づく技能検定試験を受けることを義務付けているが，これはポンプ車1台につき少なくとも1人以上は研修受講者又は技能検定試験合格者であることを要求するものである．
　なお，従事する者の氏名，登録番号をコンクリート施工（計画・結果）報告書に記載させることとしている．

第5　試験及び報告

1. 工事監理者及び工事施工者は，別表に掲げるコンクリートの品質を管理するための試験（以下，「別表」という．）を行うものとする．
2. 工事監理者又は工事監理実務者は，別表（い）の試験について，（に）欄の業務を行うものとする．
3. 工事施工者又は工事施工管理実務者は，別表（い）欄の試験については（は）欄の業務を行うものとする．ただし，工事施工者がこれらの業務の全部又は一部を下請工事施工者に行わせる場合にあっては，工事施工者は当該業務が適正に行われることを確認し，コンクリート工事施工計画報告書及びコンクリート工事施工結果報告書に下請工事施工者及び下請工事施工実務者を記載するものとする．
4. 下請工事施工者及び下請工事施工実務者については，第3第2項及び第4項の規定を準用する．
5. 工事監理者は，別表（い）欄の試験の結果のうち，建築主事又は確認検査員の指示するものについては，中間検査申請書及び完了検査申請書の提出時に，法第7条若しくは法第7条の2の規定による完了検査又は法第7条の3若しくは法第7条の4の規定による中間検査を受けようとする機関に提出するものとする．

(1) 工事監理者及び工事施工者に別表（い）欄の試験を行うことを義務付けた．
(2)・(3) 工事監理者又は工事監理実務者，あるいは工事施工者又は工事施工管理実務者が本要領に基づき行う試験及び報告業務について具体的に定めたものである．また，これらの試験を下請け会社に行わせる場合，工事監理者又は工事監理実務者，あるいは工事施工者又は工事施工管理実務者はその業務が適正に行われることを確認して，コンクリート工事施工（計画・結果）報告書に所要の事項を記入させることとしている．
(4) 下請工事施工者及び下請工事施工実務者についても研修受講義務は当然課せられる．
　なお，ここでいう下請工事施工者とは，例えばコンクリート躯体工事を下請けする場合を言い，生コン業者などは対象とならない．
(5) 別表（い）欄の試験の結果について，建築主事又は確認検査員が指示するものについては，中間検査申請時並びに完了検査申請時に工事監理報告書として提出させることとしている．建築主事又は確認検査員が要求する資料項目については，確認申請書（副本）に添付してあるので事前に確認をして頂きたい．

第6　報告結果の活用

コンクリート工事施工計画報告書及びコンクリート工事施工結果報告書並びに試験の結果は，法第7条若しくは法第7条の2の規定による完了検査又は法第7条の3若しくは法第7条の4の規定による中間検査の合否についての判断に活用するものとする．

「コンクリート工事施工（計画・結果）報告書」及び「試験の結果」は，中間検査による合格証及び完了検査による検査済証の交付の可否についての判断に活用する旨を規定したもので，当然これらの内容によっては交付できない場合もあり得る．

第7　試験所の登録

1. 別表（ろ）欄の「登録試験所」は，正確かつ公正な試験を実施するために必要な次に掲げる要件を備えるもので，指定を受けようとする試験所からの登録申請に基づき，本協議会が登録を行った試験所とする．
   (1) 試験の対象となる工事に関して公正な立場にあること．
   (2) 試験の業務に関する専任の管理者を置いていること．
   (3) 試験の業務に関する資格等を有する専任の試験技術者及び試験実務担当者を置いていること．
   (4) 試験を実施するために必要な人員，機器及び設備を備えていること．
   (5) 試験を正確かつ公正に実施するため，適切に定められた試験業務管理基準によって試験業務を運営していること．
2. 登録を受けようとするものは，登録申請書（別記様式第1号）に本協議会が別に定める書類を添えて本協議会会長に申請しなければならない．
3. 本協議会会長は，前項に定める申請があった場合，本協議会が別に定める審査基準に適合すると認めたときは次に掲げる事項を試験機関登録簿に登録し，一般の閲覧に供する．
   (1) 登録の分類
   (2) 試験所の名称
   (3) 試験所の設置者
   (4) 試験所の所在地
   (5) 試験所の代表者
   (6) 登録番号
   (7) 登録年月日

(8) 有効期限
4. 本協議会会長は，前項の規定による登録をしたときは，登録申請者に通知するとともに，本協議会の会員に通知する．
5. 本協議会会長は，第2項の規定による登録申請があった場合において，本協議会が別に定める審査基準に適合しないと認めたときは，その旨を申請者に通知する．
6. 試験所の登録有効期間は，登録をした日から，起算して2年以内とする．
7. 登録の更新を受けようとする者は，登録有効期間満了の日前2月までに，再登録申請書（別記様式第1号）に第7第2項に掲げる書類を添えて本協議会会長に申請しなければならない．
8. 登録を受けた者は，試験所の設備，人員その他登録申請した事項に変更が生じた場合は，登録事項変更届（別記様式第2号）に，当該変更を証する書類を添えて本協議会会長に速やかに届けなければならない．
9. 本協議会会長は，次の各号の一に該当するときは，登録を取り消すことができる．
 (1) 登録申請者が虚偽その他不正な手段により登録を受けたとき．
 (2) 試験所の登録に関する審査基準に適合しなくなったとき．

(1) 別表（ろ）欄の試験実施者である「登録試験所」とは，一定の要件を具備した試験所として本協議会に登録を行った試験所であることを定めたものである．なお，試験を実施する施設の所在地が複数ある場合は，その所在地ごと，かつ，別表（い）欄の試験名の区分ごとに登録できるものとしている．
(2) 登録申請は，本協議会会長に申請することとしている．
(3) 本協議会会長に登録申請した試験所は，本協議会が別に定める審査基準に適合すると認めたときは，登録試験所として試験機関登録簿に登録し，一般の閲覧に供するものとしている．
(4)・(5) 本協議会会長は，試験所として登録した場合，申請者並びに本協議会全員に通知することを義務付けている．また，本協議会が別に定める審査基準に適合しないと認めたときは，その旨を申請者に通知することを義務付けている．
(6)・(7) 試験所の登録有効期間は2ヵ年以内とし，登録を更新する場合は再登録申請することを義務付けている．
(8) 登録申請の内容に変更が生じた場合は，登録試験所は速やかに本協議会会長に届出するよう規定している．
(9) 試験所が虚偽等により登録を受けた場合，又は審査基準に適合しなくなった場合は，本協議会会長は登録を取り消すことができる旨を規定している．

第8 指定研修等
1. 第3第4項及び第4に定める研修の実施機関は第7第3項の登録を打った試験所のうち，次に掲げる内容の研修実施計画を提出したものから本協議会が適正と認める機関とする．
 (1) コンクリートの種類，材料，調合
 (2) コンクリート工事の施工計画
 (3) コンクリートの輸送，圧送 打込み，養生
 (4) コンクリートの品質管理
 (5) その他コンクリート技術に関すること
2. 第3第4項に定める指定研修は前項により認めた機関が実施する研修のうち，(1)から(4)の全てとする．

(1) 本協議会が指定する研修の実施機関は，登録を行った試験所から本要領に定める内容の研修実施計画を提出したものから，本協議会が適正と認めた機関とすることとしている．

(2) 本要領第3第4項では，工事監理者等は本協議会の指定研修の受講を義務付けており，その研修内容のうち，前項の(1)から(4)は1回の受講を必修とし，(5)については，既受講者も含め任意に受講できるものとした．また，前項(5)その他コンクリート技術に関することの内容は，コンクリートに関する法改正並びに日本建築学会基準（JASS 5）の改定等，その研修実施年度に相応しい内容を盛り込んだものとすることとした．

附則

　この指導要綱は，昭和52年10月1日から施行する．
但し，第3の4及び第4の2について，昭和53年4月1日から施行する．
附則
　この指導要綱は，昭和62年10月1日から施行する．
附則
　この指導要綱は，平成2年6月1日から施行する．
附則
（施行期日）
第1　この要領は，平成15年10月1日から施行する．ただし，第7及び第8の規定は平成15年7月1日から施行する．
（指定研修に関する経過措置）
第2　第3第4項及び第4に規定する本協議会の指定する研修の実施機関については，平成16年3月31日までは，なお従前の例による．
（指定研修受講者に関する経過措置）
第3　この要領の施行前に改正前の要綱第7による機関が実施した研修を受けた者は，改正後の要領による本協議会が指定する研修を受けたものとみなす．
附則
　この要領は，平成18年4月1日から施行する．
附則
　この要領は，平成23年4月1日から施行する．

　コンクリート工事に関する指導要綱は，昭和52年8月1日に制定され同年10月1日に施行したが，昭和61年6月に建設省から出された「コンクリートの耐久性確保に係る措置」についての通達の趣旨に則り，昭和62年7月に一部を改正し，同年10月1日より施行することとした．

　また，平成元年7月に建設省から出された「アルカリ骨材反応抑制対策に関する指針について」の通達の趣旨に則り，平成2年3月に一部を改正し，同年6月1日より施行することとした．

(1) 本要領は，改正前の内容を基本的に継承し，平成15年1月17日に改正，平成15年10年1日から施行することとした．確認申請書の受付日が施行日以降の建築物について適用する．ただし，要領第7（試験所の登録），同8（指定研修等）の規定は，平成15年7月1日から施行する．また，大阪府内建築行政連絡協議会において「建築基準法第12条第3項による報告事項作成要領」の改正に伴い，本要領の一部を平成16年4月1日に改正した．

(2) 本要領に基づく本協議会の指定する研修の実施については，平成16年4月1日から施行することとし，平成16年3月31日までは，改正前の規定により，財団法人日本建築総合試験所又はその他本協議会の認める機関としている．

(3) この要領の改正前の「コンクリート工事に関する指導要綱」第7による機関が実施した研修を受けた者は，改正後の要領による「本協議会が指定する研修」を受けた者とみなす規定としている．

(4) 本要領は，法第12条5項の規定による報告事項の一部として位置づけるとともに指定確認検査機関においてもこれに準じるよう明確にし，かつ，試験所を登録制度にすることにより，試験所の第三者性，公正性，透明性の更なる向上を誘導することとし，統一的な運用を図るものである．

2. 取扱要領に基づく登録試験所

　大阪府内建築行政連絡協議会は，「コンクリート工事に関する取扱要領」に基づき，構造強度に関する適切な運用を進めるにあたり，試験を登録試験所で実施している．登録試験所は付表4.1のとおり．

付表4.1　登録試験所

(平成25年10月1日現在)

登録試験所名	所在地	電話番号	可能試験	有効期限
◎一般財団法人日本建築総合試験所試験研究センター				
本所材料部	吹田市藤白台5丁目8-1	06-6872-0391	ＡＢＣＤ	平成27.9.30
材料部大淀試験室	大阪市北区長柄西2丁目1-18	06-6351-7217	Ａ	平成27.9.30
材料部堺試験室	堺市浜寺石津町西2丁目1-34	072-244-3912	Ａ	平成27.9.30
材料部京都試験室	京都市伏見区中島前山町65	075-622-0713	Ａ	平成27.9.30
材料部神戸試験室	神戸市中央区港島南町3丁目3-7	078-304-0001	ＡＣ	平成27.9.30
◎一般財団法人日本品質保証機構関西試験センター	東大阪市水走3丁目8-19	072-966-7200	ＡＢＣＤ	平成27.9.30
◎株式会社サンゼン技術センター	尼崎市南初島町10-155	06-4868-8061	ＡＣ	平成26.9.30
◎関西コンクリート試験センター株式会社	八尾市太田新町9丁目137番地	072-920-3288	Ａ	平成27.9.30
◎株式会社松本商事松本コンクリート技術事務所材料試験部	尼崎市南初島町10-4	06-6481-5299	Ａ	平成27.9.30
◎株式会社ピース材料試験部	門真市大字三ツ島708-1	072-887-0505	Ａ	平成27.9.30
◎有限会社ヒカリ材料試験部	堺市東区八下町1丁137-1	072-240-5900	Ａ	平成26.9.30
◎株式会社オーテック試験センター	大阪市西淀川区福町1丁目1番28号	06-6475-3400	Ａ	平成27.9.30

Ａ：コンクリートの圧縮強度試験　Ｂ：硬化コンクリートの塩化物量測定
Ｃ：骨材の絶乾密度・吸水率・粒度　Ｄ：アルカリシリカ

3. コンクリートの品質を管理するための試験

　「コンクリート工事に関する取扱要領」に基づき，コンクリートの品質を管理するための試験として，付表4.2に示す項目を実施する．

付表 4.2 コンクリートの品質を管理するための試験

試験名	該当	試験項目	試験方法	(い) 試験材齢	試験回数	試料の採取場所	その他	(ろ) 試験の実施者	(は) 工事施工者又は工事施工管理実務者	(に) 工事監理者又は工事監理実務者	備考
骨材試験	普通骨材	1. 絶乾密度・吸水率・粒度	JIS A 1109 JIS A 1110 JIS A 1102	—	工事開始前1回 工事中1回/月	レディーミクストコンクリート工場の骨材置場	試料の採取は登録試験所又は(は)によるものとする	登録試験所 試験結果の工事施工者又は工事施工管理実務者への報告	1) 1.2.8.9.10の試験項目の試料の採取及び登録試験所への搬入 2) 試験項目3.4.5.6.7の試験の実施 3) 試験結果の工事施工者又は工事施工管理実務者への報告	1) 試料採取に立ち会い 登録試験所が試料を採取する場合を除く 2) 試料登録搬入する場合、試料の確認 3) 試験項目3.4.5.6.7の試験の実施に立ち会い 4) 試験結果の整理保管	
		2. アルカリシリカ反応性*1	JIS A 1145*2 JIS A 1146*2	—		指示による					
コンクリート試験	フレッシュコンクリート	3. スランプ	JIS A 1101	—	1回/日 かつ 1回/150 m³以内	荷卸し地点	—	工事施工者 又は 工事施工管理実務者			
		4. 空気量	JIS A 1116 JIS A 1118 JIS A 1128	—							
		5. 単位容積質量 (軽量コンクリートのみ)	JIS A 1116	—							
		6. 温度	JIS A 1156	—							
		7. 塩化物量	JASS 5 T-502	—							
	硬化したコンクリート	8. 構造体コンクリートの強度推定のための圧縮強度	JIS A 1108	7日 及び 28日	1回/日 かつ 1回/150 m³以内	荷卸し地点	現場水中養生*3	登録試験所 *4 試験結果の工事施工者又は工事施工管理実務者への報告			試験項目8現場封かん養生による材令91日以前に実施しても試験はよい
		9. コア供試体の圧縮強度*1	JIS A 1107		指示による						
		10. 塩化物量*1	JIS A 1154								

*1: 建築主事又は確認検査員の指示がある場合に行う.
*2: 工事に支障をきたすと判断される場合には, 早期判定試験によって試験を行ってもよい.
*3: 場所打ちコンクリート杭などの地中のコンクリート構造物に用いているコンクリートの養生方法は, 標準水中養生としてもよい.
*4: 試験結果が判定方法で定められた所要の性能を満たさない可能性がある場合には, その情報を速やかに工事施工者並びに工事監理者若しくは工事監理実務者及び工事施工管理実務者並びに工事監理者若しくは工事監理実務者に報告すること.

付5. 試験機関

1. 公設の第三者試験機関

都道府県名	試験所名	JAB認定		JNLA登録		所在地	電話番号
		圧縮	骨材	圧縮*	骨材**		
北海道	北海道立総合研究機構 工業試験場					札幌市北区19条西11丁目	011-747-2321
	(一財) 北海道コンクリート技術センター	○				札幌市白石区東札幌一条四丁目6番10号	011-832-1121
	北海道土質試験協同組合		○			札幌市白石区北郷一条8丁目3番1号	011-873-9895
	北海道立北方建築総合研究所					旭川市緑が丘東1条3丁目1-20	0166-66-4211
青森	(独) 青森県産業技術センター 弘前地域研究所					弘前市袋町80	0172-32-1466
	(公財) 青森県建設技術センター					青森市中央三丁目21番9号	017-777-6545
岩手	(地独) 岩手県工業技術センター					盛岡市北飯岡2-4-25	019-635-1115
	(公財) 岩手県土木技術振興協会			○	○	盛岡市みたけ二丁目2番10号	019-643-8585
宮城	宮城県産業技術総合センター					仙台市泉区明通2丁目2番地	022-377-8700
秋田	(一財) 秋田県建設・工業技術センター			○	○	秋田市新屋町字砂奴寄4番地の11	018-863-5691
山形	山形県工業技術センター					山形市松栄二丁目2-1	023-644-3222
	(一財) 山形県理化学分析センター					山形市末裔一丁目6願68号	023-645-5308
福島	(一財) ふくしま市町村支援機構 試験審査所			○		郡山市富田町字登戸13番地1	024-934-8700
茨城	(一財) 茨城県建設技術管理センター 技術部	○	○			水戸市青柳町4195番地	029-227-5634
	(一財) ベターリビング つくば建築試験研究センター			○		つくば市立原2番地	029-864-1745
栃木	(公財) とちぎ建設技術センター					宇都宮市竹林町1030-2	028-626-3186
新潟	(財) 新潟県建設技術センター			○	○	新潟市西区山田字堤付2522番地18	025-267-2191
埼玉	(一財) 建材試験センター 中央試験所			○	○	草加市稲荷5-21-20	048-935-1991
	(一財) 建材試験センター 工事材料試験所 浦和試験室			○		さいたま市桜区中島2丁目12番8号	048-858-2790
	(独) 水資源機構総合技術センター	○	○			さいたま市桜区大字神田936	048-853-1785
	(一社) 建築研究振興協会 戸田試験所			○		戸田市新曽2213番地	048-420-5077
千葉	(公財) 千葉県建設技術センター					千葉市中央区出洲港11-2	043-247-0279
	(一財) 建材試験センター 工事材料試験所 船橋試験室			○		船橋市藤原3丁目18番26号	047-439-6236
東京	(一財) 建材試験センター 工事材料試験所 武蔵府中試験室			○		府中市四谷6丁目31番10号	042-351-7117
	(公財) 東京都防災・建築まちづくりセンター 建築材料試験所					品川区東大井1-12-20	03-3471-2691
	(一社) 建築研究振興協会 八王子試験所			○		八王子市石川町2683番地12	042-645-7275
	(公財) 東京都道路整備保全公社 土木材料試験センター					江東区新砂1丁目9番15号	03-5683-1550

都道府県名	試験所名	JAB認定 圧縮	JAB認定 骨材	JNLA登録 圧縮*	JNLA登録 骨材**	所在地	電話番号
	(財)日本品質保証機構 関東機械試験所			○	○	品川区東大井1-8-12	03-3474-2525
神奈川	神奈川県産業技術センター					海老名市下今泉705-1	046-236-1500
	(一財)建材試験センター 工事材料試験所 横浜試験室			○		横浜市港北区新吉田東8-31-8	045-547-2516
群馬	(公財)群馬県建設技術センター試験係			○	○	前橋市大渡町一丁目9-1	027-210-7059
長野	長野県工業試験場					長野市若里188	026-226-2812
	長野県精密工業試験場					長野県岡谷市9959	0266-23-4000
富山	富山県工業技術センター					高岡市二上町150	0766-21-2121
石川	石川県工業試験場					金沢市戸水町口1	076-267-8080
愛知	(一財)東海技術センター			○		名古屋市名東区猪子石二丁目710番地	052-771-5161
	(一財)日本品質保証機構 中部試験センター			○	○	北名古屋市沖村沖浦39番地	0568-23-0111
	(公財)なごや建設事業サービス財団 名古屋建設技術センター			○		名古屋市中川区清船町一丁目3番地	052-361-3700
三重	三重県工業技術センター					津市茶屋小森町字大塚3485	0592-34-4036
	(一社)三重県建設資材試験センター 中央試験場			○	○	津市雲出長常町字中浜垣内1095番地	059-234-8305
	(一社)三重県建設資材試験センター 四日市試験場			○	○	四日市市ときわ一丁目2番40号	059-354-3706
	(一社)三重県建設資材試験センター 鈴鹿試験場			○	○	鈴鹿市西条六丁目32番地	059-382-8021
	(一社)三重県建設資材試験センター 伊賀試験場			○	○	伊賀市守田町守田197番地	0595-26-3306
	(一社)三重県建設資材試験センター 松阪試験場			○	○	松坂市上川町コノ2442番地3	0598-28-5010
	(一社)三重県建設資材試験センター 尾鷲試験場				○	尾鷲市矢浜岡崎町1979番地16	0597-22-4888
	(一社)三重県建設資材試験センター 伊勢志摩試験場			○		伊勢市大倉町1618番地2	0596-28-5133
福井	福井県建設技術研究センター					福井市春日3-303	0776-35-2412
滋賀	(公財)滋賀県建設技術センター					草津市野路6丁目9-23	077-565-0216
京都	(一財)日本建築総合所 試験研究センター 材料部 京都試験室			○		京都市伏見区中島前山町65番地	075-622-0713
大阪	(一財)日本建築総合試験所 試験研究センター 本所			○	○	吹田市藤白台5-8-1	06-6834-7916
	(一財)日本建築総合試験所 試験研究センター 材料部 大淀試験室			○		大阪市北区長柄西二丁目1番18号	06-6351-7217
	(一財)日本建築総合試験所 試験研究センター 材料部 堺試験室			○		堺市西区浜寺石津町西二丁目1番34号	072-244-3912
	(一財)日本品質保証機構 関西試験センター			○	○	東大阪市水走3-8-19	072-966-7211

付5. 試験機関　－227－

都道府県名	試験所名	JAB認定		JNLA登録		所在地	電話番号
		圧縮	骨材	圧縮*	骨材**		
兵　庫	(一財) 日本建築総合試験所　試験研究センター　材料部　神戸試験室					神戸市中央区港島南町三丁目3番7号	078-304-0001
	兵庫県立工業技術センター			○		神戸市須磨区行平町 3-1-12	078-731-4481
奈　良	奈良県産業振興総合センター			○	○	奈良市柏木町 129-1	0742-33-0817
和歌山	和歌山県工業技術センター			○		和歌山市小倉 60	0734-77-1271
鳥　取	(公財) 鳥取県建設技術センター			○		倉吉市福庭町二丁目 23 番地	0858-26-6377
岡　山	(一社) 岡山県コンクリート技術センター	○				岡山市南区新福一丁目 21 番 37 号	086-264-6374
	(財) 岡山県建設技術センター			○		岡山市北区首部 294 番地ノ7	086-284-4510
広　島	広島県立西部工業技術センター			○		呉市阿賀南 2-10-1	0823-74-0050
	(一財) 広島県環境保健協会　材料試験室			○	○	広島市中区光南三丁目 13 番	082-249-9535
山　口	(一財) 建材試験センター　西日本試験所			○	○	山陽小野田市大字山川	0836-72-1223
徳　島	徳島県立工業技術センター					徳島市雑賀町西開 11-2	088-669-4711
高　知	高知県工業技術センター					高知市布師田 3992-3	088-846-1111
福　岡	(一財) 建材試験センター　西日本試験所　福岡試験室			○		糟屋郡志免町別府二丁目 22 番 6 号	092-611-7408
	(公財) 福岡県建設技術情報センター			○		糟屋郡篠栗町大字田中 315 番地の1	092-947-2277
	北九州市建設材料試験場					北九州市小倉北区西港町 15-52	093-571-0988
	(一財) 日本品質保証機構　九州試験所			○	○	久留米市宮ノ陣三丁目2番33号	0942-48-7763
	(一財) 九州環境管理協会				○	福岡市東区松香台一丁目 10 番 1 号	092-662-0410
佐　賀	(公財) 佐賀県建設技術支援機構　試験研修センター			○	○	佐賀市八丁畷町 8 番 1 号	0952-30-6865
	(一財) 九州産業技術センター				○	鳥栖市宿町 721 番地の 1	0942-83-2405
長　崎	(公財) 長崎建設技術研究センター					大村市池田二丁目 1311 番 3	0957-54-1600
熊　本	(一財) 熊本県建設技術センター					熊本市南区城南町舞原東 194 番地	0964-28-6926
大　分	大分県産業科学技術センター					大分市高江西1丁目 4361-10	097-596-7100
宮　崎	宮崎県建設技術センター					宮崎市清武町今泉丙 2559-1	0985-85-1515
鹿児島	(公財) 鹿児島県建設技術センター　試験研究班（建設工事材料試験室）					鹿児島市宇宿二丁目9番3号	099-268-5708
沖　縄	(一財) 沖縄県建設技術センター　試験研究部　試験研究班			○		那覇市寄宮一丁目 7 番 13 号	098-832-8442

[注] JNLA登録とは，(独) 製品評価技術基盤機構によりJNLA適合認定が行われているものである．
　＊の圧縮とは，登録区分「コンクリート・セメント等無機系材料強度試験」のうち，JIS A 1108 の認定を有しているもの．
　＊＊の骨材とは，登録区分「骨材試験」の項目を登録しているものである．なお，骨材試験については，骨材の物理試験，アルカリ骨材反応試験のうち，1項目でも登録がある場合に○印が付されている．
　JNLA登録情報は，独立行政法人製品評価技術基盤機構インターネットホームページのJNLA適合認定
　http://www.iajapan.nite.go.jp/jnla/scope/kenchiku.html より

2. 民間の第三者試験機関

都道府県名	試験所名	JAB認定 圧縮	JAB認定 骨材	JNLA登録 圧縮*	JNLA登録 骨材**	所在地	電話番号
北海道	㈱札幌谷藤　試験事業部			○		札幌市東区伏古人条三丁目5番7号	011-781-6665
	㈱ズコーシャ			○	○	帯広市西18条北1丁目17番地	0155-33-8140
	フジコンサルタント㈱　コンサルタント事業部	○				室蘭市仲町64番地	0143-43-7073
	㈱イーエス総合研究所　材料試験所			○	○	札幌市東区中沼西五条1丁目8番1号	011-791-1941
	共和コンクリート工業㈱　技術研究所				○	恵庭市戸磯385番地の36	0123-34-3366
	太平洋総合コンサルタント㈱　コンクリート用骨材試験所				○	釧路市材木町15番5号	0154-41-2633
岩　手	目鉄住金環境㈱　分析ソリューション事業本部　釜石センター			○		釜石市鈴子町23番15号	0193-22-8034
栃　木	㈱中研コンサルタント　栃木技術センター			○	○	佐野市築地町715	0283-84-3660
新　潟	㈱プロダクト技研			○		新潟市江南区曙町二丁目8番19号	025-383-0121
埼　玉	関東技術サービス㈱　試験所			○	○	白岡市篠津1308番地	0480-37-7002
	㈱日東コンクリート技術事務所	○	○			三郷市谷口221	048-952-5401
千　葉	㈱太平洋コンサルタント			○	○	佐倉市大作二丁目4番2号	043-498-3871
	三友エンジニヤリング㈱　構造材料試験所	○	○			市川市塩浜二丁目1番3号	047-306-7781
	㈱中研コンサルタント　船橋技術センター			○		船橋市豊富町585	047-457-3627
東　京	㈱クォリティー			○		江戸川区臨海町六丁目3番9号	03-3869-8214
神奈川	㈱八洋コンサルタント　技術センター			○		茅ヶ崎市荻園2722番地	0467-87-3451
長　野	㈱土木管理総合試験所			○	○	長野市篠ノ井御幣川877-1	非公開
静　岡	㈱ジーベック　土質研究所			○	○	静岡市葵区竜南二丁目3-30	054-249-3535
愛　知	中部コンクリート検査㈱			○		春日井市東野町七丁目15番地17	0568-82-3500
	㈱愛建総合設計研究所　建築材料試験室			○		刈谷市小垣江町玄新田20番地の2	0566-22-6100
三　重	三重総合試験センター㈱			○	○	津市藤方659番地1	059-222-2055
福　井	㈱M・T技研			○	○	鯖江市二丁掛町第7号6番地	0778-62-1000
大　阪	㈱中研コンサルタント　大阪技術センター			○		大阪市大正区南恩加島七丁目1番55号	06-6556-2380
	㈱片山化学工業研究所　大阪分析センター	○	○			大阪市東淀川区東淡路一丁目6番7号	06-6321-7317
	関西コンクリート試験センター㈱			○		八尾市太田新町九丁目137番地	072-920-3288
	㈱ピース　材料試験部			○		門真市大字三ッ島708番の1	072-887-0505
	㈲ヒカリ			○		堺市東区八下町一丁137番地1	072-240-5900
	㈱オーテック　試験センター			○		大阪市西淀川区福町一丁目1番28号	06-6475-3400
兵　庫	㈱松本商事　松本コンクリート技術事務所	○	○			尼崎市南初島町10番地	06-6481-5299
	㈱サンゼン　技術センター	○	○			尼崎市南初島町10番地155	06-4868-8061
島　根	㈱ツチケン　島根県東部建設技術センター	○	○			出雲市斐川町荘原2750-5	0853-73-7137
山　口	㈱太平洋コンサルタント　西日本技術部			○		山陽小野田市大字小野田6276番地	0836-83-3358
徳　島	㈱環境防災			○	○	徳島市鮎喰町一丁目57番地	088-632-0111
高　知	㈱中研コンサルタント　高知技術センター			○	○	須崎市押岡123番地	0889-42-8693

都道府県名	試験所名	JAB認定		JNLA登録		所在地	電話番号
		圧縮	骨材	圧縮*	骨材**		
福　岡	㈱太平洋コンサルタント　西日本コンクリート試験センター			○		田川郡香春町大字香春901番地1	0947-32-3320
	㈱麻生　建設コンサルティング事業部			○		糟屋郡柏屋町大字仲原2648番地	092-624-1305
	㈲コンクリートサポートセンター			○		福岡市早良区次郎丸六丁目13番24号	092-865-5246
熊　本	マルタニ試工㈱　試験管理センター			○		熊本市北区山室五丁目3番5号	096-345-3500
	㈱国立高等専門学校機構　熊本高等専門学校建設技術材料試験所			○		八代市平山新町2627番地	0965-53-1334

[注] JNLA登録情報は，独立行政法人製品評価技術基盤機構インターネットホームページのJNLA適合認定
　　　http://www.iajapan.nite.go.jp/jnla/scope/kenchiku.html より

3. 全国生コンクリート工業組合連合会の関係試験所

都道府県名	試験所名	JAB認定		JNLA登録	
		圧縮	骨材	圧縮*	骨材**
北海道	(一財) 北海道コンクリート 技術センター	○			
	道南地区生コンクリート協同組合連合会 コンクリート技術センター	○			
東　北	青森県生コンクリート工業組合 技術研修センター	○			
	秋田県生コンクリート工業組合 技術研修センター			○	○
	岩手県生コンクリート工業組合 県南技術センター			○	
	山形中央生コンクリート技術センター	○			
	宮城県生コンクリート中央技術センター	○	○		
	宮城県生コンクリート大崎技術センター	○			
関東Ⅰ	東京都生コンクリート工業組合 共同試験場	○			
	全国生コンクリート工業組合連合会 中央技術研究所	○			
関東Ⅱ	芳賀生コンクリート協同組合 技術センター			○	
	山梨県コンクリート技術センター 共同試験場			○	
北　陸	富山県生コンクリート工業組合 技術研修センター			○	○
	富山県生コンクリート工業組合 共同試験場			○	
	石川県生コンクリート工業組合 県南試験場			○	
	石川県生コンクリート工業組合 県北試験場			○	
	福井県生コンクリート工業組合 中央試験場			○	
	福井県生コンクリート工業組合 嶺南試験場			○	
東　海	静岡県西部生コンクリート協同組合 静岡県コンクリート技術センター	○			
	岐阜県生コンクリート工業組合 中濃試験場	○			
	岐阜県生コンクリート工業組合 飛騨試験場	○			
	岐阜県生コンクリート工業組合 技術センター	○			
	(一社) 三重県建設資材試験センター 伊賀試験場			○	○
	(一社) 三重県建設資材試験センター 四日市試験場			○	○
	(一社) 三重県建設資材試験センター 鈴鹿試験場			○	○
	(一社) 三重県建設資材試験センター 松阪試験場			○	○
	(一社) 三重県建設資材試験センター 尾鷲試験場			○	○
	(一社) 三重県建設資材試験センター 中央試験場			○	○
	(一社) 三重県建設資材試験センター 伊勢志摩試験場			○	
近　畿	奈良県生コンクリート工業組合 技術センター			○	○
	和歌山県生コンクリート工業組合 和歌山試験場	○			
	和歌山県生コンクリート工業組合 日高試験場	○			
	和歌山県生コンクリート工業組合 紀北試験場	○			
	和歌山県生コンクリート工業組合 紀南試験場	○			

都道府県名	試験所名	JAB認定 圧縮	JAB認定 骨材	JNLA登録 圧縮*	JNLA登録 骨材**
中 国	新見生コン協同組合　技術センター			○	
	（一社）岡山県コンクリート技術センター	○			
	広島地区生コンクリート協同組合　共同試験場			○	
	島根県生コンクリート工業組合　共同試験場			○	
	山口県生コンクリート工業組合　技術センター			○	
四 国	香川県生コンクリート工業組合　技術試験センター	○			
	高知県生コンクリート工業組合　技術センター　幡多試験所			○	○
	高知県生コンクリート工業組合　技術センター　東部試験所			○	○
	徳島県生コンクリート協同組合　技術部試験室			○	
	愛媛県生コンクリート工業組合　中予技術センター			○	○
	愛媛県生コンクリート工業組合　南予技術センター			○	○
九 州	長崎県生コンクリート工業組合　島原南高技術センター			○	
	長崎県生コンクリート工業組合　県央技術センター			○	
	長崎県生コンクリート工業組合　対馬技術センター			○	
	長崎県生コンクリート工業組合　下五島技術センター			○	
	大分県生コンクリート工業組合　豊肥技術センター	○			
	大分県生コンクリート工業組合　国東技術センター	○			
	大分県生コンクリート工業組合　日田技術センター	○			
	水俣地区生コンクリート協同組合　水俣地区共同試験場				
	宮崎県生コンクリート工業組合　共同試験場			○	
	沖縄県生コンクリート工業組合　北部地区共同試験所			○	
	沖縄県生コンクリート工業組合　中南部地区共同試験所			○	

付6. レディーミクストコンクリート

JIS A 5308：2014

序文 この規格は，1953年に制定され，その後12回の改正を経て今日に至っている．前回の改正は2011年に行われたが，その後の技術の進歩と環境問題を配慮して改正を行った．

なお，対応国際規格は現時点で制定されていない．

1 適用範囲 この規格は，荷卸し地点まで配達されるレディーミクストコンクリート（以下，レディーミクストコンクリートという．）について規定する．ただし，この規格は，配達されてから後の運搬，打込み及び養生については適用しない．

2 引用規格 表13に示す規格は，この規格に引用されることによって，この規格の規定の一部を構成する．これらの引用規格は，その最新版（追補を含む．）を適用する．

3 種類 レディーミクストコンクリートの種類は，普通コンクリート，軽量コンクリート，舗装コンクリート及び高強度コンクリートに区分し，粗骨材の最大寸法，スランプ又はスランプフロー，及び呼び強度を組み合わせた表1に示す○印とする．

表1 レディーミクストコンクリートの種類

認証の区分	コンクリートの種類	粗骨材の最大寸法 mm	スランプ又はスランプフロー[a] cm	呼び強度													
				18	21	24	27	30	33	36	40	42	45	50	55	60	曲げ4.5
普通コンクリート・舗装コンクリート	普通コンクリート	20, 25	8, 10, 12, 15, 18	○	○	○	○	○	○	○	○	—	○	—	—	—	—
			21	—	○	○	○	○	○	○	○	—	○	—	—	—	—
		40	5, 8, 10, 12, 15	○	○	○	○	○	—	—	—	—	—	—	—	—	—
	舗装コンクリート	20, 25, 40	2.5, 6.5	—	—	—	—	—	—	—	—	—	—	—	—	—	○
軽量コンクリート	軽量コンクリート	15	8, 10, 12, 15, 18, 21	○	○	○	○	○	○	○	○	—	○	—	—	—	—
高強度コンクリート	高強度コンクリート	20, 25	10, 15, 18	—	—	—	—	—	—	—	—	—	—	○	○	○	—
			50, 60	—	—	—	—	—	—	—	—	—	—	○	○	○	—

注（a）荷卸し地点での値であり，50 cm 及び 60 cm はスランプフローの値である．

レディーミクストコンクリートの購入に当たっては，次のa）～q）までの事項について生産者と協議する．

なお，a）～d）は指定，e）～q）は必要に応じて協議のうえ指定することができる．ただし，a）～h）までの事項は，この規格で規定している範囲とする．

- a) セメントの種類
- b) 骨材の種類
- c) 粗骨材の最大寸法
- d) アルカリシリカ反応抑制対策の方法
- e) 骨材のアルカリシリカ反応性による区分
- f) 呼び強度が36を超える場合は，水の区分
- g) 混和材料の種類及び使用量
- h) 4.1 e）に定める塩化物含有量の上限値と異なる場合は，その上限値
- i) 呼び強度を保証する材齢
- j) 表4に定める空気量と異なる場合は，その値
- k) 軽量コンクリートの場合は，軽量コンクリートの単位容積質量
- l) コンクリートの最高温度又は最低温度
- m) 水セメント比の目標値[1]の上限
- n) 単位水量の目標値[2]の上限
- o) 単位セメント量の目標値[3]の下限値又は目標値[3]の上限
- p) 流動化コンクリートの場合は，流動化する前のレディーミクストコンクリートからのスランプの増大量［購入者がd）でコンクリート中のアルカリ総量を規制する抑制対策の方法を指定する場合，購入者は，流動化剤によって混入されるアルカリ量（kg/m³）を生産者に通知する．］
- q) その他必要な事項

注 (1) 配合設計で計画した水セメント比の目標値
   (2) 配合設計で計画した単位水量の目標値
   (3) 配合設計で計画した単位セメント量の目標値

4 品 質

4.1 強度，スランプ又はスランプフロー，及び空気量，及び塩化物含有量 レディーミクストコンクリートの強度，スランプ又はスランプフロー，空気量，及び塩化物含有量は，荷卸し地点で，次の条件を満足しなければならない．

a) **強　度**　強度は，9.2 に規定する試験を行ったとき，次の規定を満足しなければならない．強度試験における供試体の材齢は，箇条 3 i) の指定がない場合は 28 日，指定がある場合は購入者が指定した材齢とする．

   1) 1 回の試験結果は，購入者が指定した呼び強度の強度値[4]の 85 ％以上でなければならない．
   2) 3 回の試験結果の平均値は，購入者が指定した呼び強度の強度値[4]以上でなければならない．

注 (4) 呼び強度に小数点を付けて，小数点以下 1 桁目を 0 とする N/mm^2 で表した値である．ただし，呼び強度の曲げ 4.5 は，4.50 N/mm^2 である．

b) **スランプ**　スランプの許容差は，表 2 による．

表 2　荷卸し地点でのスランプの許容差（単位：cm）

スランプ	スランプの許容差
2.5	±1
5 及び 6.5	±1.5
8 以上 18 以下	±2.5
21	±1.5[a]

注（a）呼び強度 27 以上で，高性能 AE 減水剤を使用する場合は，±2 とする．

c) **スランプフロー**　スランプフローの許容差は，表 3 による．

表 3　荷卸し地点でのスランプフローの許容差（単位：cm）

スランプフロー	スランプフローの許容差
50	±7.5
60	±10

d) **空　気　量**　空気量及びその許容差は，表 4 による．

表 4　荷卸し地点での空気量及びその許容差（単位：％）

コンクリートの種類	空気量	空気量の許容差
普通コンクリート	4.5	±1.5
軽量コンクリート	5.0	
舗装コンクリート	4.5	
高強度コンクリート	4.5	

e) **塩化物含有量**　塩化物含有量は，塩化物イオン（Cl$^-$）量として 0.30 kg/m^3 以下とする．ただし，箇条 3 h) で塩化物含有量の上限値の指定があった場合は，その値とする．また，購入者の承認を受けた場合には，0.60 kg/m^3 以下とすることができる．

5 容　積

レディーミクストコンクリートの容積は，荷卸し地点で，レディーミクストコンクリート納入書に記載した容積を下回ってはならない．

6 配　合

レディーミクストコンクリートの配合は，次による．

a) 配合は，箇条 3 において指定された事項及び箇条 4 に規定する品質を満足し，かつ，箇条 10 に規定する検査に合格するように，生産者が定める．

b) 生産者は，12.1 の表 10 に示すレディーミクストコンクリート配合計画書を，配達に先立って，購入者に提出しなければならない．

c) 生産者は，購入者の要求があれば，配合設計，レディーミクストコンクリートに含まれる塩化物含有量の計算，及びアルカリシリカ反応抑制対策の方法の基礎となる資料を提出しなければならない．

7 材　料

7.1 **セメント**　セメントは，次のいずれかの規格に適合するものを用いる．
a) JIS R 5210
b) JIS R 5211
c) JIS R 5212
d) JIS R 5213
e) JIS R 5214 のうち，普通エコセメント．ただし，普通エコセメントは，高強度コンクリートには適用しない．

7.2 **骨　材**　骨材は，附属書 A に適合するものを用いる．ただし，再生骨材 H は，普通コンクリート及び舗装コンクリートに適用する．また，各種スラグ粗骨材は，高強度コンクリートには適用しない．
なお，附属書 A に規定する砕石，砕砂，フェロニッケルスラグ細骨材，銅スラグ細骨材，電気炉酸化スラグ骨材，砂利及び砂を使用する場合は，B.3，B.4 及び B.5 に規定するアルカリシリカ反応抑制対策のいずれかを適用しなければならない．また，再生骨材 H を使用する場合には，B.4 又は B.5 の抑制対策を適用しなければならない．

7.3 **水**　水は，附属書 C に適合するものを用いる．ただし，スラッジ水は，高強度コンクリートには適用しない．

7.4 **混和材料**　混和材料は，次による．
a) フライアッシュ，膨張材，化学混和剤，防せい剤，高炉スラグ微粉末及びシリカフュームはそれぞれ，次の規格に適合するものを用いる．
  1) JIS A 6201
  2) JIS A 6202
  3) JIS A 6204
  4) JIS A 6205
  5) JIS A 6206
  6) JIS A 6207
b) a) 以外の混和材料を使用する場合は，コンクリート及び鋼材に有害な影響を及ぼさず，所定の品質及びその安定性が確かめられたもののうち，購入者が生産者と協議のうえ指定するものを用いなければならない．

8 製造方法

8.1 製造設備

8.1.1 材料貯蔵設備　材料貯蔵設備は，次による．
a) セメントの貯蔵設備は，セメントの生産者別及び種類別に区分され，セメントの風化を防止できるものでなければならない．
b) 骨材の貯蔵設備は，日常管理ができる範囲内に設置し，種類別及び区分別に仕切りをもち，大小の粒が分離しにくいものでなければならない．床は，コンクリートなどとし，排水の処置を講じるとともに，異物が混入しないものでなければならない．また，レディーミクストコンクリートの最大出荷量の 1 日分以上に相当する骨材を貯蔵できるものでなければならない．
c) 人工軽量骨材を用いる場合は，骨材に散水する設備を備えていなければならない．
d) 高強度コンクリートの製造に用いる骨材の貯蔵設備には，上屋を設けなければならない．
e) 骨材の貯蔵設備及び貯蔵設備からバッチングプラントまでの運搬設備は，均質に骨材を供給できるものでなければならない．
f) 混和材料の貯蔵設備は，種類別及び区分別に分け，混和材料の品質の変化が起こらないものでなければならない．

8.1.2 バッチングプラント　バッチングプラントは，次による．
a) プラントは，主要材料に対して，各材料別の貯蔵ビンを備えているのがよい．
b) 計量器は，8.2.2 に規定する許容差内で各材料を量り取ることのできる精度のものでなければならない．また，計量した値を前記の精度で指示できる指示計を備えたものでなければならない．
c) 全ての指示計は，操作員の見えるところにあり，計量器は操作員が容易に制御することができるものでなければならない．
d) 計量器は，異なった配合のコンクリートに用いる各材料を連続して計量できるものでなければならない．
e) 計量器には，骨材の表面水率による計量値の補正が容易にできる装置を備えていなければならない．
ただし，粗骨材の場合は，表面水率による計量値の補正を計算によって行ってもよい．

8.1.3 ミキサ　ミキサは，次による．
a) ミキサは，固定ミキサとし，JIS A 8603-2 に適合するか，又は表 5 及び表 6 に適合するものとする．
なお，定格容量が適合しないミキサは，表 6 の性能に適合することが確認されたものを用いる．

表5 ミキサの種類及び定格容量

種類		定格容量（公称容積）m³
重力式ミキサ	傾胴形	0.5, 0.75, 1.0, 1.5, 2.0, 2.5, 3.0
強制練りミキサ	水平一軸形 水平二軸形 パン形	

表6 ミキサの要求性能

項目			コンクリートの練混ぜ量	
			定格容量（公称容積）の場合	定格容量（公称容積）の1/2場合
要求される均一性（練混ぜ性能）	コンクリート中のモルタル量の偏差率（モルタルの単位容積質量差）		0.8 %以下	0.8 %以下
			5 %以下	5 %以下
	偏差率（平均値からの差）	圧縮強度	7.5 %以下	—
		空気量	10 %以下	—
		スランプ	15 %以下	—
再起動性能			試験用コンクリートの練混ぜ完了後にミキサを停止させた場合，停止後5分後に容易に再起動できなければならない．	
排出性能			傾胴形ミキサ及びパン形ミキサでは25秒以内に，水平一軸形ミキサ及び水平二軸形ミキサでは15秒以内に，分離を起こすことなく全部混合槽から排出できなければならない．	

注　試験に用いるコンクリートは，粗骨材の最大寸法20 mm 又は25 mm，スランプ8±3 cm，空気量4.5±1.5 %，呼び強度24に相当するものを用いる．

b) ミキサは，所定のスランプ又はスランプフローのコンクリートを8.3b)によって定めた容量で練り混ぜるとき，各材料を十分に練り混ぜ，均一な状態で排出できるものでなければならない．

c) ミキサは，所定容量のコンクリートを所定時間で練り混ぜ，JIS A 1119によって試験した値が次の値以下であれば，コンクリートを均一に練り混ぜる性能をもつものとする．
　　コンクリート中のモルタルの単位容積質量差 ……………… 0.8 %
　　コンクリート中の単位粗骨材量の差 …………………… 5 %

8.1.4 運搬車　レディーミクストコンクリートの運搬車は，次による．
a) トラックアジテータは，次の性能をもつものを使用する．
1) トラックアジテータは，練り混ぜたコンクリートを十分均一に保持し，材料の分離を起こさずに，容易に完全に排出できるものでなければならない．
2) トラックアジテータは，その荷の排出時に，コンクリート流の約1/4及び3/4のとき，それぞれ全断面から試料を採取してスランプ試験を行い，両者のスランプの差が3 cm以内になるものでなければならない．この場合，採取するコンクリートはスランプ8～18 cmのものとする．
b) ダンプトラックは，スランプ2.5 cmの舗装コンクリートを運搬する場合に限り使用することができる．ダンプトラックの荷台は，平滑で防水的なものとし，風雨などに対する保護のための防水覆いをもつものとする．

8.2 材料の計量

8.2.1 計量方法　計量方法は，次による．
a) セメント，骨材，水及び混和材料は，それぞれ別々の計量器によって計量しなければならない．
　　なお，水は，あらかじめ計量してある混和剤と一緒に累加して計量してもよい．
b) セメント，骨材及び混和材の計量は，質量による．混和材は，購入者の承認があれば，袋の数で量ってもよい．ただし，1袋未満のものを用いる場合には，必ず質量で計量しなければならない．
c) 水及び混和剤の計量は，質量又は容積による．

8.2.2 計量値の許容差　計量値の許容差は，次による．
a) セメント，骨材，水及び混和材料の計量値の許容差は，表7による．

表7 材料の計量値の許容差

材料の種類	1回計量分量の計量誤差
セメント	±1
骨材	±3
水	±1
混和材[a]	±2
混和剤	±3

注(a) 高炉スラグ微粉末の計量誤差は,1回計量分量に対し±1％とする.

b) 計量値の差の計算は,次の式によって行い,四捨五入によって整数に丸める.

$$m_0 = \frac{m_2 - m_1}{m_1} \times 100$$

ここに,m_0:計量値の差(％)
m_1:目標とする1回計量分量
m_2:量り取られた計量値

8.3 練混ぜ
練混ぜは,次による.
a) レディーミクストコンクリートは,8.1.3に規定するミキサによって,工場内で均一に練り混ぜる.
b) コンクリートの練混ぜ量及び練混ぜ時間は,JIS A 1119に定める試験を行い,8.1.3 c)によって決定する.

8.4 運搬
レディーミクストコンクリートの運搬は,次による.
a) レディーミクストコンクリートの運搬は,8.1.4に規定する運搬車で行う.
b) レディーミクストコンクリートの運搬時間[5]は,生産者が練混ぜを開始してから運搬車が荷卸し地点に到着するまでの時間とし,その時間は1.5時間以内とする.ただし,購入者と協議のうえ,運搬時間の限度を変更することができる.この場合には,12.1の表10の備考の欄に,変更した運搬時間の限度を記載する.
c) ダンプトラックでコンクリートを運搬する場合の運搬時間は,練混ぜを開始してから1時間以内とする.

注(5) 運搬時間は,12.2の表11に規定するレディーミクストコンクリート納入書に記入される納入の発着時刻の差によって,確認することができる.

8.5 回収骨材の取扱い
回収骨材の取扱いは,次による.
a) 回収骨材は,戻りコンクリート並びにレディーミクストコンクリート工場において,運搬車,プラントのミキサ,ホッパなどに付着及び残留したフレッシュコンクリートを,清水又は回収水で洗浄し,粗骨材と細骨材に分別して取り出したものを用いる.
b) 戻りコンクリートは,出荷したレディーミクストコンクリートのうち,購入者の事情で不要となったもの又は購入者の品質要求に適合しないもの,荷卸し時に残ったもの,若しくは運搬車のドラムに付着したもので,自工場に持ち帰ったものを対象とする.
c) 回収骨材は,普通コンクリート,舗装コンクリート及び高強度コンクリートから回収した骨材を用いる.回収骨材は,JIS A 1103による微粒分量が未使用の骨材(以下,新骨材という.)の微粒分量を超えてはならない.
d) 新骨材と粒度の著しく異なる普通骨材,及び軽量骨材,重量骨材などの密度が著しく異なる骨材,並びに再生骨材を含むフレッシュコンクリートからの回収骨材は用いない.
e) 軽量コンクリート及び高強度コンクリートには,回収骨材を用いない.
f) 回収骨材の使用量は,粗骨材及び細骨材のそれぞれの新骨材と回収骨材とを合計した全使用量に対する回収骨材の使用量の質量分率である置換率として表す.
g) 回収骨材の新骨材への添加[6]は,粗骨材及び細骨材の目標回収骨材置換率の上限がそれぞれ5％以下となるように,一定期間[7]ごとに管理し,記録する.そして,表10の回収骨材の使用方法の欄に"A方法"と記入することとし,表11の回収骨材置換率の欄には"5％以下"と記入する.

注(6) 回収骨材は,置換率が5％以下となるように,一定の割合で新骨材に添加する.回収骨材の新骨材への添加は,新骨材のベルトコンベヤによる運搬中に回収骨材をホッパから一定量引き出し上乗せする方法,又は新骨材をホッパを介してベルトコンベヤで貯蔵設備に運搬する際に,新骨材をホッパに投入ごとに回収骨材をショベルなどで一定量を添加する方法のいずれかによる.

(7) 回収骨材は,1日を管理期間とする.なお,1日のコンクリートの出荷量が100 m³に満たない場合には,出荷量がおよそ100 m³に達する日数を1管理期間とする.

h) 回収骨材を専用の設備で貯蔵,運搬,計量して用いる場合は,粗骨材及び細骨材の目標回収骨材置換率の上限をそれぞれ20％とすることができる.この場合,回収骨材の計量値は,バッチごとに管理し,記録する.

なお,計量は,他の新骨材との累加計量でもよい.そして,表10の回収骨材の使用方法の欄に"B方法"と記入することとし,表11の回収骨材置換率の欄には,配合の種別による骨材の単位量から求めた回収骨材置換率を記入する.

8.6 トラックアジテータのドラム内に付着したモルタルの取扱い　付着モルタルの取扱いは，次による．
  a) 普通コンクリートの場合は，練り混ぜたコンクリートをトラックアジテータから全量排出した後，トラックアジテータのドラムの内壁，羽根などに付着しているフレッシュモルタルを附属書Dに規定する付着モルタル安定剤を用いて再利用してよい．
  b) 普通コンクリートの付着モルタルを再利用する場合は，附属書Dによって行い，コンクリートの練混ぜ時刻及び付着モルタルをスラリー化した時刻を記録する．
  c) 軽量コンクリート，舗装コンクリート及び高強度コンクリートの場合は，a) 及びb) による付着モルタルの再利用は行わない．
8.7 品質管理　生産者は，箇条4に規定するレディーミクストコンクリートの品質を保証するために，必要な品質管理を行わなければならない．また，生産者は，購入者の要求があれば，品質管理試験の結果を提出しなければならない．

9 試験方法

9.1 試料採取方法　試料採取方法は，JIS A 1115による．
9.2 強度
  9.2.1 圧縮強度　圧縮強度の試験は，JIS A 1108，JIS A 1132及び附属書Eによる．ただし，供試体の直径は，公称の寸法を用いてよい．また，JIS A 1108の附属書1（アンボンドキャッピング）に規定するアンボンドキャッピングを用いる場合は，供試体の両端面に適用してよい．
    なお，高強度コンクリートの端面仕上げは，JIS A 1132の4.4.2（研磨による場合）によって行うものとする．供試体は，作製後，脱型するまでの間，常温で保存する[8]．
  注 [8] 供試体は，常温環境下で作製することが望ましい．常温環境下での作製が困難な場合は，作製後，速やかに常温環境下に移す．また，保存中は，できるだけ水分が蒸発しないようにする．
  9.2.2 曲げ強度　曲げ強度の試験は，JIS A 1106及びJIS A 1132による．ただし，供試体の幅及び高さは，公称の寸法を用いてよい．供試体は，作製後，脱型するまでの間，常温で保存する[8]．
9.3 スランプ　スランプの試験は，JIS A 1101による．
9.4 スランプフロー　スランプフローの試験は，JIS A 1150による．
9.5 空気量　空気量の試験は，JIS A 1128，JIS A 1118又はJIS A 1116のいずれかによる．
9.6 塩化物含有量　塩化物含有量は，フレッシュコンクリート中の水の塩化物イオン濃度と配合設計に用いた単位水量との積として求める．フレッシュコンクリート中の水の塩化物イオン濃度の試験は，JIS A 1144による．ただし，塩化物イオン濃度の試験は，精度が確認された塩分含有量測定器によることができる．
  なお，単位水量は，表10のレディーミクストコンクリート配合計画書に示された値とする．
9.7 容積　レディーミクストコンクリートの容積の試験は，1運搬車に積載された全質量をフレッシュコンクリートの単位容積質量で除して求める．1運搬車に積載された全質量は，その積載量に使用した全材料の質量を総和して計算するか，荷卸しの前と後との運搬車の質量の差から計算する．ただし，フレッシュコンクリートの単位容積質量の試験は，JIS A 1116による．
  なお，JIS A 1128に使用する容器の容積が正確に求められている場合は，その容器を用いてもよい．

10 検査

10.1 検査項目　検査は，強度，スランプ又はスランプフロー，空気量及び塩化物含有量について行う．
10.2 強度　強度は，9.2の試験を行ったとき，4.1 a) の規定に適合すれば合格とする．
  試験頻度は，普通コンクリート，軽量コンクリート及び舗装コンクリートにあっては150 m³について1回を，高強度コンクリートにあっては，100 m³について1回を，それぞれ標準とする．
  なお，3回の試験は水セメント比と強度との関係が同一で，かつ，同じ呼び強度のものであれば，スランプ又はスランプフローが相違しても，同一ロットのコンクリートとしてよい．
  1回の試験結果は，任意の1運搬車から採取した試料で作った3個の供試体の試験値の平均値で表す．
10.3 スランプ又はスランプフロー，及び空気量　スランプ又はスランプフロー，及び空気量は，必要に応じ9.3又は9.4，及び9.5の試験を適宜行い，4.1 b) 又は4.1 c)，及び4.1 d) の規定にそれぞれ適合すれば，合格とする．この試験でスランプ又はスランプフロー，及び空気量の一方又は両方が許容の範囲を外れた場合には，9.1によって新しく試料を採取して，1回に限り9.3又は9.4，及び9.5によって試験を行ったとき，その結果が4.1 b) 又は4.1 c)，及び4.1 d) の規定にそれぞれ適合すれば，合格とすることができる．
10.4 塩化物含有量　塩化物含有量は，9.6の試験を適宜行い，4.1 e) の規定に適合すれば合格とする．
  なお，塩化物含有量の検査は，工場出荷時でも，荷卸し地点での所定の条件を満足するので，工場出荷時に行うことができる．
10.5 指定事項　購入者が箇条3において指定した事項については，生産者と購入者との協議によって検査方法を定め，検査を行う．

11 製品の呼び方

レディーミクストコンクリートの呼び方は，コンクリートの種類による記号，呼び強度，スランプ又はスランプフロー，粗骨材の最大寸法及びセメントの種類による記号による．
  レディーミクストコンクリートの呼び方に用いる記号は，表8及び表9による．

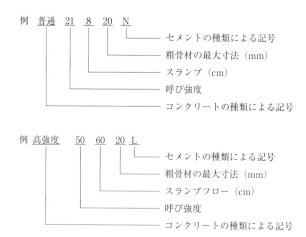

12 報告

12.1 レディーミクストコンクリート配合計画書及び基礎資料 生産者は,箇条6d)に示したように,レディーミクストコンクリートの配達に先立って,レディーミクストコンクリート配合計画書(表10)を購入者に提出しなければならない.また,箇条6c)に示したように,購入者の要求があれば,配合設計などの基礎となる資料を提出しなければならない.

スラッジ水を使用する場合は,購入者の要求があれば,生産者はC.6.3におけるスラッジ水の管理記録を提出しなければならない.

12.2 レディーミクストコンクリート納入書 生産者は,運搬の都度,1運搬車ごとに,レディーミクストコンクリート納入書を購入者に提出しなければならない.レディーミクストコンクリート納入書の標準の様式は,表11による.

なお,購入者からの要求があれば,レディーミクストコンクリートの納入後に,バッチごとの計量記録[9]及びこれから算出した単位量[10]を提出しなければならない.ただし,複数バッチで運搬車1台分のコンクリートを練り混ぜる場合は,各バッチの計量値を平均して算出した単位量を提出する.また,計量に関する記録は,所定の期間保管する.

計量記録から求めた運搬車1台当たりの平均値で表す単位量は,設定値の単位量との差が,表7を満足するものとする.ただし,細骨材及び粗骨材の単位量は,それぞれの計量値を合計して平均した値を用いるものとする.

また,生産者は表12に示すリサイクル材を用いている場合には,図1に示すように,JIS Q 14021に規定するメビウスループを,使用材料名の記号及びその含有量を付記して,表11に規定する納入書に表示することができる.

なお,納入書に表示する場合には,生産者は,表示の内容を証明できる管理データ,試験データなどの書類を管理し,購入者から要求があったときには,それらの書類を提出しなければならない.

注 [9] 練混ぜに用いた各材料の計量値を記録したもの.計量記録には,計量器の指示計を読み取って記録した計量読取記録,及び自動で印字する計量印字記録がある.

[10] 計量値から単位量を算出するには,計量値を計算機にインプットして計算プログラムによって求める方法,及び計量器に内蔵した計算プログラムによって自動的に求める方法がある.

表8 コンクリートの種類による記号及び用いる骨材

コンクリートの種類	記号	粗骨材	細骨材
普通コンクリート	普通	砂利,砕石,各種スラグ粗骨材,再生粗骨材H	砂,砕砂,各種スラグ細骨材,再生細骨材H
軽量コンクリート	軽量1種	人工軽量粗骨材	砂,砕砂,高炉スラグ細骨材
	軽量2種		人工軽量細骨材,人工軽量細骨材に一部砂,砕砂,高炉スラグ細骨材を混入したもの.
舗装コンクリート舗装	舗装	砂利,砕石,各種スラグ粗骨材,再生粗骨材H	砂,砕砂,各種スラグ細骨材,再生細骨材H
高強度コンクリート	高強度	砂利,砕石	砂,砕砂,各種スラグ細骨材

表9 セメントの種類による記号

種類	記号
普通ポルトランドセメント	N
普通ポルトランドセメント（低アルカリ形）	NL
早強ポルトランドセメント	H
早強ポルトランドセメント（低アルカリ形）	HL
超早強ポルトランドセメント	UH
超早強ポルトランドセメント（低アルカリ形）	UHL
中庸熱ポルトランドセメント	M
中庸熱ポルトランドセメント（低アルカリ形）	ML
低熱ポルトランドセメント	L
低熱ポルトランドセメント（低アルカリ形）	LL
耐硫酸塩ポルトランドセメント	SR
耐硫酸塩ポルトランドセメント（低アルカリ形）	SRL
高炉セメントA種	BA
高炉セメントB種	BB
高炉セメントC種	BC
シリカセメントA種	SA
シリカセメントB種	SB
シリカセメントC種	SC
フライアッシュセメントA種	FA
フライアッシュセメントB種	FB
フライアッシュセメントC種	FC
普通エコセメント	E

表10 レディーミクストコンクリート配合計画書

レディーミクストコンクリート配合計画書		No.
＿＿＿＿＿＿＿＿＿＿殿		平成　年　月　日
	製造会社・工場名	＿＿＿＿＿＿＿＿
	配合計画者名	＿＿＿＿＿＿＿＿

工　事　名　称	
所　在　地	
納　入　予　定　時　期	
本　配　合　の　適　用　時　期[a]	
コンクリートの打込み箇所	

配　合　の　設　計　条　件

呼び方	コンクリートの種類による記号	呼び強度	スランプ又はスランプフロー cm	粗骨材の最大寸法 mm	セメントの種類による記号

指定事項	セメントの種類	呼び方欄に記載	空気量	％
	骨材の種類	使用材料欄に記載	軽量コンクリートの単位容積質量	kg/m^3
	粗骨材の最大寸法	呼び方欄に記載	コンクリートの温度	最高最低　℃
	アルカリシリカ反応抑制対策の方法[b]		水セメント比の目標値の上限	％
	骨材のアルカリシリカ反応性による区分	使用材料欄に記載	単位水量の目標値の上限	kg/m^3
	水の区分	使用材料欄に記載	単位セメント量の目標値の下限又は目標値の上限	kg/m^3
	混和材料の種類及び使用量	使用材料及配合表欄に記載	流動化後のスランプ増大量	cm
	塩化物含有量	kg/m^3 以下		
	呼び強度を保証する材齢	日		

使　用　材　料 [c]

セメント	生産者名				密度 g/cm^3		Na_2O_{cq}[d] ％	
混和材	製品名		種類		密度 g/cm^3		Na_2O_{cq}[e] ％	

骨材	No.	種類	産地又は品名	アルカリシリカ反応性による区分[f]		粒の大きさの範囲[g]	粗粒率又は実績率[h]	密度 g/cm^3		微粒分量の範囲 ％[i]
				区分	試験方法			絶乾	表乾	
細骨材	①									
	②									
	③									
粗骨材	①									
	②									
	③									

混和剤①	製品名		種類		Na_2O_{cq}[j] ％	
混和剤②						

細骨材の塩化物量[k]	％	水の区分[l]		目標スラッジ固形分率[m]	％

配　合　表[n]　kg/m^3

セメント	混和材	水	細骨材①	細骨材②	細骨材③	粗骨材①	粗骨材②	粗骨材③	混和剤①	混和剤②

水セメント比	％	水結合材比[o]	％	細骨材率	％

備考　骨材の質量配合割合[p]，混和剤の使用量については，断りなしに変更する場合がある．

表10 レディーミクストコンクリート配合計画書（続き）

アルカリ総量の計算		判定基準	計算及び判定
コンクリート中のセメントに含まれるアルカリ量（kg/m³）R_c $R_c =$（単位セメント量 kg/m³）×（セメント中の全アルカリ量 Na_2O_{eq}：％/100）	① $= R_c$	—	
コンクリート中の混和材に含まれるアルカリ量（kg/m³）R_a $R_a =$（単位混和材量 kg/m³）×（混和材中の全アルカリ量：％/100）	② $= R_a$	—	
コンクリート中の骨材に含まれるアルカリ量（kg/m³）R_s $R_s =$（単位骨材量 kg/m³）×0.53×（骨材中の NaCl の量：％/100）	③ $= R_s$	—	
コンクリート中の混和剤に含まれるアルカリ量（kg/m³）R_m $R_m =$（単位混和剤量 kg/m³）×（混和剤中の全アルカリ量：％/100）	④ $= R_m$	—	
流動化剤を添加する場合は，コンクリート中の流動化剤に含まれるアルカリ量（kg/m³）R_p^{t)} $R_p =$（単位流動化剤量 kg/m³）×（流動化剤中の全アルカリ量：％/100）	⑤ $= R_p$	—	
コンクリート中のアルカリ総量（kg/m³）R_t $R_t =$ ①＋②＋③＋④＋⑤	R_t	3.0 kg/m³ 以下	適・否

注記 用紙の大きさは，日本工業規格 A 列 4 番（210 mm×297 mm）とする．
注 a) 本配合の適用期間に加え，標準配合，又は修正標準配合の別を記入する．
　　　なお，標準配合とは，レディーミクストコンクリート工場で社内標準の基本にしている配合で，標準状態の運搬時間における標準期の配合として標準化されているものとする．また，修正標準配合とは，出荷時のコンクリート温度が標準配合で想定した温度より大幅に相違する場合，運搬時間が標準状態から大幅に変化する場合，若しくは，骨材の品質が所定の範囲を超えて変動する場合に修正を行ったものとする．
　b) 表 B.1 の記号欄の記載事項を，そのまま記入する．
　c) 配合設計に用いた材料について記入する．
　d) ポルトランドセメント及び普通エコセメントを使用した場合に記入する．JIS R 5210 の全アルカリの値としては，直近 6 か月間の試験成績表に示されている，全アルカリの最大値の最も大きい値を記入する．
　e) 最新版の混和材試験成績表の値を記入する．
　f) アルカリシリカ反応性による区分，及び判定に用いた試験方法を記入する．
　g) 細骨材に対しては，砕砂，スラグ骨材，人工軽量骨材，及び再生細骨材 H では粒の大きさの範囲を記入する．粗骨材に対しては，砕石，スラグ骨材，人工軽量骨材，及び再生粗骨材 H では粒の大きさの範囲を，砂利では最大寸法を記入する．
　h) 細骨材に対しては粗粒率の値を，粗骨材に対しては，実積率又は粗粒率の値を記入する．
　i) 砕石及び砕砂を使用する場合に記入する．
　j) 最新版の混和剤試験成績表の値を記入する．
　k) 最新版の骨材試験成績表の値（NaCl として）を記入する．
　l) 回収水のうちスラッジ水を使用する場合は，"回収水（スラッジ水）"と記入する．
　m) スラッジ水を使用する場合に記入する．目標スラッジ固形分率とは，3 ％以下のスラッジ固形分率の限度を保証できるように定めた値である．また，スラッジ固形分率を 1 ％未満で使用する場合には，"1 ％未満"と記入する．
　n) 回収骨材の使用方法を記入する．回収骨材置換率の上限 5 ％以下の場合は"A 方法"，20 ％以下の場合は"B 方法"と記入する．
　o) 人工軽量骨材の場合は，絶対乾燥状態の質量で，その他の骨材の場合は表面乾燥飽水状態の質量で表す．
　p) 空気量調整剤は，記入する必要はない．
　q) 高炉スラグ微粉末などを結合材として使用した場合にだけ記入する．
　r) 全骨材の質量に対する各骨材の計量設定割合をいう．
　s) コンクリート中のアルカリ総量を規制する抑制対策の方法を講じる場合にだけ別表に記入する．
　t) 購入者から通知を受けたアルカリ量を用いて計算する．

表11 レディーミクストコンクリート納入書

レディーミクストコンクリート納入書									
									No.
							平成　年　月　日		
殿									
							製造会社名・工場名		

納　入　場　所									
運　搬　車　番　号									
納　入　時　刻		発						時　　分	
		着						時　　分	
納　入　容　積					m³	累計			m³
呼び方	コンクリートの種類による記号		呼び強度		スランプ又はスランプフロー cm		粗骨材の最大寸法 mm		セメントの種類による記号
配　合　表[a] kg/m³									
セメント	混和材	水	細骨材①	細骨材②	細骨材③	粗骨材①	粗骨材②	粗骨材③	混和剤①	混和剤②
水セメント比		%	水結合材比[b]		%	細骨材率	%	スラッジ固形分率	%
回収骨材置換率[c]		細骨材				粗骨材			
備考　配合の種類：□標準配合　　　□修正標準配合　　　□計量読取記録から算出した単位量									
□計量印字記録から算出した単位量　　　□計量印字記録から自動算出した単位量									
荷受職員認印					出荷係認印				

注記　用紙の大きさは，日本工業規格 A 列 5 番（148 mm × 210 mm）又は B 列 6 番（182 mm × 256 mm）とするのが望ましい．

注 (a) 標準配合，修正標準配合，計量読取記録から算出した単位量，計量印字記録から算出した単位量，若しくは計量印字記録から自動算出した単位量のいずれかを記入する．また，備考欄の配合の種別については，該当する項目にマークを付す．

　　(b) 高炉スラグ微粉末などを結合材として使用した場合にだけ記入する．

　　(c) 回収骨材の使用用法が "A 方法" の場合には 5 % と記入し，"B 方法" の場合には配合の種別による骨材の単位量から求めた回収骨材置換率を記入する．

表12 リサイクル材

使用材料名	記号[a]	表示することが可能な製品
エコセメント	E（又はEC）	JIS R 5214（エコセメント）に適合する製品
高炉スラグ骨材	BFG 又は BFS	JIS A 5011—1（コンクリート用スラグ骨材—第1部：高炉スラグ骨材）に適合する製品
フェロニッケススラグ骨材	FNS	JIS A 5011—2（コンクリート用スラグ骨材—第1部：フェロニッケススラグ骨材）に適合する製品
銅スラグ骨材	CUS	JIS A 5011—3（コンクリート用スラグ骨材—第1部：銅スラグ骨材）に適合する製品
電気炉酸化スラグ骨材	EFG 又は EFS	JIS A 5011—4（コンクリート用スラグ骨材—第1部：電気炉酸化スラグ骨材）に適合する製品
再生骨材 H	RHG 又は RHS	JIS A 5021（コンクリート用再生骨材 H）に適合する製品
フライアッシュ	FA I 又は FA II	JIS A 6201（コンクリート用フライアッシュ）のI種又はII種に適合する製品
高炉スラグ微粉末	BF	JIS A 6206（コンクリート用高炉スラグ微粉末）
シリカフューム	SF	JIS A 6207（コンクリート用シリカフューム）
上澄水	RW1	この規格の附属書Cに適合する上澄水
スラッジ水	RW2	この規格の附属書Cに適合するスラッジ水

注[a] それぞれの骨材の末尾において，Gは粗骨材を，Sは細骨材を示す．

図1 品名及び含有量の表示方法の例 （略）

表13 引用規格 （略）

附属書A（規定）レディーミクストコンクリート用骨材

A.1 適用範囲 この附属書は，レディーミクストコンクリート用骨材（以下，骨材という．）について規定する．

A.2 種類 骨材の種類は，砕石及び砕砂，スラグ骨材，人工軽量骨材，再生骨材H並びに砂利及び砂とする．

A.3 アルカリシリカ反応性による区分

a) 砕石，砕砂，フェロニッケルスラグ細骨材，銅スラグ細骨材，電気炉酸化スラグ骨材，砂利及び砂は，アルカリシリカ反応性試験の結果によって，表A.1のとおり区分する．

アルカリシリカ反応性の試験は，JIS A 1145 又は JIS A 1146 によるものとする．

表A.1 アルカリシリカ反応性による区分

区分	摘要
A	アルカリシリカ反応性試験の結果が"無害"と判定されたもの．
B	アルカリシリカ反応性試験の結果が"無害でない"と判定されたもの，又はこの試験を行っていないもの．

b) アルカリシリカ反応性による区分は，JIS A 1145 による試験を行って判定するが，この結果，"無害でない"と判定された場合は，JIS A 1146 による試験を行って判定する．また，JIS A 1145 による試験を行わない場合は，JIS A 1146 による試験を行って判定してもよい．

c) 再生骨材Hのアルカリシリカ反応性による区分はJIS A 5021 の4.3（アルカリシリカ反応性による区分）に，アルカリシリカ反応性の判定はJIS A 5021 の5.3（アルカリシリカ反応性）にそれぞれよる．

また，アルカリシリカ反応性の試験は，JIS A 5021 の7.7（アルカリシリカ反応性試験）による．

d) 骨材の一部に，アルカリシリカ反応性試験による区分Bのものを混合した場合は，この骨材全体を無害であることが確認されていない骨材として取り扱わなければならない．

A.4 砕石及び砕砂 砕石及び砕砂は，JIS A 5005 の規定によるほか，次による．

a) 砕石

1) 粒の大きさが40 mmを超える範囲のものを含む区分の砕石は対象外とする．

2) 砕石4020，砕石2515，砕石2513，砕石2510，砕石2015，砕石2013，砕石2010，砕石1505，砕石1305 及び砕石1005 は混合して使用するものとし，混合した砕石の粒度は，砕石4005，砕石2505 又は砕石2005 の規定を満足するも

のでなければならない.
    3) 舗装コンクリートに用いる場合は,A.10 g)によるすりへり減量が 35 % 以下でなければならない.
  b) 砕　　砂　舗装コンクリート及びコンクリートの表面がすりへり作用を受けるものについては,A.10 b)による微粒分量が 5.0 % 以下のものを用いなければならない.

A.5　スラグ骨材　スラグ骨材は,高炉スラグ骨材,フェロニッケルスラグ骨材,銅スラグ骨材又は電気炉酸化スラグ骨材を用いるものとし,それぞれの骨材は,JIS A 5011-1,JIS A 5011-2,JIS A 5011-3 及び JIS A 5011-4 の規定によるほか,次による.ただし,電気炉酸化スラグ骨材については,JIS マーク品とし,生産工場からレディーミクストコンクリート工場に直接納入されるものとする.

注記　溶融スラグ骨材(産業廃棄物の溶融固化施設から産出される溶融スラグ骨材を含む.)を使用することはできない.

  a) 高炉スラグ粗骨材
    1) 高炉スラグ粗骨材 4020,高炉スラグ粗骨材 2015 及び高炉スラグ粗骨材 1505 は,混合して使用するものとし,混合した高炉スラグ粗骨材の粒度は,高炉スラグ粗骨材 4005 又は高炉スラグ粗骨材 2005 の規定を満足するものでなければならない.
    2) A.10 b)による微粒分量は,5.0 % 以下でなければならない.
    3) 舗装コンクリートに用いる場合は,A.10 g)によるすりへり減量が 35 % 以下のものでなければならない.
  b) 高炉スラグ細骨材
    1) 1.2 mm 高炉スラグ細骨材及び 5～0.3 mm 高炉スラグ細骨材は,砕砂若しくは砂又はこれらの混合物と混合して使用するものとし,混合したものは A.9.2 の規定に適合しなければならない.
    2) A.10 b)による微粒分量は,7.0 % 以下でなければならない.
    3) 舗装コンクリート及びコンクリートの表面がすりへり作用を受けるものについては,A.10 b)による微粒分量が 5.0 % 以下のものを用いなければならない.
  c) フェロニッケルスラグ細骨材
    1) 1.2 mm フェロニッケルスラグ細骨材及び 5～0.3 mm フェロニッケルスラグ細骨材は,砕砂若しくは砂又はこれらの混合物と混合して使用するものとし,混合したものは A.9.2 の規定に適合しなければならない.
    2) 舗装コンクリート及びコンクリートの表面がすりへり作用を受けるものについては,A.10 b)による微粒分量が 5.0 % 以下のものを用いなければならない.
  d) 銅スラグ細骨材
    1) 1.2 mm 銅スラグ細骨材及び 5～0.3 mm 銅スラグ細骨材は,砕砂若しくは砂又はこれらの混合物と混合して使用するものとし,混合したものは A.9.2 の規定に適合しなければならない.
    2) 舗装コンクリート及びコンクリートの表面がすりへり作用を受けるものについては,A.10 b)による微粒分量が 5.0 % 以下のものを用いなければならない.
  e) 電気炉酸化スラグ粗骨材
    1) 電気炉酸化スラグ粗骨材 4020,電気炉酸化スラグ粗骨材 2015 及び電気炉酸化スラグ粗骨材 1505 は,混合して使用するものとし,混合した電気炉酸化スラグ粗骨材の粒度は,高炉スラグ粗骨材 4005,又は電気炉酸化スラグ粗骨材 2005 の規定を満足するものでなければならない.
    2) A.10 b)による微粒分量は,5.0 % 以下でなければならない.
    3) 舗装コンクリートに用いる場合は,A.10 g)によるすりへり減量が 35 % 以下のものでなければならない.
  f) 電気炉酸化スラグ細骨材
    1) 1.2 mm 電気炉酸化スラグ細骨材及び 5～0.3 mm 電気炉酸化スラグ細骨材は,砕砂若しくは砂又はこれらの混合物と混合して使用するものとし,混合したものは A.9.2 の規定に適合しなければならない.
    2) 舗装コンクリート及びコンクリートの表面がすりへり作用を受けるものについては,A.10 b)による微粒分量が 5.0 % 以下のものを用いなければならない.

A.6　人工軽量骨材　人工軽量骨材は,JIS A 5002 に規定するものとし,表 A.2 による.

表 A.2　人工軽量骨材の区分

種類の区分	区分
骨材の絶乾密度による区分	M,H[a]
骨材の実積率による区分	A,B[a]
コンクリートとしての圧縮強度による区分	2[a],3,4
フレッシュコンクリートの単位容積質量による区分	15[a],17,19[a],21[a]

注記　粗骨材の浮粒率の限度は,10.0 % とする.
注(a) この規定は,購入者の指定に従い適用する.

A.7 コンクリート用再生骨材 H　コンクリート用再生骨材 H は，JIS A 5021 の規定によるほか，次による．
　a）再生粗骨材 H 再生粗骨材 H4020，再生粗骨材 H2515，再生粗骨材 H2015 及び再生粗骨材 H1505 は，混合して使用するものとし，混合してできる再生粗骨材 H の粒度は，再生粗骨材 H2505 又は再生粗骨材 H2005 の規定を満足するものでなければならない．
　b）再生細骨材 H 再生細骨材 H は，コンクリートの表面がすりへり作用を受けるものについては，A.10 b）による微粒分量が 5.0 % 以下のものを用いなければならない．

A.8 砂利及び砂　砂利及び砂は，次による．
　a）砂利及び砂は，清浄，強硬，かつ，耐火性及び耐久性をもち，ごみ，土，有機不純物などを有害量含んでいてはならない．
　b）砂利及び砂の粒度は，A.10 a）によって試験を行ったとき，表 A.3 に示す範囲のものでなければならない．
　c）砂利及び砂の品質は，A.10 の b），d）～h），k），l）及び p）によって試験を行ったとき，表 A.4 の規定に適合しなければならない．

表 A.3　砂利及び砂の粒度

骨材の種類			ふるいを通るものの質量分率（%）											
			ふるいの呼び寸法[a] mm											
			50	40	30	25	20	15	10	5	2.5	1.2	0.6	0.3	0.15
砂利	最大寸法 mm	40	100	95～100	—	—	35～70	—	10～30	0～5	—	—	—	—	—
		25	—	—	100	90～100	—	20～55	—	0～10	0～5	—	—	—	—
		20	—	—	—	100	90～100	—	20～55	0～10	0～5	—	—	—	—
砂			—	—	—	—	—	—	100	90～100	80～100	50～90	25～65	10～35	2～10

注[a] ふるいの呼び寸法は，それぞれ JIS Z 8801-1 に規定するふるいの公称目開き 53 mm，37.5 mm，31.5 mm，26.5 mm，19 mm，16 mm，9.5 mm，4.75 mm，2.36 mm，1.18 mm，600 μm，300 μm 及び 150 μm である．

表 A.4　砂利及び砂の品質

	砂利	砂	適用試験箇条
絶乾密度　g/cm³	2.5 以上[a]	2.5 以上[a]	A.10[e],[f]
吸水率 %	3.0 以下[b]	3.5 以下[b]	A.10[e],[f]
粘土塊量 %	0.25 以下	1.0 以下	A.10[k]
微粒分量 %	1.0 以下	3.0 以下[c]	A.10[b]
有機不純物	—	同じ，又は淡い[d]	A.10[d]
塩化物量（NaCl として）　%	—	0.04 以下[f]	A.10[p]
安定性 %[e]	12 以下	10 以下	A.10[g]
すりへり減量 %	35 以下[g]	—	A.10[g]

注（a）購入者の承認を得て，2.4 以上とすることができる．
　（b）購入者の承認を得て，4.0 以下とすることができる．
　（c）コンクリートの表面がすりへり作用を受けない場合は，5.0 以下とする．
　（d）試験溶液の色合いが標準色より濃い場合でも，A.10 l）に規定する圧縮強度分率が 90 % 以上であれば，購入者の承認を得て用いてよい．
　（e）この規定は，購入者の指定に従い適用する．
　（f）0.04 を超すものについては，購入者の承認を必要とする．ただし，その限度は 0.1 とする．
　　　プレテンション方式のプレストレストコンクリート部材に用いる場合は，0.02 以下とし，購入者の承認があれば 0.03 以下とすることができる．
　（g）A.10 h）の試験操作を 5 回繰り返す．
　（h）舗装コンクリートに用いる場合に適用する．

A.9 骨材を混合して使用する場合　骨材を混合して使用する場合は，A.3 d）によるほか，次の規定を満足しなければならな

い．また，あらかじめ混合した骨材を用いる場合は，混合前の各骨材の種類及びそれらの質量混合割合を，レディーミクストコンクリート配合計画書の骨材の"産地又は品名"欄に記載しなければならない．

A.9.1 同一種類の骨材を混合して使用する場合 混合後の骨材の品質が A.4，A.5，A.6，A.7 又は A.8 の規定に適合しなければならない．ただし，混合前の各骨材の絶乾密度，吸水率，安定性及びすりへり減量については，それぞれ A.4，A.5，A.6，A.7 又は A.8 の規定に適合しなければならない．

A.9.2 異種類の骨材を混合して使用する場合 混合前の各骨材の品質が，塩化物量及び粒度を除いて，それぞれ A.4，A.5，A.6，A.7 又は A.8 の規定に適合しなければならない．混合後の骨材の塩化物量及び粒度は，次による．

a) **塩化物量** 混合後の骨材の塩化物量は，A.8 c) の規定に適合しなければならない．

b) **粒度** 混合後の骨材の粒度は，A.8 b) の規定に適合しなければならない[(1)]．0.15 mm ふるいを通るものの質量分率（%）の値は，次による．

  1) **砕砂，再生細骨材 H 又は砂を混合して使用する場合**

    1.1) あらかじめ各骨材を混合したものを用いる場合は，混合後の細骨材に対し 2～10 % とする．

    1.2) コンクリート製造時に各骨材を別々に計量して用いる場合は，混合後の細骨材に対し 2～15 % とする．ただし，いずれの場合も砂から供給される 0.15 mm ふるいを通るものの質量分率（%）の値は，混合後の細骨材に対し，10 % 以下でなければならない．

  2) **砕砂，再生細骨材 H 若しくは砂，又はこれらの混合物にスラグ細骨材を混合して使用する場合**

    2.1) あらかじめ各骨材を混合したものを用いる場合は，混合後の細骨材に対し 2～15 % とする．

    2.2) コンクリート製造時に各骨材を別々に計量して用いる場合は，混合後の細骨材に対し 2～20 % とする．ただし，いずれの場合も砕砂又は砂から供給される 0.15 mm ふるいを通るものの質量分率（%）の値は，混合後の細骨材に対し，砂にあっては 10 % 以下，砕砂及び再生細骨材 H にあっては 15 % 以下でなければならない．

注[(1)] 密度の差が大きい骨材を混合したものの場合には，各ふるいを通るものの絶対容積の分率（%）が表 A.3 に質量分率（%）で示されている値の範囲にあるのがよい．

A.10 試験方法 骨材の試験方法は，次による．

a) JIS A 1102 骨材のふるい分け試験方法
b) JIS A 1103 骨材の微粒分量試験方法
c) JIS A 1104 骨材の単位容積質量及び実積率試験方法
d) JIS A 1105 細骨材の有機不純物試験方法
e) JIS A 1109 細骨材の密度及び吸水率試験方法
f) JIS A 1110 粗骨材の密度及び吸水率試験方法
g) JIS A 1121 ロサンゼルス試験機による粗骨材のすりへり試験方法
h) JIS A 1122 硫酸ナトリウムによる骨材の安定性試験方法
i) JIS A 1134 構造用軽量細骨材の密度及び吸水率試験方法
j) JIS A 1135 構造用軽量粗骨材の密度及び吸水率試験方法
k) JIS A 1137 骨材中に含まれる粘土塊量の試験方法（試料は，JIS A 1103 による洗いの操作を行ったものを用いる．）
l) JIS A 1142 有機不純物を含む細骨材のモルタルの圧縮強度による試験方法
m) JIS A 1143 軽量粗骨材の浮粒率の試験方法
n) JIS A 1145 骨材のアルカリシリカ反応性試験方法（化学法）
o) JIS A 1146 骨材のアルカリシリカ反応性試験方法（モルタルバー法）
p) 骨材の塩化物量試験方法は，JIS A 5002 の 5.5（塩化物）の規定による．ただし，普通骨材の試料の量は，1 000 g とする．

附属書 B（規定）アルカリシリカ反応抑制対策の方法

B.1 適用範囲 この附属書は，附属書 A に規定した砕石，砕砂，フェロニッケルスラグ細骨材，銅スラグ細骨材，電気炉酸化スラグ骨材，再生骨材 H，砂利及び砂をレディーミクストコンクリート用骨材として用いる場合の，アルカリシリカ反応抑制対策の方法について規定する．ただし，再生骨材 H，及び再生骨材 H と異種類の骨材とを混合したものには，B.2 a) の方法は適用しない．

B.2 区分 アルカリシリカ反応抑制対策の区分は，次による．

a) コンクリート中のアルカリ総量を規制する抑制対策
b) アルカリシリカ反応抑制効果のある混合セメントなどを使用する抑制対策
c) 安全と認められる骨材を使用する抑制対策

B.3 コンクリート中のアルカリ総量を規制する抑制対策の方法 全アルカリ量[(1)] が明らかなポルトランドセメント又は普通エコセメントを使用し，式（B.1）によって計算されるコンクリート中のアルカリ総量（R_t）が 3.0 kg/m³ 以下となることを確認する．ただし，セメント中の全アルカリ量の値としては，直近 6 か月間の試験成績表に示されている全アルカリの最大値の最も大きい値を用いる．また，混和材，混和剤及び流動化剤に含まれる全アルカリ量並びに骨材の NaCl の値は，最新の試験成績表に示されている値とする．

$$R_t = R_c + R_a + R_s + R_m + R_p \quad \cdots\cdots\cdots\cdots\cdots\cdots\cdots\cdots\cdots\cdots\cdots\cdots\cdots\cdots\cdots\cdots\cdots\cdots\cdots\cdots\cdots\cdots\cdots\cdots \text{(B.1)}$$

ここに，R_t：コンクリート中のアルカリ総量（kg/m³）

R_c：コンクリート中のセメントに含まれる全アルカリ量[(1)]（kg/m³）
　　　＝単位セメント量（kg/m³）×セメント中の全アルカリ量[(1)]（％）/100

R_a：コンクリート中の混和材に含まれる全アルカリ量（kg/m³）
　　　＝単位混和材量（kg/m³）×混和材中の全アルカリ量[(1)]（％）/100

R_s：コンクリート中の骨材に含まれる全アルカリ量（kg/m³）
　　　＝単位骨材量（kg/m³）×0.53×骨材中のNaClの量（％）/100

R_m：コンクリート中の混和剤に含まれる全アルカリ量（kg/m³）
　　　＝単位混和剤量（kg/m³）×混和剤中の全アルカリ量[(1)]（％）/100

R_p：コンクリート中の流動化剤に含まれる全アルカリ量[(2)]（kg/m³）
　　　＝単位流動化剤量（kg/m³）×流動化剤中の全アルカリ量[(1)]（％）/100

注[(1)] Na_2O 及び K_2O の含有量の和を，これと等価な Na_2O の量（Na_2Oeq）に換算して表した値で，Na_2Oeq（％）＝Na_2O（％）＋0.658 K_2O（％）とする．

[(2)] 購入者が荷卸し地点で流動化を行う場合に加える．流動化を行う購入者は，この値（R_p）をあらかじめ生産者に通知しておく必要がある．

B.4 アルカリシリカ反応抑制効果のある混合セメントなどを使用する抑制対策の方法

a）混合セメントを使用する場合は，JIS R 5211 に適合する高炉セメントB種若しくは高炉セメントC種，又はJIS R 5213 に適合するフライアッシュセメントB種若しくはフライアッシュセメントC種を用いる．ただし，高炉セメントB種の高炉スラグの分量（質量分率％）は 40 ％以上，フライアッシュセメントB種のフライアッシュの分量（質量分率％）は 15 ％以上でなければならない．

b）高炉スラグ微粉末又はフライアッシュを混和材として使用する場合は，併用するポルトランドセメントとの組合せにおいて，アルカリシリカ反応抑制効果があると確認された単位量で用いる．

B.5 安全と認められる骨材を使用する抑制対策の方法　A.3 に示す区分Aの骨材を使用する．

B.6 報告　この附属書による抑制対策を講じる場合は，表10のレディーミクストコンクリート配合計画書に，表B.1 に示す抑制対策の方法の記号欄の記載事項を記入する．

表B.1　アルカリシリカ反応抑制対策の方法及び記号

抑制対策の方法	記号
コンクリート中のアルカリ総量の規制	AL（kg/m³）[(a)]
混合セメント（高炉セメントB種）の使用	BB
混合セメント（高炉セメントC種）の使用	BC
混合セメント（フライアッシュセメントB種）の使用	FB
混合セメント（フライアッシュセメントC種）の使用	FC
混和材（高炉スラグ微粉末）の使用	B（％）[(b)]
混和材（フライアッシュ）の使用	F（％）[(b)]
安全と認められる骨材の使用	A

注[(a)] ALの後の括弧内は，計算されたアルカリ総量を小数点以下1けたに丸めて記入する．

[(b)] B又はFの後の括弧内は，結合材量に対する混和材量の割合を小数点以下1けたに丸めて記入する．

附属書C（規定）レディーミクストコンクリートの練混ぜに用いる水

C.1 適用範囲　この附属書は，レディーミクストコンクリートの練混ぜに用いる水（以下，水という．）について規定する．

C.2 区分　水は，上水道水，上水道水以外の水及び回収水に区分する．

C.3 用語及び定義　この附属書で用いる主な用語及び定義は，次による．

C.3.1 上水道水以外の水　河川水，湖沼水，井戸水，地下水などとして採水され，特に上水道水としての処理がなされていないもの及び工業用水．ただし，回収水を除く．

C.3.2 回収水　レディーミクストコンクリート工場において，洗浄によって発生する排水のうち，運搬車，プラントのミキサ，ホッパなどに付着及び残留したフレッシュコンクリート，並びに戻りコンクリートの洗浄排水（以下，コンクリー

トの洗浄排水という.）を処理して得られるスラッジ水及び上澄水の総称.

C.3.3 スラッジ水 コンクリートの洗浄排水から,粗骨材,細骨材を取り除いて,回収した懸濁水.

C.3.4 上澄水 スラッジ水から,スラッジ固形分を沈降,その他の方法で取り除いた水.

C.3.5 スラッジ スラッジ水が濃縮され,流動性を失った状態のもの.

C.3.6 スラッジ固形分 スラッジを105〜110℃で乾燥して得られたもの.

C.3.7 スラッジ固形分率 レディーミクストコンクリートの配合における,単位セメント量に対するスラッジ固形分の質量の割合を分率で表したもの.

C.4 上水道水 上水道水は,特に試験を行わなくても用いることができる.

C.5 上水道水以外の水 上水道水以外の水の品質は,C.8.1の試験方法によって試験を行ったとき,表C.1に示す規定に適合しなければならない.

表C.1 上水道水以外の水の品質

項目	品質
懸濁物質の量	2 g/L 以下
溶解性蒸発残留物の量	1 g/L 以下
塩化物イオン（Cl^-）量	200 ppm 以下
セメントの凝結時間の差	始発は30分以内,終結は60分以内
モルタルの圧縮強さの比	材齢7日及び材齢28日で90％以上

C.6 回収水

C.6.1 品質 回収水の品質は,C.8.2の試験方法によって試験を行ったとき,表C.2に示す規定に適合しなければならない.ただし,その原水は,C.4又はC.5の規定に適合しなければならない.

なお,スラッジ水を上水道水,上水道水以外の水,又は上澄水と混合して用いる場合の品質の判定は,スラッジ固形分率が3％になるように,スラッジ水の濃度を5.7％に調整した試料を用い,C.8.2.4及びC.8.2.5の試験を行う.

表C.2 回収水の品質

項目	品質
塩化物イオン（Cl^-）量	200 ppm 以下
セメントの凝結時間の差	始発は30分以内,終結は60分以内
モルタルの圧縮強さの比	材齢7日及び材齢28日で90％以上

C.6.2 スラッジ固形分率の限度

a) スラッジ水を用いる場合には,スラッジ固形分率が3％を超えてはならない.

なお,レディーミクストコンクリートの配合において,スラッジ水中に含まれるスラッジ固形分は,水の質量には含めない.

b) スラッジ固形分率を1％未満で使用する場合には,表10の目標スラッジ固形分率の欄には,"1％未満"と記入することとし,表11のスラッジ固形分率の欄にも"1％未満"と記入する.この場合,スラッジ水は練混ぜ水の全量に使用し,かつ,濃度の管理期間ごとに1％未満となるよう管理しなければならない.

なお,このスラッジ固形分率を1％未満で使用する場合には,スラッジ固形分を水の質量に含めてもよい.

C.6.3 スラッジ水の管理 スラッジ水の管理は,次による.

a) バッチ濃度調整方法[1],又は連続濃度測定方法[1]を用いる.

注[1] バッチ濃度調整方法は,スラッジ水の濃度を一定に保つ独立した濃度調整槽をもつ場合に用いることができる管理方法である.スラッジ固形分率を1％未満で使用する場合は,この方法による.独立した濃度調整槽をもたない場合には,スラッジ水の濃度を連続して測定できる自動濃度計を設置して測定することによる連続濃度測定方法を用いれば,スラッジ水の管理ができる.

b) C.6.2に適合するように,スラッジ水の管理状況に対応して,コンクリートに使用するスラッジ水の濃度を定めて管理する.

c) バッチ濃度調整方法を用いる場合には,スラッジ水の濃度を測定・記録し,目標スラッジ固形分率となるようにスラッジ水の計量値を決定して,スラッジ水を使用する.

なお,スラッジ水の濃度の測定は,1日1回以上,かつ,濃度調整の都度行う.

d) 連続濃度測定方法を用いる場合には,スラッジ水を使用する度にその濃度を自動濃度計によって測定・記録し,自動演算装置を用いて目標スラッジ固形分率となるようにスラッジ水の計量値を決定して,スラッジ水を使用する.

e) スラッジ水の濃度の測定精度の確認は,少なくとも3か月に1回の頻度で,C.8.2.6によって行う.また,スラッジ水

付 6. JIS A 5308 レディーミクストコンクリート −249−

の濃度の測定方法として自動濃度計を用いる場合は，始業時にスラッジ水の密度から自動濃度計の表示値を確認し，これを記録する．

f) スラッジ水の濃度及び測定器具の精度確認の記録は，購入者からの要求があれば，スラッジ固形分率の算出根拠として提出する．

C.7 水を混合して使用する場合　2種類以上の水を混合して用いる場合には，それぞれがC.4，C.5又はC.6の規定に適合していなければならない．

C.8 水の試験方法　試験を行う．

　C.8.1 上水道水以外の水の場合

　　C.8.1.1 試験項目　試験項目は，次による．

　　　a) 懸濁物質の量
　　　b) 溶解性蒸発残留物の量
　　　c) 塩化物イオン（Cl^-）量
　　　d) セメントの凝結時間の差
　　　e) モルタルの圧縮強さの比

　　C.8.1.2 試験用器具　C.8.1.1のa) 及びb) に用いる試験用器具は，次による．

　　　a) 試料を入れる容器は，硬質共栓ガラス瓶，又は蓋付きのポリエチレン製瓶とし，瓶は十分洗浄したものを用いる．
　　　b) 分析に用いる器具は，全量フラスコ2（200 mL及び100 mL 各1），ガラス製ろ過器1（ブフナー漏斗形3 G2），磁製蒸発皿1（直径約10～20 cm），時計皿1（直径10～20 cm），ビーカー1（500 mL），ろ紙1（JIS P 3801に規定された6種又はガラス繊維ろ紙），デシケーター1（ガラス製ろ過器及び磁製蒸発皿の入るもの），精密化学天びん1，電気定温乾燥器1とする．

　　C.8.1.3 試料　試料は，次による．

　　　a) 試験用水は，試料瓶に満たし，上面に空気がない状態にして清浄な栓で密封しておき，採取後7日以内に
　　　b) 1回の試験のために採取する水の量は，約4Lとする．
　　　c) 井戸水を試験用水として採取する場合は，ある程度くみ上げた後の水を試験用水として採取する．河川・湖・沼・貯水池から採取する場合は，1日に数回採取して，等量ずつ混合のうえ，代表試料とする．

　　C.8.1.4 懸濁物質の量の試験　懸濁物質の量の試験は，次による．

　　　a) 操作
　　　　1) ガラス製ろ過器の中にろ紙を敷いて105～110℃で乾燥させ，デシケーターの中で常温まで冷却させた後，ガラス製ろ過器とろ紙との質量（W_1）を0.01 gまで量る．
　　　　2) 試験用水200 mLを全量フラスコで量り，全量をろ過して，残分をガラス製ろ過器とともに105～110℃で乾燥させ，デシケーター内で常温まで冷却させた後，ガラス製ろ過器・ろ紙残分及びろ紙の質量（W_2）を0.01 gまで量る．ろ過液は，C.8.1.5に用いる．

　　　b) 計算　懸濁物質の量（S_d）は，次の式によって算出し，四捨五入によって小数点以下1桁に丸める．
　　　　　$S_d = (W_2 - W_1) \times 5$
　　　　　ここに，S_d：懸濁物質の量（g/L）
　　　　　　　　　W_1：ガラスろ過器とろ紙の質量（g）
　　　　　　　　　W_2：ガラスろ過器，ろ紙残分及びろ紙の質量（g）

　　C.8.1.5 溶解性蒸発残留物の量の試験　溶解性蒸発残留物の量の試験は，次による．

　　　a) 操作
　　　　1) よく洗浄した磁製蒸発皿を105～110℃で乾燥させ，デシケーター内で常温まで冷却させた後，その質量（W_3）を0.01 gまで量る．
　　　　2) C.8.1.4 a) 2) で懸濁物質を除去したろ過液100 mLを全量フラスコで量り取り，磁製蒸発皿に移す．
　　　　3) 蒸発皿の上に時計皿を少しずらして蓋をし，水浴上で加熱をして蒸発乾固させた後，105～110℃で乾燥させ，デシケーター内で常温まで冷却させた後，その質量（W_4）を0.01 gまで量る．

　　　b) 計算　溶解性蒸発残留物の量（S_s）は，次の式によって算出し，四捨五入によって小数点以下1桁に丸める．
　　　　　$S_s = (W_4 - W_3) \times 10$
　　　　　ここに，S_s：溶解性蒸発残留物の量（g/L）
　　　　　　　　　W_3：蒸発皿の乾燥質量（g）
　　　　　　　　　W_4：蒸発乾固物と蒸発皿の質量（g）

　　C.8.1.6 塩化物イオン（Cl^-）量の試験　塩化物イオン（Cl^-）量の試験は，JIS A 1144の箇条4（分析方法）による．

　　C.8.1.7 セメント凝結時間の差の試験　セメントの凝結時間の差の試験は，次による．

　　　a) 試験方法　試験は，上水道水以外の水及び基準水を用いてJIS R 5201の8.（凝結試験）によって行う．ただし，基準水及び上水道水以外の水を用いた場合は，同じ水セメント比とする．
　　　　なお，基準水は，蒸留水，イオン交換樹脂で精製した水又は上水道水とする．

　　　b) 計算　始発時間及び終結時間は分単位で表し，始発時間の差及び終結時間の差は，次の式によって算出する．

$Ti = |Tio - Tis|$

$Tf = |Tfo - Tfs|$

ここに，Ti：始発時間の差（min）
Tio：基準水を用いた場合の始発時間（min）
Tis：上水道水以外の水を用いた場合の始発時間（min）
Tf：終結時間の差（min）
Tfo：基準水を用いた場合の終結時間（min）
Tfs：上水道水以外の水を用いた場合の終結時間（min）

C.8.1.8 モルタルの圧縮強さの比の試験 モルタルの圧縮強さの比の試験は，JIS R 5201 の 10.（強さ試験）による方法（A法）又は次に示す直径 50 mm，高さ 100 mm の円柱供試体による方法（B法）のいずれかによる．

なお，A法の場合の計算は，e）による．

a）**試験器具**

1) はかりは，容量 2 000 g 以上で 0.5 g まで計量できるものとする．
2) ミキサは，練り鉢の公称容量 4.7 L 以上，パドルが回転円運動をする電動ミキサで，パドルに自転及びそれと逆方向に公転運動を与えるものとし，パドルの回転数は，低速の場合，自転速度は毎分 140±5 回転，公転速度は毎分 62±5 回転，高速の場合，自転速度は毎分 285±10 回転，公転速度は毎分 125±10 回転とする．
3) 型枠は，内径 50 mm，高さ 100 mm の金属製円筒とする．
4) 突き棒は，直径 9 mm の丸鋼とし，その先端を鈍くとがらせたものとする．

b）**試験条件** 供試体の成形から浸水までの試験室温度は，10～25℃とする．ただし，成形開始から終了までの温度変化は，4℃以内でなければならない．

c）**試験に用いる材料**

1) セメントは，工場又は外部試験機関[2]で用いる普通ポルトランドセメントとする．
2) 砂は，工場又は外部試験機関[2]で用いている砂を表面乾燥飽水状態として用いる．砂を表面乾燥飽水状態にするには，JIS A 1109 の 4.（試料）による．

注 [2] 外部試験機関とは，JIS Q 17025 に適合することを，認定機関によって，認定された試験機関，又は JIS Q 17025 のうち該当する部分に適合していることを，試験機関自らが証明している試験機関であり，かつ，次のいずれかとするのがよい．

— 中小企業近代化促進法（又は中小企業近代化資金等助成法）に基づく構造改善計画などによって設立された共同試験場
— 国公立の試験機関
— 民法第 34 条によって設立を許可された機関
— その他，これらと同等以上の能力がある機関

d）**操　　作**

1) ミキサに練り鉢及びパドルをセットし，練り鉢に試験用水 400 g を入れ，セメント 800 g を加えて，低速で 40 秒間練り混ぜる．この間に，表面乾燥飽水状態とした砂を徐々に投入するが，このとき投入する砂の量は，あらかじめモルタルのフローが JIS R 5201 の 11.2（フロー値の測り方）によって試験した結果，190±5 mm となることを確認した量とする．次いで 20 秒間休止し，その間にさじで練り鉢及びパドルに付着したモルタルをかき落とす．その後，更に高速で 2 分間練り混ぜ，モルタルをつくる．基準水を用いた場合についても，同様に練り混ぜ，それぞれ 2 バッチのモルタルをつくる．

注記　投入される砂の量は，川砂の場合は，2 000～2 500 g 程度である．

2) このモルタルを 2 層に分けて型枠に詰め，その各層を突き棒で 25 回突く．突き棒で突いた後，型枠を軽くたたき，突き穴がなくなるようにする．このようにして，各バッチのモルタルからそれぞれ 4 個の供試体をつくる．
3) 型枠にモルタルを詰めてから 4 時間以降にキャッピングし，24 時間以降に取り外して，試験のときまで養生する．なお，キャッピング及び養生は，JIS A 1132 の 4.4（供試体の上面仕上げ）及び 7.（型枠の取外し及び養生）による．
4) 供試体の材齢は，7 日及び 28 日とし，それぞれ 4 個の供試体について圧縮強度試験を行う．

なお，圧縮強度試験は，JIS A 1108 による．

e）**計　　算** モルタルの圧縮強さの比（R）は，次の式によって算出し，四捨五入によって小数点以下 1 桁を丸めて整数で表す．

$$R = \frac{\sigma_{cr}}{\sigma_{co}} \times 100$$

ここに，R：モルタルの圧縮強さの比（％）
σ_{co}：基準水を用いたモルタルの材齢 7 日又は 28 日における圧縮強さ（N/mm^2）
σ_{cr}：上水道水以外の水を用いたモルタルの材齢 7 日又は 28 日における圧縮強さ（N/mm^2）

C.8.1.9 報　　告 上水道水以外の水の試験結果の報告には，次の事項を記載する．

a）河川水，湖沼水，井戸水，地下水，工業用水などの別
b）懸濁物質の量
c）溶解性蒸発残留物の量

d) 塩化物イオン（Cl^-）量
e) セメントの凝結時間の差
  1) 基準水を用いた場合の始発時間及び終結時間
  2) 上水道水以外の水を用いた場合の始発時間及び終結時間
  3) 1) 及び 2) の始発時間及び終結時間の差
f) モルタルの圧縮強さの比
  1) 試験方法の別（C.8.1.8 の A 法又は B 法の別）
  2) 基準水を用いた場合の圧縮強さ（材齢 7 日及び 28 日）
  3) 上水道水以外の水を用いた場合の圧縮強さ（材齢 7 日及び 28 日）
  4) 基準水を用いたモルタルの圧縮強さに対する，上水道水以外の水を用いたモルタルの圧縮強さの比

C.8.2 回収水の場合

C.8.2.1 試験項目
試験項目は，次による．
a) 塩化物イオン（Cl^-）量
b) セメントの凝結時間の差
c) モルタルの圧縮強さの比

C.8.2.2 試料
試料は，次による．
a) スラッジ水は，レディーミクストコンクリート工場のスラッジ水貯水槽から代表的試料を採取し，速やかに試験を行う．
b) 上澄水は，レディーミクストコンクリート工場の上澄水貯水槽で試料瓶に満たし，上面に空気がない状態にして清浄な栓で密封しておき，採取後 7 日以内に試験を行う．

C.8.2.3 塩化物イオン（Cl^-）量の試験
塩化物イオン（Cl^-）量の試験は，JIS A 1144 の箇条 4（分析方法）による．

C.8.2.4 セメントの凝結時間の差の試験
セメントの凝結時間の差の試験は，次による．
a) 試験方法　試験は，C.8.1.7 の試験方法によって行う．ただし，スラッジ水は，C.8.2.6 の試験方法で求めた濃度が 5.7 ％のものを用いる．上澄水はそのまま用いる．このスラッジ水中の固形分は，水量に含めない．
なお，基準水及び回収水を用いた場合，いずれも標準軟度とする．
b) 計算　始発時間及び終結時間は分単位で表し，始発時間の差及び終結時間の差は，次の式によって算出する．

$Ti' = |Tio - Tis'|$

$Tf' = |Tfo - Tfs'|$

　ここに，Ti'：始発時間の差（min）
　　　　　Tio：基準水を用いた場合の始発時間（min）
　　　　　Tis'：回収水を用いた場合の始発時間（min）
　　　　　Tf'：終結時間の差（min）
　　　　　Tfo：基準水を用いた場合の終結時間（min）
　　　　　Tfs'：回収水を用いた場合の終結時間（min）

C.8.2.5 モルタルの圧縮強さの比の試験
モルタルの圧縮強さの比の試験は，次による．
a) 試験方法　試験は，C.8.1.8 の試験方法によって行う．ただし，A 法による場合には，基準水は 225 g，スラッジ水の場合は C.8.2.6 の試験方法で求めた濃度が 5.7 ％に調整したもので 239 g[3]，上澄水の場合は 225 g とする．また，B 法による場合には，基準水は 400 g，スラッジ水の場合には C.8.2.6 の試験方法で求めた濃度が 5.7 ％に調整したもので 425 g，上澄水の場合は 400 g とする．
注[3]　この場合のスラッジ水は，スラッジ固形分を含んだ値である．
b) 計算　モルタルの圧縮強さの比（R'）は，次の式によって算出し，四捨五入によって小数点以下 1 桁を丸めて整数で表す．

$R' = \dfrac{\sigma_{cr}}{\sigma_{co}} \times 100$

　ここに，R'：モルタルの圧縮強さの比（％）
　　　　　σ_{co}：基準水を用いたモルタルの材齢 7 日又は 28 日における圧縮強さ（N/mm^2）
　　　　　σ_{cr}：回収水を用いたモルタルの材齢 7 日又は 28 日における圧縮強さ（N/mm^2）

C.8.2.6 スラッジ水の濃度の試験
スラッジ水の濃度の試験は，次による．
a) 試験用器具
  1) はかりは，容量 1 000 g 以上で 0.1 g まで計量できるものとする．
  2) 乾燥用バットは，約 500 mL をい（容）れるのに十分な大きさのものとする．
  3) 試料採取に用いる容器は，容量 500 mL とする．
b) 試料　代表的スラッジ水を約 5 L 採取し，これを試料とする．
c) 操作
  1) 試料をよくかくはんしながら乾燥用バットに約 500 mL 分取し，その質量（m_1）を 0.1 g まで量る．

2) これを乾燥器に入れ，105～110 ℃で恒量となるまで乾燥する．室温まで放冷した後，その質量（m_2）を，0.1 g まで量る．

d) 計　算　スラッジ水の濃度（Cs）は，次の式によって算出し，四捨五入によって小数点以下1桁に丸める．

$$C_s = \frac{m_2}{m_1} \times 100 - 0.2$$

ここに，C_s：スラッジ水の濃度（質量分率%）
m_1：スラッジ水の質量（g）
m_2：乾燥後のスラッジの質量（g）

注記　公益社団法人日本コンクリート工学会回収水委員会報告によると，上澄水の溶解成分量の全国平均は 0.2 % なので，これを差し引くことによって，ろ過による方法とほぼ同一値になる．

C.8.2.7 報　告

回収水の試験結果の報告には，次の事項を記載する．

a) スラッジ水，上澄水の別
b) 塩化物イオン（Cl⁻）量
c) セメントの凝結時間の差
　1) 基準水を用いた場合の始発時間及び終結時間
　2) 回収水を用いた場合の始発時間及び終結時間
　3) 1) 及び 2) の始発時間及び終結時間の差
d) モルタルの圧縮強さの比
　1) 試験方法の別（C.8.1.8 の A 法又は B 法の別）
　2) 基準水を用いた場合の圧縮強さ（材齢 7 日及び 28 日）
　3) 回収水を用いた場合の圧縮強さ（材齢 7 日及び 28 日）
　4) 基準水を用いたモルタルの圧縮強さに対する，回収水を用いたモルタルの圧縮強さの比

附属書 D（規定）トラックアジテータのドラム内に付着した モルタルの使用方法

D.1 適用範囲　この附属書は，本体に規定する普通コンクリート及びこれを流動化したコンクリートの荷卸しを完了し，全量を排出した後のトラックアジテータ（以下，アジテータという．）のドラム内壁，羽根などに付着しているフレッシュモルタルを，この附属書に規定する付着モルタル安定剤を用いてスラリー状にし，新たに積み込むコンクリートと混合して使用する方法について規定する．

D.2 用語及び定義　この附属書で用いる主な用語及び定義は，JIS A 0203 によるほか，次による．

D.2.1 付着モルタル　コンクリートの全量を排出した後，アジテータのドラムの内壁，羽根などに付着しているフレッシュモルタル．

D.2.2 付着モルタル安定剤　付着モルタルの凝結を遅延させて再利用するための薬剤（以下，安定剤という）．

D.2.3 安定剤希釈溶液　安定剤を上水道水で所定の割合に希釈した溶液（以下，希釈溶液という）．

D.2.4 スラリー状モルタル　希釈溶液でスラリー状にしたモルタル．

D.2.5 基準モルタル　安定剤の品質を試験する場合に基準とする，安定剤を用いないモルタル．

D.2.6 試験モルタル　安定剤の品質を試験する場合に試験の対象とする安定剤を用いたモルタル．

D.3 安定剤

D.3.1 安定剤の品質　安定剤の品質は，次による．

a) 安定剤は，コンクリート及び鋼材に有害な影響を及ぼすものであってはならない．
b) 安定剤は，D.7 の試験方法によって試験を行ったとき，表 D.1 の規定に適合しなければならない．

表 D.1　安定剤の品質

モルタルの フロー値比 %	モルタルの 凝結時間の差 min		モルタルの 圧縮強さの比 %		スラリー状 モルタルの流動性 （24 時間後）	塩化物イオン （Cl⁻）量 kg/m³	全アルカリ量 kg/m³
	始発	終結	材齢 7 日	材齢 28 日			
100～110	−60～+90	−60～+90	90 以上	90 以上	スラリー状モルタルが容易に流動し，部分的な塊が認められない．	0.02 以下	0.30 以下

D.3.2 希釈溶液の調整及び貯蔵　希釈溶液の調整及び貯蔵は，次による．

a） 希釈溶液は，予想日平均気温が25℃以下の場合は，安定剤1Lに対し上水道水を49Lの割合で加え，均質に調整する．また，予想日平均気温が25℃を超える場合は，安定剤1.5Lに対し上水道水を48.5Lの割合で加え，均質に調整する．

b） 調整した希釈溶液は，品質の変化及び凍結が生じないように貯蔵し，予想日平均気温が25℃以下の場合は7日以内に，また，予想日平均気温が25℃を超える場合は5日以内に使用する．

D.3.3 希釈溶液の使用量 希釈溶液の使用量は，大型アジテータの場合1車当たり50L，小型アジテータの場合1車当たり30Lとする[1]．

注 [1] 大型アジテータは積載量約10t，小型アジテータは積載量約5tのものを意味する．

D.4 付着モルタルのスラリー化 付着モルタルのスラリー化は，次による．

a） 付着モルタルのスラリー化は，コンクリートの練混ぜから3時間以内に希釈溶液を投入して行われなければならない．

b） 希釈溶液は，アジテータ1車ごとに正確に計算して使用する．

c） 希釈溶液をアジテータのドラムの内壁，羽根などに噴射して，付着モルタルを洗い落とし，スラリー化する．次にドラムを高速で繰り返し正転，反転させ，スラリー状モルタルを十分にかくはんする．

D.5 スラリー状モルタルの保存

D.5.1 一 般 スラリー状モルタルは，アジテータのドラム内に保存するか，若しくはアジテータのドラムから取り出して専用の容器に保存する．いずれの場合も，スラリー状モルタルの保存は24時間以内とし，流動性が失われたり，部分的にスラリー状モルタルが凝結した場合は，そのスラリー状モルタルを使用してはならない．

D.5.2 アジテータのドラム内に保存する場合 アジテータドラム内のスラリー状モルタルをアジテータのドラム内で保存する場合は，スラリー状モルタルを，ドラム内の最前底部に集まる位置で保存し，雨水の浸入を防ぎ，凍結しないようにする．

D.5.3 アジテータのドラムから取り出して専用の容器で保存する場合 スラリー状モルタルをドラムから取り出して専用の容器で保存する場合は，次による．

a） スラリー状モルタルをドラムから取り出す場合には，ドラム内のスラリー状モルタルが全量取り出されたことを確認しなければならない．

b） スラリー状モルタルを保存する容器は，雨水の浸入を防ぎ，凍結が防止できるものでなければならない．

c） スラリー状モルタルは，細骨材を取り除いて保存してもよい．

D.6 コンクリートの製造及び積込み

D.6.1 一 般 スラリー状モルタルを用いる場合に，新たに積み込むコンクリートの積載量は，大型アジテータの場合3m³以上，小型アジテータの場合1.5m³以上とするほか，次による．

D.6.2 アジテータのドラム内に保存されたスラリー状モルタルを用いる場合

a） コンクリートを積み込む前に，アジテータのドラムを高速で回転し，スラリー状モルタルが凝結していないことを確認する．

b） 新たに積み込むコンクリートは，希釈溶液を練混ぜ水の一部とし，1回の練混ぜごとにその量を計量水量から均等に差し引いた値で練り混ぜる．

なお，付着モルタルの容積は，練混ぜ量に加算してはならない．

c） コンクリートの積込みは，ドラムを回転させながら行い，積込み後ドラムを高速で回転させ，スラリー状モルタルと新たに積み込んだコンクリートが均質になるようにする．

D.6.3 専用の容器で保存したスラリー状モルタルを用いる場合

a） 新たに積み込むアジテータ1台分のコンクリートに適用するスラリー状モルタルの量は，これが排出されたアジテータ1台分と同量又はこれを超えない量とし，1回の計量ごとにその量を均等に分けて計量する．

b） スラリー状モルタルに含まれる希釈溶液は，新たに積み込むコンクリートの練混ぜ量の一部として考慮し，1回の計量ごとにその量を均等に分けて，計量水量から差し引く．

c） 細骨材を除去したスラリー状モルタルを適用する場合は，除去した細骨材の量と同じ量の新たな細骨材を1回の計量ごとに均等に加える．

d） 計量したスラリー状モルタルは，所定量のコンクリート用材料と同時にミキサに入れて均等に練り混ぜる．付着モルタルの容積は，新たに積み込むコンクリートの容積の一部として，これを考慮してはならない．

D.7 安定剤の品質試験

D.7.1 モルタル試験

D.7.1.1 モルタル試験用供試体の作製 モルタル試験用供試体の作製は，次による．

a） 試験に用いる材料

1） セメントは，任意に選んだ三つの異なる生産者の，JIS R 5210に規定する普通ポルトランドセメントを等量ずつ使用する．

2） 細骨材は，A.8の規定に適合し，かつ，粗粒率が2.7±0.2のものとする．

3） 水は，上水道水とする．

4） 安定剤は，代表的な試料とする．

b) モルタルの配合
  1) モルタルの種類は，基準モルタル及び試験モルタルの2種類とする．
  2) モルタルの配合は，質量比でセメント1，砂3，水セメント比60％とする．
  3) 試験モルタルに添加する安定剤の使用量は，セメント1 kg当たり1 mLとする．
c) モルタルの練混ぜ モルタルの練混ぜは機械練りとし，ミキサは，C.8.1.8 a）による．モルタルの練上がり温度は，20±3℃とする．

D.7.1.2 モルタルのフロー値比の試験
モルタルのフロー値比の試験は，次による．
a) モルタルのフロー値比の試験は，JIS R 5201の11.2による．
b) モルタルのフロー値比は，次の式によって算出し，四捨五入によって小数点以下1桁を丸めて整数で表す．

$$F = \frac{F_2}{F_1} \times 100$$

ここに，F：モルタルのフロー値比（％）
F_1：基準モルタルのフロー値
F_2：試験モルタルのフロー値

D.7.1.3 モルタルの凝結時間の差の試験
モルタルの凝結時間の差の試験は，次による．
a) モルタルの凝結時間の差の試験は，JIS A 1147による．
b) モルタルの凝結時間の差は，始発及び終結時間から次の式によって算出し，整数で表す．

$$T = T_2 - T_1$$

ここに，T：モルタルの凝結時間の差（min）
T_1：基準モルタルの始発時間又は終結時間（min）
T_2：試験モルタルの始発時間又は終結時間（min）

D.7.1.4 モルタルの圧縮強さの比の試験
モルタルの圧縮強さの比の試験は，次による．
a) モルタルの圧縮強さの比の試験は，C.8.1.8のB法に準じて行う．供試体の本数は，材齢7日及び28日それぞれ4本ずつとする．
b) モルタルの圧縮強さの比は，次の式によって算出し，四捨五入によって小数点以下1桁を丸めて整数で表す．

$$R = \frac{\sigma_{cr}}{\sigma_{co}} \times 100$$

ここに，R：モルタルの圧縮強さの比（％）
σ_{co}：基準モルタルの材齢7日又は28日の圧縮強さ（N/mm^2）
σ_{cr}：試験モルタルの材齢7日又は28日の圧縮強さ（N/mm^2）

D.7.1.5 スラリー状モルタルの流動性の試験
スラリー状モルタルの流動性の試験は，次による．
a) スラリー状モルタルの流動性の試験は，基準モルタルをメスシリンダーに500 mL採取し，蓋付の透明な容器（容量約1 L）に移し替え，安定剤5 mL及び水道水245 mLの混合液250 mLを加える．
b) モルタルと混合液とが十分に混合されるように5～6回転倒かくはんさせてから，20±2℃の室内に静置する．
c) 24時間後に容器を軽く転倒かくはんさせ，スラリー状モルタル中の塊の有無及び流動性を観察する．

D.7.2 塩化物イオン（Cl⁻）量試験
塩化物イオン（Cl⁻）量試験は，次による．
a) 安定剤中の塩化物イオン（Cl⁻）量を，JIS A 6204の附属書A［化学混和剤に含まれる塩化物イオン（Cl⁻）量の試験方法］によって求める．
b) 付着モルタルを再利用したコンクリート中の塩化物イオン（Cl⁻）量は，次の式によって算出し，四捨五入によって小数点以下2桁に丸める．

$$Cl^-_c = \left(\frac{1.5}{3.0}\right) \times \left(\frac{Cl^-_a}{100}\right)$$

ここに，Cl^-_c：付着モルタルを用いたコンクリート中の安定剤の塩化物イオン（Cl⁻）量（kg/m^3）
Cl^-_a：安定剤中の塩化物イオン（Cl⁻）濃度（％）
（1.5/3.0）：25℃を超える場合で，安定剤を1.5 L使用し，積載量を3 m^{3}と想定した場合の値

D.7.3 全アルカリ量試験
全アルカリ量試験は，次による．
a) 安定剤中の全アルカリ量を，JIS A 6204の附属書B（化学混和剤中に含まれるアルカリ量の試験方法）によって求める．
b) 付着モルタルを再利用したコンクリートの全アルカリ量は，次の式によって算出し，四捨五入によって小数点以下2桁に丸める．

$$R_c = \left(\frac{1.5}{3.0}\right) \times \left(\frac{R_a}{100}\right)$$

ここに，R_c：付着モルタルを用いたコンクリート中の安定剤の全アルカリ量（kg/m^3）
R_a：安定剤中の全アルカリ量（質量分率％）[2]

注 (2) JIS A 6204 の附属書 B の Na_2Oeq を R_a で表す.

附属書 E（規定）軽量型枠

E.1 適用範囲 この附属書は，コンクリートの圧縮強度試験を行う場合の供試体の成形に用いる軽量型枠（以下，型枠という．）について規定する．

注記 この型枠には，繰返し使用ができるもの，及び繰返し使用ができないものがある．

E.2 一般的事項 この附属書に規定のない事項については，JIS A 1132 による．

E.3 用語及び定義 この附属書で用いる主な用語及び定義は，次による．

E.3.1 軽量型枠 コンクリートの圧縮強度試験を行う場合の供試体の成形に用いるぶりき，紙又はプラスチックで作られた型枠．

E.4 寸法・材質・品質・成形性

E.4.1 寸法 型枠は，上部からコンクリートを投入することができる円筒型で，側板及び底板からなり，内径及び内高寸法は，表 E.1 の規定に適合するものとする．

E.4.2 材質

a）型枠は，ぶりき，紙又はプラスチックで作られ，ポルトランドセメント及びその他の水硬性セメントと化学的な反応を起こさないものとする．

b）型枠は，使用時又は保存時に腐食，劣化及び変形を生じないものでなければならない．また，型枠の取外し時にコンクリートが付着しないように，必要に応じて塗装などの処理を施すものとする．

E.4.3 品質

a）型枠は，供試体を作るとき，変形及び漏水のないもので，E.5 に規定する試験を行ったとき，表 E.1 の規定に適合しなければならない．

b）繰返し使用できる型枠は，繰返し使用しても表 E.1 の品質を保持できるものとする．

表 E.1 型枠の品質

項目	規定事項
寸法	内径 100×内高 200 mm 内径 125×内高 250 mm 内径 150×内高 300 mm 型枠内径の寸法誤差：公称値の 1/200 以下 型枠内高の寸法誤差：公称値の 1/100 以下
漏水	注水 1 時間後，かつ，コンクリートの打込み 1 時間後，漏水が目視によって確認されない．
底面の平面度	直径の 0.05 % 以内（E.5.3.2 による．）
底面と側面の直角度	0.50 °以内[a]
吸水量及び吸水膨張率[b]	吸水量：寸法内径 100×内高 200 mm 1.0 g 以下 　　　　寸法内径 125×内高 250 mm 1.6 g 以下 　　　　寸法内径 150×内高 300 mm 2.3 g 以下 吸水膨張率：0.20 % 以下

注 [a] 直角度 0.50° は，$\tan^{-1}(l/H)$ で，水平台上に当てた直角定規及び供試体を当てたときのダイヤルゲージの読みの差（l）から求める次の値とする．
　　　$H=190$ mm で測定したとき $|l|\leq 1.66$ mm
　　　$H=240$ mm で測定したとき $|l|\leq 2.09$ mm
　　　$H=290$ mm で測定したとき $|l|\leq 2.53$ mm
[b] この規定は，紙製の型枠だけに適用する．

E.4.4 成形性 型枠は，JIS A 1132 に規定する方法で供試体が成形できるものとする．ただし，木づちで直接たたくと変形するおそれのある型枠は，収納ケースに型枠を入れた状態でケースの側面をたたくものとする．また，型枠の取外しに際して，容易に，かつ，供試体をきずつけないように脱型できるものとする．

なお，収納ケースは，型枠を 1～3 個収納できる鉄製又はプラスチック製ケースで，コンクリートの打込み時に収納ケースの側面をたたいたとき，型枠が変形しない程度の剛性があるものとする．

E.5 試験

E.5.1 寸法 任意に選んだ型枠 3 個それぞれについて，直交方向の内径及び対向する内側面の高さを，JIS B 7507 に規定する最小読取値 0.05 mm に適合するノギスを用いて測定し，その平均値を各型枠それぞれの内径及び内高とする．公

称値と各型枠測定値との差の最大（又は最小）の値を，寸法誤差とする．また，内側面の高さの測定には，JIS B 7518 に規定する最小読取値 0.05 mm に適合するデプスゲージを用いてもよい．

E.5.2 漏　水

a) E.5.4 の吸水量及び吸水膨張率の試験の際に，1 時間経過後の型枠からの漏水の有無を目視で観察する．

b) E.5.3.1 でコンクリート供試体を作製する際に，コンクリートを打ち込んでから 1 時間経過後において，型枠からの漏水の有無を目視で観察する．

E.5.3 底面の平面度並びに底面と側面との直角度

E.5.3.1 **コンクリート供試体**　任意に選んだ型枠を用いて，3 個のコンクリート供試体を作製し，その供試体の平面度及び直角度を測定する．

E.5.3.2 **平　面　度**　平面度の測定は，それぞれの供試体底面の中心を通り，直交する 2 本の直線を測線として，測線上の両端部位置と中心部位置とについて行う．測定方法は，測線上の各測定位置の距離を JIS B 7503 に規定する目量 0.001 mm に適合するダイヤルゲージで測定し，両端部位置を結ぶ直線に対する中心部の凹凸を各測線ごとに求め，その平均値を，各供試体の平面度とする（図 E.1 参照）．供試体 3 個の平面度の最大値を，型枠の平面度とする．

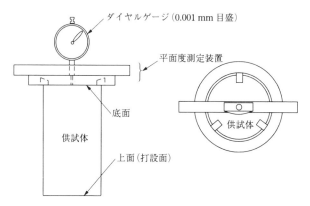

図 E.1　供試体底面の平面度測定装置

E.5.3.3 **直　角　度**　直角度の測定は，JIS B 7513 の表 1（使用面の呼び寸法）に規定する水平台上に，ダイヤルゲージスタンドを設置し，供試体の大きさに対応する測定高（H）の位置にダイヤルゲージを固定して，JIS B 7526 の表 1 に規定する直角定規を当てたときのダイヤルゲージの読みと，同位置に供試体を当てたときのダイヤルゲージの読みとの差を求めて行う（図 E.2 参照）．

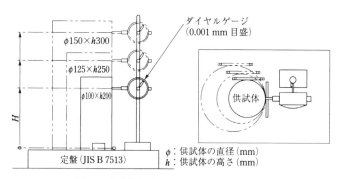

図 E.2　供試体底面及び側面の直角度測定装置

測定は，供試体を 90°回転させた 2 方向について行い，その平均値を各供試体の直角度とする．供試体 3 個の直角度の最大値を，型枠の直角度とする．

E.5.4 吸水量及び吸水膨張率

室温 20±3℃の恒温室内で，はかり（感量 0.1 g）を用い，試験前の型枠質量（m_0）を測定する．次に型枠を水平台に置き，温度 20±2℃の水を，公称高さの約 95 %の位置まで注ぐ．直ちに，上部をガラス板で蓋をし，型枠中心軸線上のガラス板上面位置で高さ方向の膨張量が測定できるように，ダイヤルゲージを設定し，注水直後のダイヤルゲージの読み（h_0）を測定する（図 E.3 参照）．

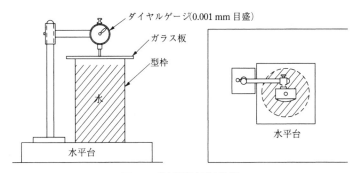

図 E.3　吸水膨張率測定装置

そのままの状態で3時間静置した後，再びダイヤルゲージの読み（h_1）を測定する．型枠内部の水を排出して乾いた布で残った水を手早く拭き取り，試験後の型枠質量（m_1）を測定する．吸水量及び吸水膨張率を，次の式によって算出し，四捨五入によって小数点以下1桁に丸める．
なお，試験は，任意に選んだ型枠3個について行い，その最大値を吸水量又は吸水膨張率とする．

$$A = (m_1 - m_0)$$
$$X = \frac{h_1 - h_0}{h} \times 100$$

ここに，A　：吸水量（g）
　　　　X　：吸水膨張率（％）
　　　　m_0：試験前の型枠質量（g）
　　　　m_1：試験後の型枠質量（g）
　　　　h　：型枠の公称高さ（mm）
　　　　h_0：注水直後のダイヤルゲージの読み（mm）
　　　　h_1：注水3時間後のダイヤルゲージの読み（mm）

E.6　表　示　型枠のこん包容器又は送り状には，次の事項を表示する．
　a）名称（商品名）
　b）製品寸法
　c）数量
　d）製造年月日
　e）製造業者名
　f）製造番号
　g）取扱上の注意

付7. 適合性評価—日本工業規格への適合性の認証—分野別認証指針(レディーミクストコンクリート)

JIS Q 1011 : 2014

1. **品質管理の目的および原則** この規格は,レディーミクストコンクリートの固有な認証手続,製品の品質管理体制などに関する要求事項について規定する。この規格の構成は,JIS Q 1001で規定する一般認証指針(以下,一般認証指針という.)の構成と同一とし,これらの項目のうち,当該鉱工業品の特性に基づき,一般認証指針に定める要求事項に対し,特例とする事項を規定する。なお,この規格は,JIS Q 1001と併読して用いる.

2. **引用規格** 次に掲げる規格は,この規格に引用されることによって,この規格の規定の一部を構成する。これらの引用規格は,その最新版(追補を含む.)を適用する.

    JIS A 1101 コンクリートのスランプ試験方法
    JIS A 1102 骨材のふるい分け試験方法
    JIS A 1103 骨材の微粒分量試験方法
    JIS A 1111 細骨材の表面水率試験方法
    JIS A 1119 ミキサで練り混ぜたコンクリート中のモルタルの差及び粗骨材量の差の試験方法
    JIS A 1125 骨材の含水率試験方法及び含水率に基づく表面水率の試験方法
    JIS A 1145 骨材のアルカリシリカ反応性試験方法(化学法)
    JIS A 1146 骨材のアルカリシリカ反応性試験方法(モルタルバー法)
    JIS A 1150 コンクリートのスランプフロー試験方法
    JIS A 1801 コンクリート生産工程管理用試験方法—コンクリート用細骨材の砂当量試験方法
    JIS A 1802 コンクリート生産工程管理用試験方法—遠心力による細骨材の表面水率試験方法
    JIS A 1803 コンクリート生産工程管理用試験方法—粗骨材の表面水率試験方法
    JIS A 1804 コンクリート生産工程管理用試験方法—骨材のアルカリシリカ反応性試験方法(迅速法)
    JIS A 1805 コンクリート生産工程管理用試験方法—温水養生法によるコンクリート強度の早期判定試験方法
    JIS A 1806 コンクリート生産工程管理用試験方法—スラッジ水の濃度試験方法
    JIS A 5002 構造用軽量コンクリート骨材
    JIS A 5005 コンクリート用砕石及び砕砂
    JIS A 5011—1 コンクリート用スラグ骨材—第1部:高炉スラグ骨材
    JIS A 5011—2 コンクリート用スラグ骨材—第2部:フェロニッケルスラグ骨材
    JIS A 5011—3 コンクリート用スラグ骨材—第3部:銅スラグ骨材
    JIS A 5011—4 コンクリート用スラグ骨材—第4部:電気炉酸化スラグ骨材
    JIS A 5021 コンクリート用再生骨材H
    JIS A 5308 レディーミクストコンクリート
    JIS A 6201 コンクリート用フライアッシュ
    JIS A 6202 コンクリート用膨張材
    JIS A 6204 コンクリート用化学混和剤
    JIS A 6205 鉄筋コンクリート用防せい剤
    JIS A 6206 コンクリート用高炉スラグ微粉末
    JIS A 6207 コンクリート用シリカフューム
    JIS Q 1001 適合性評価—日本工業規格への適合性の認証—一般認証指針
    JIS Q 17025 試験所及び校正機関の能力に関する一般要求事項
    JIS R 5210 ポルトランドセメント
    JIS R 5211 高炉セメント
    JIS R 5212 シリカセメント
    JIS R 5213 フライアッシュセメント
    JIS R 5214 エコセメント

3. **用語及び定義** 一般認証指針による.
4. **認証の条件** 一般認証指針による.
5. **認証の申請**

    5.1 **対象規格** 対象となる鉱工業品は,レディーミクストコンクリートであり,対象規格は,JIS A 5308とする.

    5.2 **認証の区分** 認証の区分は,JIS A 5308の箇条3(種類)に基づき,表1による。ただし,"普通コンクリート・舗装コンクリート"の区分において,申請者が舗装コンクリートを認証の対象に含めない場合は,認証の区分を"普通コンクリート"とすることができる。また,認証の申請は,表1に示す粗骨材の最大寸法,スランプ又はスランプフロー,及び呼び

強度を組み合わせた○印を付した中から限定してもよい．

表1—認証の区分

認証の区分	コンクリートの種類	粗骨材の最大寸法 mm	スランプ又はスランプフロー[(1)] cm	呼び強度												
				18	21	24	27	30	33	36	40	42	45	50	55	60	曲げ4.5
普通コンクリート・舗装コンクリート	普通コンクリート	20, 25	8, 10, 12, 15, 18	○	○	○	○	○	○	○	○	○	○	—	—	—	—
			21	—	○	○	○	○	○	○	○	○	○	—	—	—	—
		40	5, 8, 10, 12, 15	○	○	○	○	○	—	—	—	—	—	—	—	—	—
	舗装コンクリート	20, 25, 40	2.5, 6.5	—	—	—	—	—	—	—	—	—	—	—	—	—	○
軽量コンクリート	軽量コンクリート	15	8, 10, 12, 15, 18, 21	○	○	○	○	○	○	○	—	—	—	—	—	—	—
高強度コンクリート	高強度コンクリート	20, 25	10, 15, 18	—	—	—	—	—	—	—	—	—	—	○	—	—	—
			50, 60	—	—	—	—	—	—	—	—	—	—	○	○	○	—

注 (1) 荷卸し地点での値であり，50cm及び60cmはスランプフローの値である．

5.3 申請書
一般認証指針による．

6. 初回適合性評価

6.1 一般
一般認証指針による．

6.2 初回工場審査

6.2.1 初回工場審査の方法 初回工場審査の範囲は，レディーミクストコンクリートを製造する工場及びレディーミクストコンクリートが配達される荷卸し地点までを含める．

登録認証機関は，申請者の工場（認証の対象が複数の工場の場合は，それらのすべてを含む．）の品質管理体制の初回工場審査を実施する場合，申請者が選択し提出した品質管理実施状況説明書がJIS Q 1001の附属書Bに規定する品質管理体制の審査の基準（A）又は基準（B），及びこの規格の附属書Aに規定する品質管理体制に基づいて製造及び試験・検査が適正に行われていることを確認しなければならない．

6.2.2 その他 一般認証指針による．

6.3 初回製品試験

6.3.1 サンプルの抜取り 登録認証機関は，サンプルの抜取りを，認証の区分ごとに，表2のとおり行うものとする．

表2―サンプルの抜取り

試験項目	スランプ スランプフロー 空気量	強　度	塩化物含有量
a）抜取りの時期	荷卸し地点に到着したとき	荷卸し地点に到着したとき	荷卸し地点に到着したとき又は申請者の工場出荷時
b）抜取りの場所	荷卸し地点	荷卸し地点	荷卸し地点又は申請者の工場
c）抜取りの方法及びその大きさ	登録認証機関が指定した運搬車からJIS A 5308の9.1（試料採取方法）に基づいて抜き取る．	登録認証機関が指定した運搬車からJIS A 5308の9.1（試料採取方法）及び10.2（強度）に基づいて抜き取り供試体を作製する．	登録認証機関が指定した運搬車からJIS A 5308の9.1（試料採取方法）に基づいて抜き取る．

d）その他

1) 登録認証機関は，認証に含まれる工場が複数ある場合には，それぞれの工場ごとに，及び認証の区分ごとにサンプルを抜き取ることとするが，複数の工場の技術的生産条件が同一であると判断する場合には，これら複数の工場を代表するサンプルとして抜き取ることができる．

2) 登録認証機関は，強度試験のためのサンプルの抜取りを，代表的な同一の呼び強度において行うものとする．
なお，登録認証機関は，1回目の強度試験のためのサンプルの抜取り及び供試体の作製に立ち会い，その運搬方法を決定するものとする．ただし，初回工場審査の実施日に規定量のレディーミクストコンクリートの出荷がなく，2回目以降の強度試験のためのサンプルの抜取りができない場合，登録認証機関は，2回目及び3回目の強度試験のためのサンプルの抜取りの方法について申請者に指示し，申請者は，その指示に従ってサンプルの抜取りを行い，登録認証機関又は登録認証機関が指定する試験機関に送付することができる．

3) 認証の区分を"普通コンクリート・舗装コンクリート"としている場合，登録認証機関は，普通コンクリート及び舗装コンクリートそれぞれについてサンプルを抜き取ることとする．
なお，舗装コンクリートにおいて，荷卸し地点でサンプルの抜取りができない場合には，登録認証機関は，申請者の工場の実機（製造設備）又は試験室において製造したコンクリートからサンプルを抜き取ることができる．

4) 認証の区分を"軽量コンクリート"及び/又は"高強度コンクリート"としている場合で，初回製品試験を普通コンクリートの初回製品試験に併せて行う場合，初回製品試験実施日に軽量コンクリート及び/又は高強度コンクリートの出荷がないときは，実機（製造設備）で製造したコンクリートからサンプルを抜き取ることができる．この場合，運搬による品質変化を考慮して評価しなければならない．

6.3.2 初回製品試験の実施　登録認証機関は，JIS A 5308の9.2（強度）～9.6（塩化物含有量）に規定しているすべての試験について初回製品試験を行うこととし，初回工場審査の実施日において，9.2（強度）を除くその他の試験について，表3の実施場所において，申請者の実施する試験に立ち会う．なお，登録認証機関は，JIS A 5308の9.2（強度）の試験を行う場合は，表3の実施場所において実施することができる．

表3―初回製品試験の実施場所

試験項目	スランプ スランプフロー 空気量	強　度	塩化物含有量
試験の実施場所	荷卸し地点	登録認証機関又は登録認証機関の指定する試験機関	荷卸し地点又は申請者の工場

6.3.3 登録認証機関以外の試験所等の活用　一般認証指針による．

7. 評　価　一般認証指針による．

8. 認証の決定　一般認証指針による．

9. 認証契約　一般認証指針による．

10. 認証書の交付　一般認証指針による．なお，登録認証機関はコンクリートの種類及び呼び強度の範囲を，認証書に記載する．

11. 認証の区分の追加又は変更　一般認証指針による．

12. 認証維持審査

12.1 定期的な認証維持審査　一般認証指針による．

12.1.1 認証維持工場審査　登録認証機関は，6.2.1の初回工場審査の方法に基づき認証維持工場審査を行うものとする．

12.1.2 認証維持製品試験　登録認証機関は，6.3.1の初回製品試験のサンプルの抜取りに基づき認証維持製品試験用のサンプルの抜取りを行い，6.3.2の初回製品試験の実施に基づき認証維持製品試験を行うものとする．

12.2 臨時の認証維持審査　一般認証指針による．

13. JIS マーク等及び付記事項の表示

13.1 JIS マーク等の表示 一般認証指針による．

13.2 付記事項の表示 一般認証指針による．

13.3 表示の方法 JIS マーク等の表示は，1 運搬車ごとに，レディーミクストコンクリートの納入書（送り状）に押印又は印刷する．

14. 認証に係る秘密の保持 一般認証指針による．

15. 違法な表示等に係る措置 一般認証指針による．

16. 認証の取消し 一般認証指針による．

17. JIS が改正された場合の措置 一般認証指針による．

附属書 A（規定）初回工場審査において確認する品質管理体制

次に掲げる品質管理体制について，社内規格で具体的に規定し，その内容は次に掲げる内容を満足し，かつ，これに基づいて適切に実施する．

A.1 製品の管理 製造する製品の種類に応じて，JIS A 5308 で規定している品質及び製品検査方法を社内規格で具体的に規定し，その内容は該当 JIS に規定している内容及び表 A.1 に掲げる内容を満足し，かつ，これに基づいて適切に実施する．

表 A.1—製品の品質及び製品検査方法

製品の品質項目	製品検査方法
1 種類[1] 　a）種類 　b）指定事項 2 品質 　a）強度 　b）スランプ又はスランプフロー 　c）空気量 　d）塩化物含有量 3 容積 4 配合[3] 5 報告[4],[5] 　a）レディーミクストコンクリート配合計画書及び基礎資料 　b）レディーミクストコンクリート納入書	（共通事項） 　左記の品質を判定するために必要な検査方法を具体的に規定する． （個別事項） 1′購入者が申請者と協議のうえ指定した事項の検査は，受渡当事者間の協議によって行うことを規定する． 2′品質及び容積の試験については，"公平であり妥当な試験のデータ及び結果を出す十分な能力をもつ第三者試験機関（以下，第三者試験機関という）"[2]に依頼してもよい． 3′容積の検査は，1 回以上/月行っていることとし，この検査を申請者の工場出荷時に行ってもよい．なお，工場出荷時に容積の検査を行う場合の単位容積質量は，空気量のロスを見込んで補正することを規定する．

注[1] JIS 該当品と JIS 外品との区別が明確になるように管理する．
注[2] "公平であり妥当な試験のデータ及び結果を出す十分な能力をもつ第三者試験機関"は，次をいう．
　a）JIS Q 17025 に適合することを，認定機関によって，認定された試験機関
　b）JIS Q 17025 のうち該当する部分に適合していることを自らが証明している試験機関であり，かつ，次のいずれかとする．
　　1）中小企業近代化促進法（又は中小企業近代化資金等助成法）に基づく構造改善計画等によって設立された共同試験場
　　2）国公立の試験機関
　　3）民法第 34 条によって設立を認可された機関
　　4）その他，これらと同等以上の能力のある機関
注[3] 次のとおりである．
　a）1 で定めた種類について標準配合を規定する．また，標準配合の変更及び修正の条件・方法を規定する．
　b）配合設計の基礎となる資料によって，配合設計基準を規定する．また，アルカリシリカ反応抑制対策の方法を明示し，アルカリシリカ反応抑制方法の基礎となる資料，砕石及び砕砂を用いる場合には，微粒分量の範囲を決定する根拠となる資料，並びにスラッジ水を用いる場合には，濃度管理に基づく目標スラッジ固形分率の決定根拠となる資料を備える．
　　なお，高強度コンクリートの場合には，構造体コンクリートの圧縮強度と標準養生をした供試体の圧縮強度との関係のデータを整備する．
注[4] 納入後に計量記録及び算出した単位量の記録を整備する．また，5 年間計量記録を保管する．
注[5] スラッジ水の管理記録を整備する（使用している場合）．
　　回収骨材の使用量の記録を整備する（使用している場合）．

A.2 原材料の管理 表 A.2 に掲げる原材料について,それぞれの品質,受入検査方法及び保管方法を社内規格で具体的に規定し,その内容は表 A.2 に掲げる内容を満足し,かつ,これに基づいて適切に実施する。

表 A.2―原材料名,原材料の品質,受入検査方法及び保管方法

原材料名	原材料の品質	受入検査方法	保管方法
1 セメント	1′ 次の規格に適合するもの ・JIS R 5210 ・JIS R 5211 ・JIS R 5212 ・JIS R 5213 ・JIS R 5214(普通エコセメントに限る。)	左記の品質項目について次のとおり検査を行い,受け入れる。 1″ a) 種類 　入荷の都度,確認する。 b) 品質 　セメントの製造業者が発行する試験成績表又は第三者試験機関[1]の試験成績表によって,1回以上/月品質及びそのばらつきを確認する。また,セメントの製造業者が発行する試験成績表によって品質を確認している場合には,圧縮強さについては,更に1回以上/6か月,及セメントの製造業者を変更の都度,申請者の工場における試験結果,又は第三者試験機関[1]の試験成績表によって確認する。ただし,同一セメントの製造業者の同一出荷場所から供給を受けている複数のレディーミクストコンクリートの工場の間では,代表的試料について共同で確認してもよい。	1‴ 異なるセメントの製造業者のセメントを貯蔵する場合には,セメント貯蔵設備を空にするなどセメントの混合が生じないよう処理する。
2 骨材	2′ JIS A 5308 の附属書A(レディーミクストコンクリート用骨材)に適合するもの	2″ 受入検査方法は,表 A.2.1 による。電気炉酸化スラグ骨材については,その製造工場から直接納入されていることを確認する。回収細骨材及び回収粗骨材については,普通コンクリート,高強度コンクリート及び舗装コンクリートから回収した骨材を用いる。回収細骨材及び回収粗骨材は,微粒分量を表 A2.1 の⑩と同様の方法で管理し,未使用の骨材(以下,新骨材という。)の微粒分量を超えないものを用いる。 　なお,JISマーク品以外の砕石,砕砂,スラグ骨材(電気炉酸化スラグ骨材は除く。),人工軽量骨材,砂利及び砂については,次による。 a) 新たな骨材製造業者(納入業者を含む。)と購入契約を行うとき,及び産地変更する場合には,申請者の工場又は第三者試験機関[1]の試験成績表[2]によって品質を確認する。 b) 購入契約以後は,表 A.2.1 によって品質を確認する。	2‴ 人工軽量骨材の場合には,含水率を管理する。
3 水	3′ JIS A 5308 の附属書C(レディーミクストコンクリートの練混ぜに用いる水)に適合するもの	3″ a) 上水道水　特に行わなくてもよい。 b) 上水道水以外の水　1回以上/12か月申請者の工場における試験又は第三者試験機関[1]の試験成績表によって品質を確認する。 c) 回収水(上澄水・スラッジ水)　1回以上/12か月申請者の工場における試験又は第三者試験機関[1]の試験成績表によって品質を確認する。	

表 A.2—原材料名，原材料の品質，受入検査方法及び保管方法（続き）

原材料名	原材料の品質	受入検査方法	保管方法
4　混和材料	4′	4″	4‴
4.1　フライアッシュ	4.1′ JIS A 6201 に適合するもの	4.1″～4.6″ a）銘柄（種類を含む.）入荷の都度，確認する.	4.1‴フライアッシュの貯蔵設備には，十分な防湿対策をとる.
4.2　膨張材	4.2′ JIS A 6202 に適合するもの	b）品質　1回以上/月第三者試験機関[(1)]の試験成績表によって品質を確認するか，又は製造業者の試験成績表によって品質を確認する．ただし，化学混和剤は，1回以上/6か月，防せい剤は，1回以上/3か月第三者試験機関[(1)]の試験成績表によって品質を確認するか，又は製造業者の試験成績表によって品質を確認する．	
4.3　化学混和剤	4.3′ JIS A 6204 に適合するもの		
4.4　防せい剤	4.4′ JIS A 6205 に適合するもの		
4.5　高炉スラグ微粉末	4.5′ JIS A 6206 に適合するもの		4.5‴高炉スラグ微粉末の貯蔵設備には，十分な防湿対策をとる．異なる製造業者の高炉スラグ微粉末を貯蔵する場合には，高炉スラグ微粉末貯蔵設備を空にするなど高炉スラグ微粉末の混合が生じないよう処理する.
4.6　シリカフューム	4.6′ JIS A 6207 に適合するもの		
4.7　4.1～4.6以外の混和材料（混和材及び混和剤）	4.7′コンクリート及び鋼材に有害な影響を及ぼさず所定の品質及びその安定性が確かめられているもので，購入者からの指定があるもの． なお，塩化物イオン量及び全アルカリ量は，必ず規定する.	4.7″ a）銘柄（種類を含む.）入荷の都度，確認する． b）品質　1回以上/月第三者試験機関[(1)]の試験成績表によって品質を確認する．ただし，コンクリート及び鋼材に有害な影響を及ぼさないことが一般に認知されている場合には，製造業者の試験成績表によって品質を確認する．	
4.8　付着モルタル安定剤	4.8′ JIS A 5308 の附属書 D（トラックアジテータのドラム内に付着したモルタルの使用方法）に適合するもの	4.8″ a）銘柄（種類を含む.）入荷の都度，確認する． b）品質　1回以上/月第三者試験機関[(1)]の試験成績表によって品質を確認する．ただし，コンクリート及び鋼材に有害な影響を及ぼさないことが一般に認知されている場合には，製造業者の試験成績表によって品質を確認する．	

―申請者の工場で製造する製品の種類に応じて表中の原材料のうち必要とする原材料について，社内規格で規定する.
―使用する原材料は，製造業者名（セメントの場合には，その品質について責を負う製造業者名），又は納入業者名（骨材に限る.），種類（砕石，砕砂，砂利及び砂の場合は産地を含む.）及び品質について規定する．
―受入頻度が規定する検査頻度の間隔より長い場合には，入荷の都度，受入検査を実施する．

注 (1) 表 A.1 の注 (2) に同じ.
　(2) 骨材の製造業者（納入業者を含む.）が第三者試験機関[(1)]に依頼した試験成績表は，原本又は第三者試験機関[(1)]が原本と相違ない旨証明したもの（副本）だけとし，原本をコピーしただけのもの［骨材の製造業者（納入業者を含む.）が原本と相違ない旨証明したものを含む.］は，認めない．
　　なお，骨材を骨材の製造業者から直接購入せずに，納入業者から購入している場合，骨材が当該骨材の製造業者から申請者の工場に納入される経路をあらかじめ把握し，骨材の種類及び産地の変更の有無が速やかに確認できるようにしなければならない．また，納入業者が行うサンプリングは，申請者の工場への納入経路における荷揚げ場所のほか骨材堆積場で行ってもよい．

表 A.2.1—骨材の受入検査方法

品質項目\骨材の種類	JIS A 5005 砕石 JISマーク品	JIS A 5005 砕石 その他	JIS A 5005 砕砂 JISマーク品	JIS A 5005 砕砂 その他	天然骨材 砂利	天然骨材 砂	JIS A 5011-1 高炉スラグ粗骨材 JISマーク品	JIS A 5011-1 高炉スラグ粗骨材 その他	JIS A 5011-1 高炉スラグ細骨材 JISマーク品	JIS A 5011-1 高炉スラグ細骨材 その他	JIS A 5011-2 フェロニッケルスラグ細骨材 JISマーク品	JIS A 5011-2 フェロニッケルスラグ細骨材 その他	JIS A 5011-3 銅スラグ細骨材 JISマーク品	JIS A 5011-3 銅スラグ細骨材 その他	JIS A 5011-4 電気炉酸化スラグ粗骨材	JIS A 5011-4 電気炉酸化スラグ細骨材
①種類	入荷の都度—a	入荷の都度—a	入荷の都度—a	入荷の都度—a	入荷の都度—a	入荷の都度—a	入荷の都度—a	入荷の都度—a	入荷の都度—a	入荷の都度—a	入荷の都度—a	入荷の都度—a	入荷の都度—a	入荷の都度—a	入荷の都度—a	入荷の都度—a
②外観																
③JISマーク確認	1—b·c	—	1—b·c	—	—	—	JISマーク品	—	JISマーク品	—	JISマーク品	—	JISマーク品	—	JISマーク品	JISマーク品
④絶乾密度	1—c	1—a·b	1—c	1—a·b	—	—	1—c	1—a·b	1—c	1—a·b	1—c	1—a·b	1—c	1—a·b	1—c	1—c
⑤吸水率	1—c	1—a·b	1—c	1—a·b	1—a·b	1—a·b	1—c	1—a·b	1—c	1—a·b	1—c	1—a·b	1—c	1—a·b	1—c	1—c
⑥粒度	1—c	1—a·b	1—c	1—a·b	1—a·b	1—a·b	1—c	1—a·b	1—c	1—a·b	1—c	1—a·b	1—c	1—a·b	1—c	1—c
⑦粗粒率	(粒度だけに適用)															
⑧隣接するふるいに留まる量	—	—	1—c	1—a·b	—	—	—	—	—	—	—	—	—	—	—	—
⑨粒形判定実積率	1—c	1—a·b	—	—	—	—	—	—	—	—	—	—	—	—	—	—
⑩微粒分量	1—c	1—a·b	1—c	1—a·b (1)	—	1—a·b (1)(微粒分量の多い砂はW—a·b)	1—a·b·c (1)(舗装版に適用)	1—a·b·c (1)	1—a·b·c (1)	1—a·b·c (1)	1—a·b·c (1)	1—a·b·c (1)	1—a·b·c (1)	1—a·b·c (1)	1—a·b·c (1)(舗装版に適用)	1—a·b·c (1)(舗装版に適用)
⑪すりへり減量	12—b·c	12—a·b	—	—	12—a·b(舗装版に適用)	—	12—a·b·c(舗装版に適用)	12—a·b·c(舗装版に適用)	—	—	—	—	—	—	12—a·b·c(舗装版に適用)	—
⑫アルカリシリカ反応性[3](安全と認められる骨材を使用する場合に適用する)	6—b·c	6—a·b	6—b·c	6—a·b	6—a·b	6—a·b	—	—	—	—	6—	6—	6—	6—	6—a·b·c	6—a·b·c
⑬安定性	12—b·c	12—a·b	12—b·c	12—a·b	12—a·b	12—a·b	—	—	—	—	—	—	1—b·c	1—a·b·c	—	—
⑭塩化物量（NaClとして）	—	—	—	—	—	W—a·b (2)（塩化物量の多い砂）	—	—	—	—	—	—	—	—	—	—

付7. 適合性評価—日本工業規格への適合性の認証—分野別認証指針（レディーミクストコンクリート）

項目	1	2	3	4	5	6	7	8	9	10	項目
⑮有機不純物	—	—	—	—	—	—	—	—	—	—	⑮有機不純物
⑯粘土塊量	—	—	1−a·b	—	—	—	—	—	—	—	⑯粘土塊量
⑰酸化カルシウム（CaOとして）	—	—	—	12−a·b	—	1−b·c	1−a·b·c	—	1−b·c	1−b·c	⑰酸化カルシウム（CaOとして）
⑱全硫黄（Sとして）	—	—	—	—	1−b·c	1−b·c	1−a·b·c	1−b·c	1−b·c	—	⑱全硫黄（Sとして）
⑲三酸化硫黄（SO₃として）	—	—	—	—	1−b·c	1−b·c	1−a·b·c	—	1−b·c	—	⑲三酸化硫黄（SO₃として）
⑳全鉄（FeOとして）	—	—	—	—	1−b·c	1−b·c	1−a·b·c	1−b·c	—	1−b·c	⑳全鉄（FeOとして）
㉑金属鉄（Feとして）	—	—	—	—	—	—	1−a·b·c	—	—	—	㉑金属鉄（Feとして）
㉒酸化マグネシウム（MgOとして）	—	—	—	—	—	1−b·c	1−a·b·c	1−b·c	—	1−b·c	㉒酸化マグネシウム（MgOとして）
㉓単位容積質量	—	—	—	—	1−c	1−c	—	1−c	—	1−c	㉓単位容積質量
㉔コンクリートとしての圧縮強度	—	—	—	—	—	1−a·b·c	—	—	—	—	㉔コンクリートとしての圧縮強度
㉕コンクリートとしての単位容積質量	—	—	—	—	—	—	—	—	—	—	㉕コンクリートとしての単位容積質量
㉖強熱減量	—	—	—	—	—	—	—	—	—	—	㉖強熱減量
㉗浮粒率	—	—	—	—	—	—	—	—	—	—	㉗浮粒率
㉘塩基度（CaO/SiO₂として）	—	—	—	—	—	—	—	—	1−b·c	1−b·c	㉘塩基度（CaO/SiO₂として）
㉙不純物	—	—	—	—	—	—	—	—	—	—	㉙不純物
㉚環境安全品質	—	—	—	—	1−b·c (36−b·c) (7)	1−b·c (36−b·c) (7)	1−b·c (36−b·c) (7)	1−b·c (36−b·c) (7)	1−b·c (36−b·c) (7)	1−b·c (36−b·c) (7)	㉚環境安全品質

表 A.2.1—骨材の受入検査方法（続き）

骨材の種類 / 品質項目	JIS A 5002 人工軽量骨材 粗骨材	JIS A 5002 人工軽量骨材 細骨材	JIS A 5021 コンクリート用再生骨材 H 再生粗骨材 H	JIS A 5021 コンクリート用再生骨材 H 再生細骨材 H	JIS マーク品
①種類	入荷の都度—a				
②外観	入荷の都度—a			入荷の都度—a	入荷の都度—a
③JISマーク確認	—	—	JISマーク品		
④絶乾密度	1— a·b·c	—	2W—b·c	2W—b·c	2W—b·c
⑤吸水率	1— a·b·c	1— a·b·c	2W—b·c	2W—b·c	2W—b·c
⑥粒度	—	—	—	—	—
⑦粗粒率	—	1— a·b·c	—	2W—b·c	2W—b·c
⑧隣接するふるいに留まる量	—	—	—	—	—
⑨球形判定実積率	—	—	2W—b·c	2W—b·c	2W—b·c
⑩微粒分量	—	—	2W—b·c	2W—b·c	2W—b·c
⑪すりへり減量	—	—	2W—b·c（舗装版に適用）	—	—
⑫アルカリシリカ反応性[3]（安全と認められる骨材を使用する場合に適用する）	—	—	3—b·c (4)	3—b·c (4)	—
⑬安定性	—	—	—	—	—
⑭塩化物量（NaClとして）	1— a·b·c	1— a·b·c	2W—b·c	2W—b·c	2W—b·c
⑮有機不純物	—	12— a·b·c	—	—	—
⑯粘土塊量	1— a·b·c	1— a·b·c	—	—	—
⑰酸化カルシウム（CaOとして）	—	—	—	—	—
⑱全硫黄（Sとして）	—	—	—	—	—

凡例（試験頻度）　W：1回以上／週
2W：1回以上／2週
1：1回以上／月
3：1回以上／3か月
6：1回以上／6か月
12：1回以上／12か月
36：1回以上／36か月

（試験機関）　a：申請者の工場
b：申請者の工場又は骨材製造業者が第三者試験機関[5]へ依頼した試験成績表[6]
c：骨材製造業者の試験成績表

注 (1) JIS A 1801によって行ってもよい。この場合，JIS A 1103に基づく試験を1回以上／2か月行い，JIS A 1801に基づく方法との相関関係を把握する。

(2) JIS A 5308の A.10（試験方法 p）の規定に基づく試験又は申請者の工場における第三者試験機関[5]の試験成績表の A.10によって1回以上／12か月確認していれば，1回以上／2か月の試験を，細骨材中の塩化物量を簡便に測定する機器等で行ってよい。

(3) 年2回のうち，1回は JIS A 1804の方法で行ってもよい。ただし，再生骨材 H は JIS A 1145，JIS A 1146 又は JIS A 1804のいずれかの方法で行ってもよい。

(4) 原材料が区分 A と特定されれば省略することができる。

(5) 表 A.1の注(2)に同じ。ただし，環境安全受渡試験を実施する試験機関は環境計量証明事業者。また，環境安全形式検査を実施する試験機関は環境計量証明事業者。

(6) 表 A.2の注(2)に同じ。

(7) （ ）内は環境安全形式検査の頻度を示す。

項目				
⑲三酸化硫黄 (SO₃として)	1−a·b·c	1−a·b·c	—	—
⑳金鉄 (FeOとして)	—	—	—	—
㉑金属鉄 (Feとして)	—	—	—	—
㉒酸化マグネシウム (MgOとして)	—	—	—	—
㉓単位容積質量	—	—	—	—
㉔コンクリートとしての圧縮強度	1−a·b·c	1−a·b·c	—	—
㉕コンクリートとしての単位容積質量	1−a·b·c	—	—	—
㉖強熱減量	1−a·b·c	1−a·b·c	—	—
㉗浮粒率	1−a·b·c	—	—	—
㉘塩基度 (CaO/SiO₂として)	—	—	—	—
㉙不純物	—	—	1−b·c	1−b·c
㉚環境安全品質	—	—	—	—

A.3 **製造工程の管理** 表 A.3 に掲げる製造工程について,各工程で要求する管理項目及びその管理方法,品質特性及びその検査方法並びに作業方法を社内規格で具体的に規定し,その内容は表 A.3 に掲げる内容を満足し,かつ,これに基づいて適切に実施する.

表 A.3―工場名,管理項目,品質特性,管理方法及び検査方法

工程名	管理項目	品質特性	管理方法及び検査方法
1 配合			(共通事項) a) 次に規定する管理項目及び品質特性についての記録をとる. b) 検査方式,不良品(不合格ロット)の措置などを定め,実施する. (個別事項)
	1′ a) 細骨材の粗粒率 b) 粗骨材の粗粒率又は実積率		1‴ [1] 細骨材の粗粒率,粗骨材の粗粒率又は実積率,回収細骨材及び回収粗骨材の置換率の管理,スラッジ固形分率及びスラッジ水の濃度,細骨材の表面水率(人工軽量骨材の場合には,含水率),粗骨材の表面水率(人工軽量骨材の場合には,含水率),単位水量(高強度コンクリートの場合),再生骨材 H とその他骨材を併用する場合の使用率.
	c) 回収細骨材及び回収粗骨材の置換率の管理 d) スラッジ固形分率及びスラッジ水の濃度(使用している場合) e) 細骨材の表面水率(人工軽量骨材の場合は含水率) f) 粗骨材の表面水率(人工軽量骨材の場合は含水率) g) 計量配合の指示方法(必要な場合) h) 単位水量(高強度コンクリートの場合)		c)″ A 方法は,回収骨材の置換率が 5 % 以下となるように,新骨材に添加する.回収骨材の新骨材への添加は,新骨材のベルトコンベアによる運搬中に回収骨材をホッパから引き出して上乗せする方法,又は新骨材を,ホッパを介してベルトコンベアで貯蔵設備に運搬する際に,新骨材をホッパに投入するごとに回収骨材をショベルなどで添加する方法のいずれかによる.回収細骨材及び回収粗骨材の置換率の管理は,1 日を管理期間として記録する.ただし,1 日のコンクリートの出荷量が 100m³ に満たない場合は,出荷量がおよそ 100m³ に達する日数を 1 管理期間とする.また,B 方法は,専用の設備で貯蔵,運搬,計量して用いる場合は,細骨材及び粗骨材の目標回収骨材置換率の上限をそれぞれ 20 % とすることができる.この場合,回収骨材の計量値は,バッチごとに管理し,記録する.
2 材料の計量	2′ a) 計量方法 b) 計量精度(動荷重) c) 計量値及び単位量の記録 d) リサイクル材の計量値(表示している場合)		2‴ 動荷重 a) 計量方法 [2] c) 計量印字記録装置を有しない場合は,計量値の計量読取記録による. d) リサイクル材の計量値
3 練混ぜ	3′ a) 練混ぜ方法 b) 練混ぜ時間 c) 練混ぜ量 d) 容積	3″ 1) 強度 2) スランプ又はスランプフロー 3) 空気量 4) 塩化物含有量	3‴ [3] 練混ぜ量,強度,スランプ又はスランプフロー,空気量及び塩化物含有量
4 運搬	4′ 運搬時間		4‴ 運搬時間 [4]

表A.3—工場名，管理項目，品質特性，管理方法及び検査方法（続き）

注 (1) 細骨材の粗粒率，粗骨材の粗粒率又は実積率，スラッジ固形分率及びスラッジ水の濃度，骨材の表面水率（人工軽量骨材の場合は含水率）及び単位水量（高強度コンクリートの場合）の測定頻度並びに細骨材粗粒率，骨材の表面水率及び単位水量の測定方法は，次のとおりとする．
1) 測定頻度
1.1) 細骨材の粗粒率　　　　　1回以上/日
1.2) 粗骨材の粗粒率又は実積率　　　1回以上/週
1.3) スラッジ固形分率及びスラッジ水の濃度
　　—スラッジ固形分率　　スラッジ固形分率は，スラッジ水の濃度（密度から計算したもの，JIS A 1806によるもの，又は始業時に精度を確認した自動濃度計によるものでもよい．）とスラッジ水の計量値とから固形分量を求め，それをはかり取ったセメント量で除して求める．スラッジ水を用いる場合は，終業時までにスラッジ固形分率を計算し，確認する．ただし，スラッジ固形分率を1％未満で使用する場合は，最大のスラッジ固形分率となる配合について，1回以上/日，かつ，濃度調整の都度，スラッジ固形分率が1％未満であることを確認すればよい．
　　　　なお，JIS A 1806のスラッジ水の濃度試験に用いる，スラッジ水濃度換算係数は，3か月に1回の頻度で見直すこととする．
　　—スラッジ水の濃度
　　・バッチ濃度調整方式　　　　1回以上/日，かつ，濃度調整の都度
　　・連続濃度測定方式　　　　　使用の都度　自動濃度計で測定
1.4) 細骨材の表面水率（人工軽量骨材の場合は含水率）　　1回以上/午前，1回以上/午後（人工軽量骨材の場合には，1回以上/使用日，高強度コンクリートの場合は始業前，1回以上/午前，1回以上/午後）
1.5) 粗骨材の表面水率（人工軽量骨材の場合には，含水率）　必要の都度（人工軽量骨材及び再生粗骨材Hの表面水率は1回以上/使用日）
1.6) B方法による回収骨材の表面水率の管理は，細骨材は1回以上/午前，1回以上/午後，粗骨材は必要の都度，行う．
1.7) 単位水量　1回以上/日（高強度コンクリートの場合）
2) 細骨材の粗粒率の測定方法
　細骨材の粗粒率の測定方法は，JIS A 1102又はこれに代わる合理的な試験方法による．
3) 骨材の表面水率の測定方法
3.1) 細骨材の表面水率の測定方法は，JIS A 1111，JIS A 1125，JIS A 1802，又は連続測定が可能な簡易試験方法による．ただし，再生細骨材Hの表面水率の測定方法は，JIS A 1111又はJIS A 1125による．
3.2) 粗骨材の表面水率の測定方法は，JIS A 1803又はこれに代わる合理的な試験方法による．
4) 単位水量の測定方法は，トラックアジテータ1台分のコンクリートの計量値と当該コンクリートに用いた骨材の実測表面水率とによって算出するか又は合理的な試験方法による．

注 (2)
1) 骨材の場合には，細骨材，粗骨材又は粒度の異なる骨材を，また，回収水を使用する場合には，区分の異なる水を累加計量してもよい．
2) 動荷重は，1回以上/月行う．
3) 検査方法は，任意の連続した5バッチ以上について，各計量器別，材料別に行う．
　なお，検査は，各計量器の計量値と印字記録値との誤差を確認し，修正した自動印字記録装置によって行ってもよい．
4) 累加計量の場合の合否の判定は，次による．
4.1) 同一種類の異なる粒度の細骨材の累加計量及び異種類の細骨材の累加計量並びに同一種類の異なる粒度の粗骨材の累加計量及び異種類の粗骨材の累加計量の場合には，"最初の材料の計量値"と"次に累加した材料との合計値"について，それぞれ合否の判定を行う．
4.2) 細骨材に粗骨材（又は粗骨材に細骨材）を累加する場合には，"細骨材（又は粗骨材）の計量値"と"粗骨材（又は細骨材）の計量値"について，それぞれの合否の判定を行う．
4.3) 水の累加計量においては，"最初の材料の計量値を目視で確認し，次に累加した材料の合計値"について，合否の判定を行う．

注 (3) 管理項目は，次のとおり行っており，かつ，品質特性の検査方法・検査頻度は，次のとおりとする．
1) 同一のバッチに異なる製造業者のセメントを用いて練り混ぜてはならない．
2) 同一のバッチに異なる製造業者の高炉スラグ微粉末を用いて練り混ぜてはならない．
3) 容積は，全バッチについて目視などによっておおよその量を確認していること．
4) 品質特性の各項目を試験するための試料は，ホッパ又はトラックアジテータから採取する．トラックアジテータから試料を採取する場合には，JIS A 5308の9.1（試料採取方法）による．試験のための試料を採取することで，JIS A 5308の箇条5（容積）の規定を満足できないおそれのある場合は，対象のバッチの練混ぜ量を採取する量だけ割

表 A.3—工場名,管理項目,品質特性,管理方法及び検査方法（続き）

増すか,試験に使用しなかったフレッシュコンクリートをトラックアジテータへ戻すなどの方法を確立して,荷卸し地点で納入書に記載された容積を下回らないように管理する.
5) 強度は,代表的な配合について1回以上/日 JIS A 5308 の 9.2（強度）に基づく方法又は JIS A 1805 又はこれに代わる合理的な方法によって行う.ただし,代表的な配合がない場合には,任意の配合について行う.
　なお,呼び強度が異なるものを含む場合の管理は,強度比を用いて一元化してもよい.
6) スランプは,全バッチについて目視などによる確認を行い,かつ,JIS A 1101 による場合には,1回以上午前,1回以上午後測定を行う.
7) スランプフローは,1回以上/午前,1回以上午後 JIS A 1150 によって行う.
8) 空気量は,1回以上/午前,1回以上午後測定する.
9) 塩化物含有量は,次のとおり測定する.
9.1) 海砂及び塩化物量の多い砂並びに海砂利を使用している場合,再生骨材 H を使用している場合及び普通エコセメントを使用している場合には,1回以上/日行う.
9.2) 9.1) 以外の骨材を使用し,かつ,JIS A 6204 の III 種を使用している場合には,1回以上/週行う.
9.3) 9.1) 以外の骨材を使用し,かつ,9.2) 以外の混和材料を使用している場合には,1回以上/月行う.
10) 普通コンクリートで付着モルタルを再利用する場合は,JIS A 5308 の 8.6（トラックアジテータのドラム内に付着したモルタルの取扱い）による.

A.4 設備の管理 表 A.4 に揚げる主要な製造設備及び検査設備を使用し,更にこれらの設備について適切な管理方法（点検箇所,点検項目,点検周期,点検方法,判定基準,点検後の処理,設備台帳など）を社内規格で具体的に規定し,その内容は表 A.4 に揚げる内容を満足し,かつ,これに基づいて適切に実施する.

表 A.4—設備名及び管理方法

設備名	管理方法
	（共通事項） 　製造設備及び検査設備は,該当 JIS に規定された品質を確保するのに必要な性能及び精度を保持するための点検・修理,点検・校正などの基準を定めているものとする. （個別事項）
1 製造設備 　a) セメント貯蔵設備	1′ 製造設備は,該当 JIS に規定された品質を確保するのに必要な性能をもったものとする. 　なお,次の製造設備は,次の事項を満足するものとする.
b) 骨材の貯蔵設備及び運搬設備	b)′ 骨材の貯蔵設備　日常管理ができる範囲内に設置する.
c) プレウェッティング設備（人工軽量骨材及び再生骨材 H に適用）	c)′ プレウェッティング設備　出荷前日までにプレウェッティングを終了でき,表面水率を安定するための方法を講じたものとする.
d) 混和材料貯蔵設備	
e) バッチングプラント	e)′
1) 貯蔵ビン	1)′ 貯蔵設備及び貯蔵ビン　通常,各材料のための別々の貯蔵設備及び貯蔵ビンを備える.ただし,材料貯蔵設備から計量ホッパに直送できる形式の場合には,貯蔵ビンはなくてもよい.
2) 材料計量装置	2)′ 材料計量装置　分銅,電気式校正器などによって1回以上/6か月各計量器の静荷重検査を行う.検査に当たって分銅以外の標準器を使用する場合には,その標準器は,国公立試験機関（計量法によって指定された機関を含む.）の検査を1回以上/2年に受けているものを使用する.
3) 計量印字記録装置（使用している場合）	3)′ 計量印字記録装置　計量値が正しく記録されていることを,1回以上/12か月の頻度で,読取り値と印字記録値とを検証する.
f) スラッジ水の濃度調整設備（使用している場合）	
g) ミキサ	g)′ ミキサ　1回以上/12か月,JIS A 1119 に基づく練混ぜ性能検査を行う.
h) コンクリート運搬車	h)′ コンクリート運搬車　コンクリート運搬車は,1回以上/3年性能検査を行う.
i) 洗車設備	
j) 回収骨材の洗浄設備	j)′ 回収骨材を使用している場合には,骨材を洗浄する設備を持っているものとする.

表 A.4—設備名及び管理方法（続き）

設備名	管理方法
2　検査設備 　a) 骨材試験用器具 　b) コンクリート試験用器具・機械 　　1) 試し練り試験器具 　　2) 供試体用型枠 　　3) 恒温養生水槽 　　4) 圧縮強度試験機 　　5) スランプ測定器具 　　6) スランプフロー測定器具（高強度コンクリートの場合） 　　7) 空気量測定器具 　　8) 塩化物含有量測定器具又は装置 　　9) 容積測定装置・器具 　　10) ミキサの練混ぜ性能試験用器具 　c) スラッジ水の濃度測定器具又は装置	2′ 検査設備は，該当 JIS に規定された品質を試験・検査できる設備とする．なお，コンクリート試験用器具・機械は，次の事項も満足するものとする． 　b)′ 　4)′　圧縮強度試験機　舗装コンクリートを製造している場合には，曲げ強度試験ができるようになっているか，又は曲げ試験専用の試験機をもっているものとする． 　8)′　塩化物含有量測定器具又は装置塩　化物含有量測定装置の場合は，第三者機関[(1)]によって 1 回以上/12 か月校正を行う． 　c)′　スラッジ水の濃度測定器具又は装置の精度確認は，1 回以上/3 か月の頻度で JIS A 5308 の C.8.2.6（スラッジ水の濃度の試験）の方法で行う．

注 (1) 簡便な塩化物含有量測定器製造者による校正，又は第三者試験機関[(2)]の試験機関で行ってよい．
　 (2) 表 A.1 の注 (2) に同じ．

A.5　外注管理

A.5.1　製造工程の外注　製造工程の外注を行う場合には，外注先の選定基準，外注内容，外注手続，管理基準などを社内規格で具体的に規定し，表 A.3 に示す各項目について，外注先と契約を取り交わすなどして適切に実施する．

A.5.2　試験の外注　試験の外注を行う場合には，外注先の選定基準，外注内容，外注手続，試験結果の処置などについて社内規格で具体的に規定し，かつ，これに基づいて適切に実施する．

A.5.3　設備の管理における点検・修理，点検・校正などの外注　設備の点検・修理，点検・校正などを外注する場合には，外注先の選定基準，外注周期，外注内容，外注手続，事後の処置などについて社内規格で具体的に規定し，かつ，これに基づいて適切に実施する．

A.6　苦情処理
次の事項について，社内規格で具体的に規定し，かつ，適切に実施する．
　a) 苦情処理に関する系統及びその系統を構成する各部門の職務分担
　b) 苦情処理の方法
　c) 苦情原因の解析及び再発防止のための措置方法
　d) 記録票の様式及びその保管方法
　　注記　JIS Q 10002 を参考にするとよい．

コンクリートの品質管理指針・同解説

1991年7月1日	第1版第1刷
1999年2月10日	第2版第1刷
2015年2月21日	第3版第1刷
2017年9月20日	第2刷

編 集
著作人　一般社団法人　日本建築学会

印刷所　昭和情報プロセス株式会社

発行所　一般社団法人　日本建築学会
108-8414　東京都港区芝 5-26-20
電話・(03) 3456-2051
FAX・(03) 3456-2058
http://www.aij.or.jp/

発売所　丸善出版株式会社
101-0051　東京都千代田区神田神保町 2-17
神田神保町ビル
電話・(03) 3512-3256

© 日本建築学会 2015

ISBN978-4-8189-1073-7 C3052